できるキッズ
子どもと学ぶ
小学3年生～中学生向け
ジャバスクリプト
JavaScript
プログラミング
入門
大澤文孝 &できるシリーズ編集部

インプレス

ご購入・ご利用の前に必ずお読みください

本書は、2018年9月現在の情報をもとにVisual Studio CodeやGoogle Chromeを使ってJavaScriptのプログラミングを解説しています。本書の発行後に各アプリの機能や操作方法、画面などが変更された場合、本書の掲載内容通りに操作できなくなる可能性があります。本書発行後の情報については、弊社のWebページ（https://book.impress.co.jp/）などで可能な限りお知らせいたしますが、すべての情報の即時掲載ならびに、確実な解決をお約束することはできかねます。また本書の運用により生じる、直接的、または間接的な損害について、著者ならびに弊社では一切の責任を負いかねます。あらかじめご理解、ご了承ください。

本書で紹介している内容のご質問につきましては、巻末をご参照のうえ、お問い合わせフォームかメールにてお問い合わせください。電話やFAXなどでのご質問には対応しておりません。また、本書の発行後に発生した利用手順やサービスの変更に関しては、お答えしかねる場合があることをご了承ください。また、本書の奥付に記載されている初版発行日から3年が経過した場合、もしくは解説する製品やサービスの提供会社がサポートを終了した場合にも、ご質問にお答えしかねる場合があります。

練習用ファイルについて

本書で使用する練習用ファイルは、弊社Webサイトからダウンロードできます。
練習用ファイルと書籍を併用することで、より理解が深まります。

▼練習用ファイルのダウンロードページ
https://book.impress.co.jp/books/1118101044

●用語の使い方

本文中で使用している用語は、基本的に実際の画面に表示される名称に則っています。

●本書の前提

本書では、Windows 10が搭載されたパソコンで、インターネットに常時接続されている環境を前提に画面を再現しています。そのほかのOSをお使いの場合、一部画面や操作が異なることもありますが、基本的に同じ要領で進めることができます。

はじめに

プログラミングを始めたい！
そう思っても、何から始めていいかわからない、そんな人も多くいるかと思います。
プログラムを始めるには、ともかくやってみることが一番。そんな、「ちょっと始めたい人」のために、この本があります。

この本では、ふだんインターネットを見るときに使っているWebブラウザーで実行できるプログラムを作ります。
使うのはJavaScript。Google MapやYouTube、各種ショッピングサイトなど、さまざまなところで使われている本格的なプログラミング言語です。入門者向けに作られたものではなく、プロも使う本物のプログラミング言語なので、一度、習得すれば、さまざまなところで役に立ちます。

最初はJavaScripのプログラミングの基礎を習得し、最終的に「落ち物パズルゲーム」を作るまでを学びます。習得した技術を応用してゲームまで作ることで、学習したことが実用的なプログラムのどこで役立つのかが分かり、より一層、理解が深まるはずです。

プログラミングは難しいといわれますが、それはいきなり完成形を見せられるからです。プログラムは小さな機能ひとつひとつの積み重ねです。この本では、レッスン単位でひとつずつ、未完成の部分も含め、小さな機能を作るところから始めるので、どうやって全体を作っていくのか、その考え方も理解しやすいはずです。

プログラムが作れるようになると、パソコンやスマホの活用の幅が、より一層広がります。この本を手に、是非、プログラミングにチャレンジしてみてください。

2018年9月　大澤文孝

できるシリーズの読み方

レッスン

見開き完結を基本に、やりたいことを簡潔に解説

やりたいことが見つけやすいレッスンタイトル

各レッスンには、「○○をする」や「○○を行う」など、“やりたいこと”や“知りたいこと”がすぐに見つけられるタイトルが付いています。

機能名や操作概要がよく分かる

機能名や操作の概要をはじめ、レッスンで学ぶことをテーマにまとめています。

練習用フォルダー

レッスンで使う練習用ファイルをフォルダーごとに用意しています。練習用ファイルの使い方は6ページをご参照ください。

左ページのつめでは、章タイトルでページを探せます。

手順

必要な手順を、すべての画面とすべての操作を掲載して解説

手順見出し

「○○を表示する」など、手順ごとに内容の見出しを付けています。番号順に読み進めてください。

解説

操作の前提や意味、操作結果に関して解説しています。

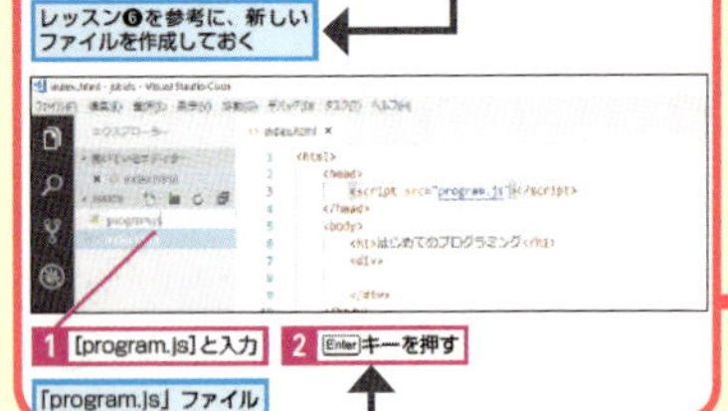

操作説明

「○○をクリック」など、それぞれの手順での実際の操作です。番号順に操作してください。

第2章 JavaScriptプログラミングを始めよう

テーマ JavaScriptの記述

レッスン 11

JavaScriptを書くには

レッスンで使う練習用フォルダー → L11

キーワード

HTML	p.246
JavaScript	p.246
フォルダー	p.249
補完機能	p.249

JavaScriptのプログラムを書いてみましょう。ここでは、「OK」というメッセージを表示する、とても簡単な命令をひとつだけ書いてみます。

1 新しいファイルを作成する

レッスン❻を参考に、新しいファイルを作成しておく

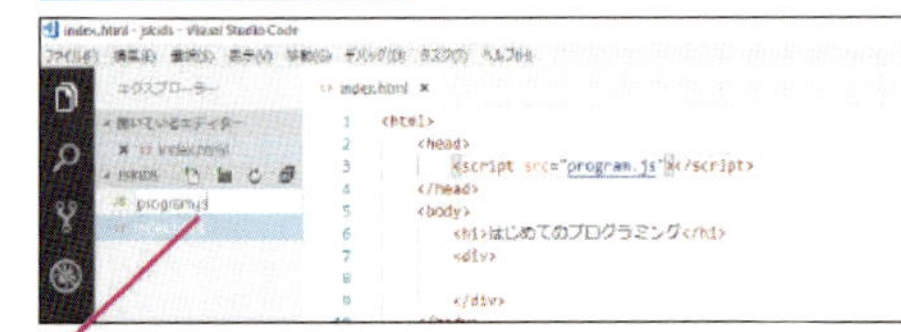

1 [program.js]と入力　2 Enterキーを押す

「program.js」ファイルが開いた

HINT! **JavaScriptのファイルを作成する**

プログラムを作るには、フォルダーのなかに拡張子「.js」のファイルを作ります。ここでは「program.js」という名前のファイルを作り、そこにプログラムを書いていきます。

テクニック **アイコンで区別しよう**

Visual Studio Codeで操作していると、どちらがHTMLで、どちらがJavaScriptだったかわからなくなるかも知れません。そのようなときは、表示されているアイコンの違いで区別しましょう。この本では手順のところが「HTML」となっていて行番号の色が赤い場合はHTMLを、手順のところが「JS」となっていて行番号の色が青い場合はJavaScriptの操作をしています。

HTMLのファイルとJavaScriptのファイルはアイコンが異なる

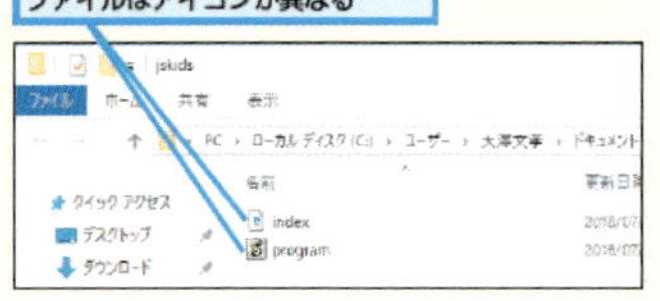

50 できる

テクニック

レッスンの内容を応用した、ワンランク上の使いこなしワザを解説しています。身に付ければプログラムやパソコンに関する理解が深まります。

キーワード

そのレッスンで覚えておきたい用語の一覧です。巻末の用語集の該当ページも掲載しているので、意味もすぐに調べられます。

HINT!

レッスンに関連したさまざまな機能や、一歩進んだ使いこなしのテクニックなどを解説しています。

右ページのつめでは、知りたい機能でページを探せます。

2 プログラムを書く　JS

1 以下の内容を入力

```
alert
```

```
001 alert
```

2 続けて以下の内容を入力

```
(
```

```
001 alert()
```

「)」が補完された

3 続けて以下の内容を入力

```
'
```

```
001 alert('')
```

「'」が自動的に補完された

3 表示される内容を書く　JS

1 以下の内容を入力

```
OK
```

```
001 alert('OK')
```

プログラムの末尾に「;」を入力する

2 以下の内容を入力

```
;
```

```
001 alert('OK');
```

3 Ctrlキーを押しながらSキーを押す

保存される

HINT! よく使う記号のキーを覚えよう

JavaScriptのプログラムでは、「"」や「'」「( )」「[ ]」「{ }」などの記号をよく使います。10ページを参考に、キーボードのどこにあるか覚えておきましょう。

HINT! 「alert」って何？

「alert」を使うと、Webページの外側に新しいページを表示する「ポップアップウィンドウ」を作れます。ウィンドウの中に表示される内容は手順3で記述します。

ここをチェック！

Visual Studio Codeの補完機能によって、Enterキーを入力したときに、対になる語句が入力されることがあります。掲載しているプログラムで対になる語句を使っていない場合は、自動的に入力されたところは、Deleteキーを押して削除してください。

Point

JavaScriptのプログラム

JavaScriptのプログラムは、拡張子.jsのファイルに書きます。それぞれの命令の最後には「;」が必要です。このレッスンでは1つの命令しか書いていませんが、「;」を使ってたくさんの命令を書くこともできます。たくさんの命令を書いたときは、上から順に実行されます。

11 JavaScriptの記述

51 できる

Point

各レッスンの末尾で、レッスン内容や操作の要点を丁寧に解説。レッスンで解説している内容をより深く理解することで、確実に使いこなせるようになります。

ここをチェック！

間違えやすい操作や便利な機能の説明をしています。手順の画面と違うときに見てください。

※ここに掲載している紙面はイメージです。実際のレッスンページとは異なります。

練習用ファイルの使い方

本書では、レッスンの操作をすぐに試せる無料の練習用ファイルを用意しています。下記のリンクからダウンロードして、以下の手順で操作してください。作業していたファイルは上書きされるので注意しましょう。

▼ 練習用ファイルのダウンロードページ
https://book.impress.co.jp/books/1118101044

練習用ファイルを利用するレッスンには、練習用ファイルの名前が記載してあります。

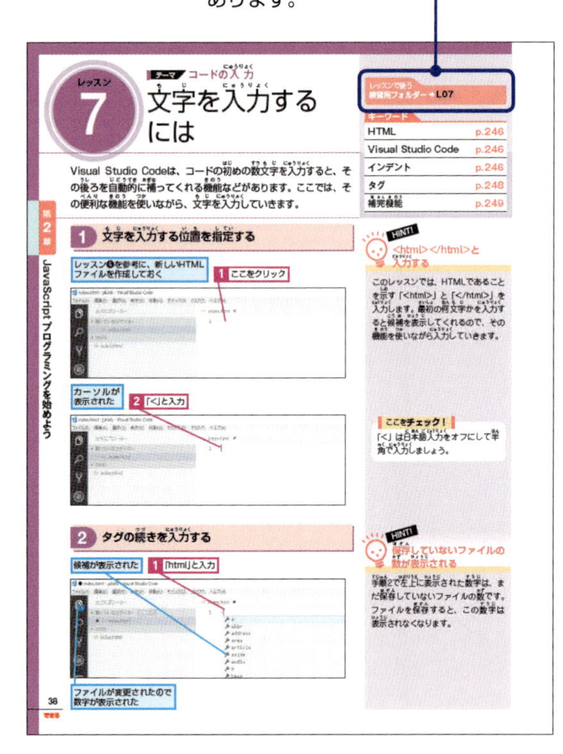

1 作業用フォルダーを作る

レッスン❹を参考に作業用フォルダーを作っておく

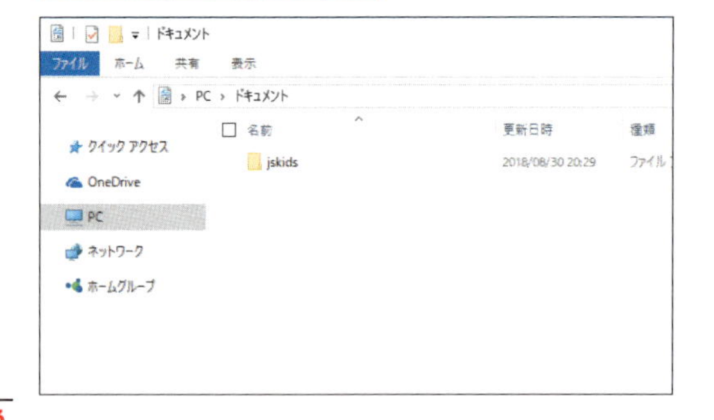

2 練習用ファイルを展開する

左のダウンロードページから圧縮ファイルをダウンロードしておく

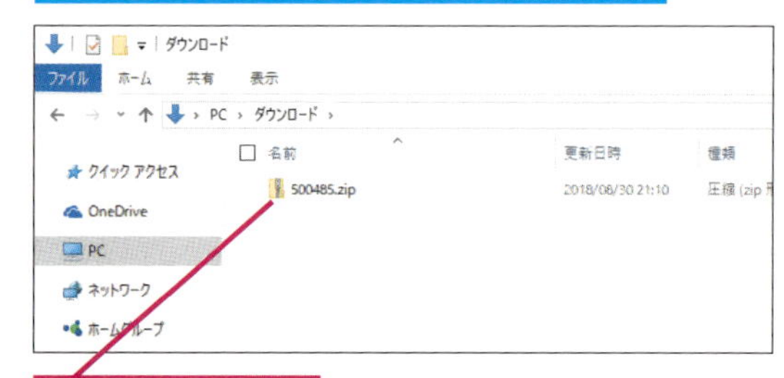

1 圧縮ファイルを右クリック

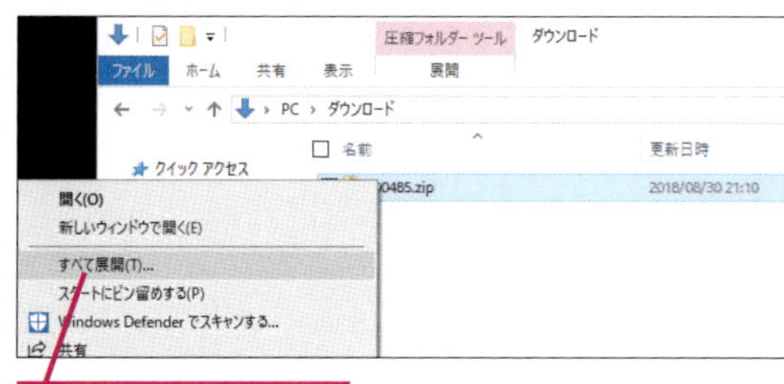

2 ［すべて展開…］をクリック

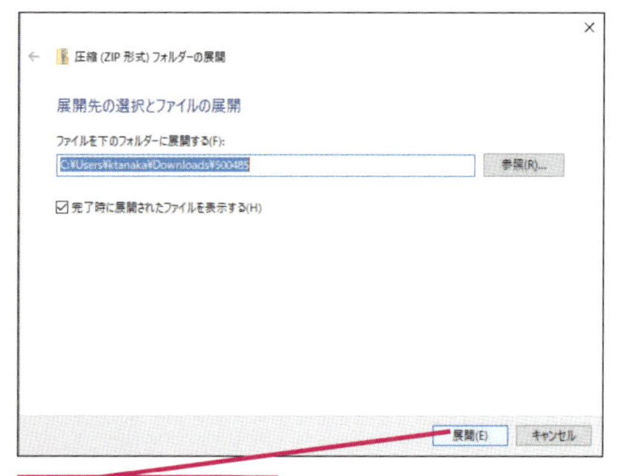

3 ［展開］をクリック

圧縮ファイルと同じフォルダーに展開される

3 練習用ファイルを選ぶ

1 新しくできたフォルダーをダブルクリック

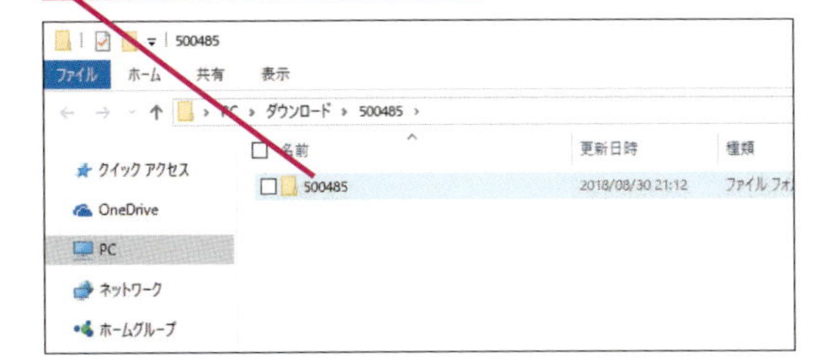

章ごとのフォルダーが表示された

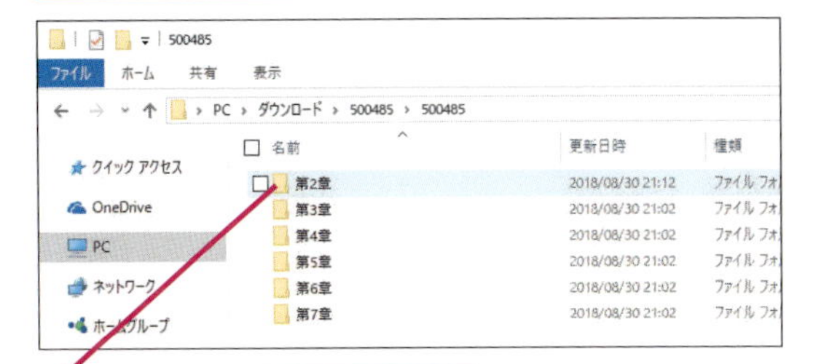

2 開きたい章のフォルダーをダブルクリック

レッスンごとのフォルダーが表示された

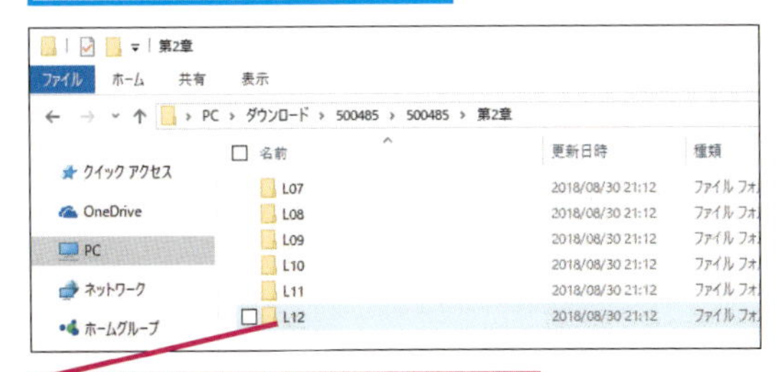

3 開きたいレッスンのフォルダーをダブルクリック

練習用ファイルが表示された

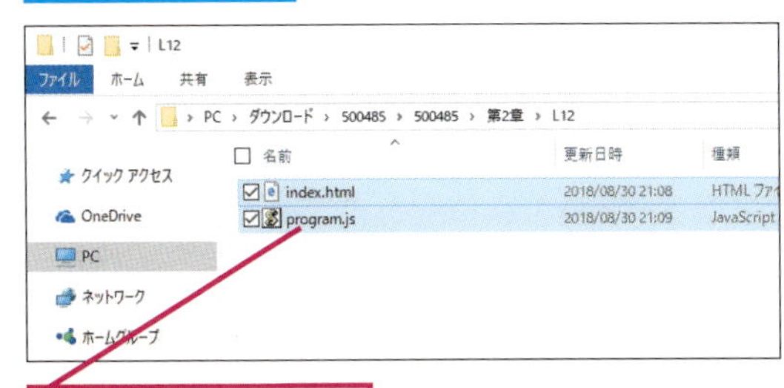

4 ドラッグして全てのファイルを選択

4 作業用フォルダーに複製する

作業していたファイルを残したいときは手順1で新しい作業用フォルダーを作っておく

1 ファイルを右クリック

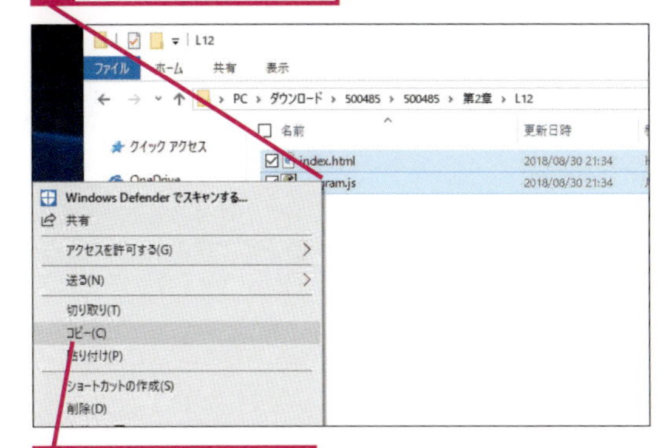

2 [コピー]をクリック

作業用フォルダーを開いておく

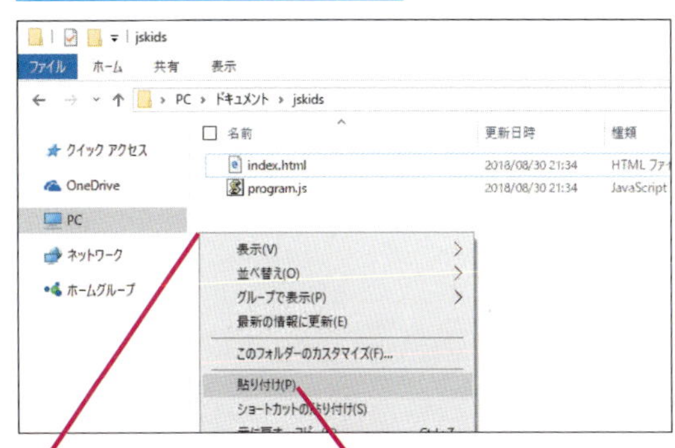

3 フォルダーの中を右クリック

4 [貼り付け] をクリック

5 [ファイルを置き換える]をクリック

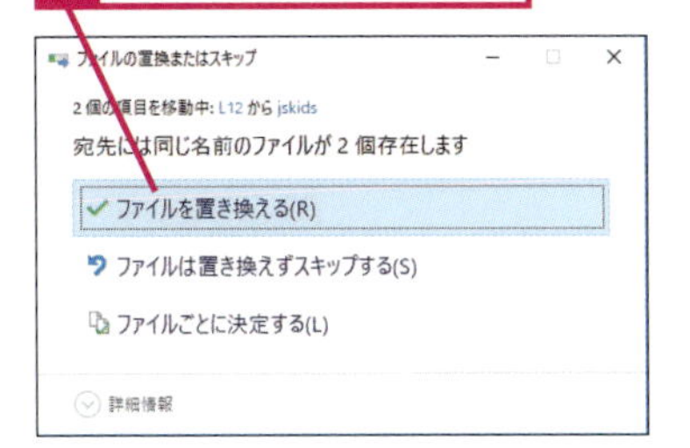

作業用フォルダーのファイルが置き換えられる

Visual Studio Codeを起動すると自動的に更新される

保護者の方へ

本書ではパソコンを使った本格的なプログラミングを学びます。アプリのインストールやキーボードの入力など、プログラミング以外にも子どもにとって難しいことがありますので、側でフォローしてあげましょう。注意点などをまとめましたので、ぜひご参照ください。

▼アプリのインストールは大人がやりましょう

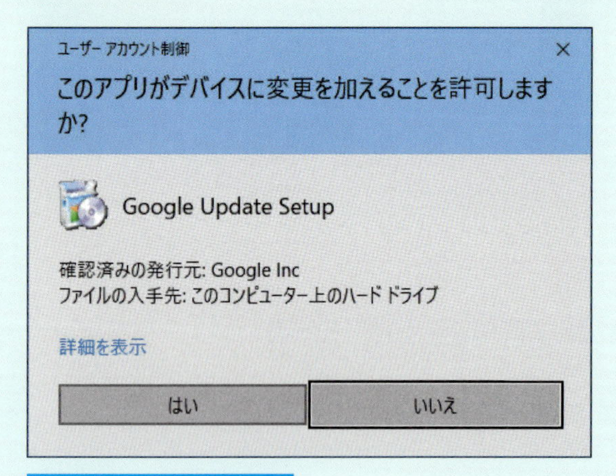

インストールは保護者が代わりにやろう

本書は「Visual Studio Code」をインストールして、プログラミング用のアプリとして使います。詳しい操作方法はレッスン1で説明していますが、ダウンロード用のページが英語で表示されているうえ、手順が多いため途中で間違える可能性があります。側で見てあげるか、代わりにインストールすることをお勧めします。

▼子ども専用のフォルダーを作りましょう

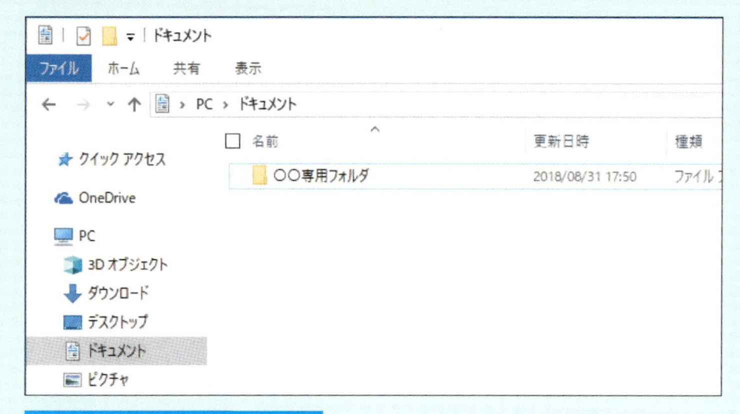

ほかのフォルダーやファイルをいじらないようにする

プログラミングの手順として、各章の最初のレッスンで必ず練習用ファイルをコピーし、最初に設定したプログラミング用のフォルダーに貼り付けて作業を始めます。パソコン内のほかのフォルダーやアプリを触ってしまわないように、[ドキュメント] の中に専用のフォルダーを作り、その中で作業するといいでしょう。

▼キーボードで入力する際は側で見てあげましょう

プログラミングでは英語、数字、記号、日本語など様々な入力方法を使います。子どもがキーボードの前で悩まないように、側でフォローしましょう。マウスやキーボードの使い方は10ページ、コードの入力方法は12ページで紹介しますので、子どもと一緒に読んで理解を深めておきましょう。244ページのローマ字変換表もご参照ください。

▼プログラミングはネットに繋がずに実行します

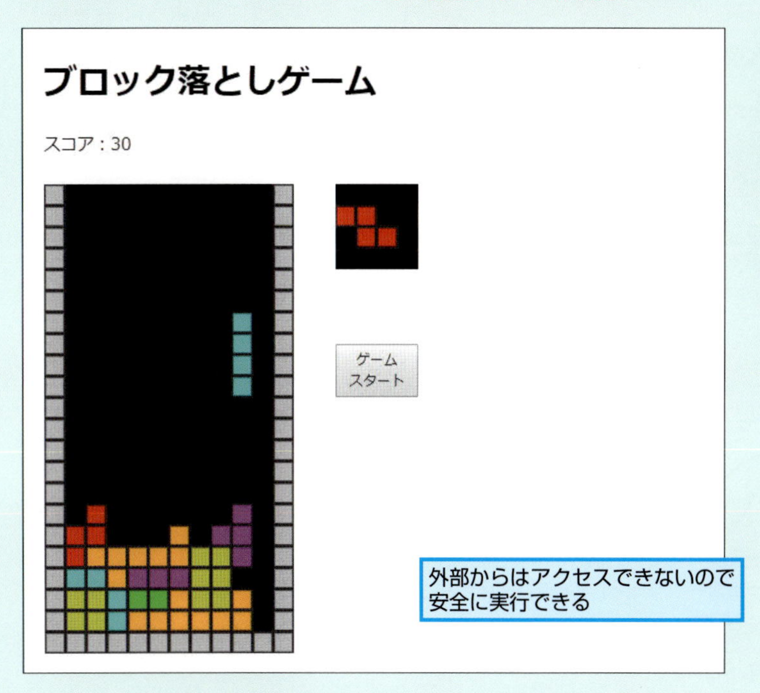

本書ではVisual Studio Codeで作成したJavaScriptのプログラムを、ブラウザーで実行します。動作を確認する際にはGoogle Chromeを使いますが、セキュリティなどを安全に保つためインターネットには公開せず、ローカル環境で実行します。Google Chromeのインストール方法については18ページをご参照ください。

▼コードを全部暗記しなくても大丈夫です

プログラミングは概念や構文など覚えることが多く、大人でも難しい分野です。本書はレッスンごとに練習用ファイルを用意していますので、作業を進めて分からなくなったときは、無理に修正せずに新しい練習用ファイルを使って、次のレッスンに進むことをお勧めします。コードを暗記するよりも、まずはキーボードを使ったプログラミングに慣れてみてください。

マウスやキーボードの動かし方

パソコンを初めて使う人のために、マウスやキーボードの動かし方を紹介するよ。大人の人と一緒に、練習してみてね！

マウス

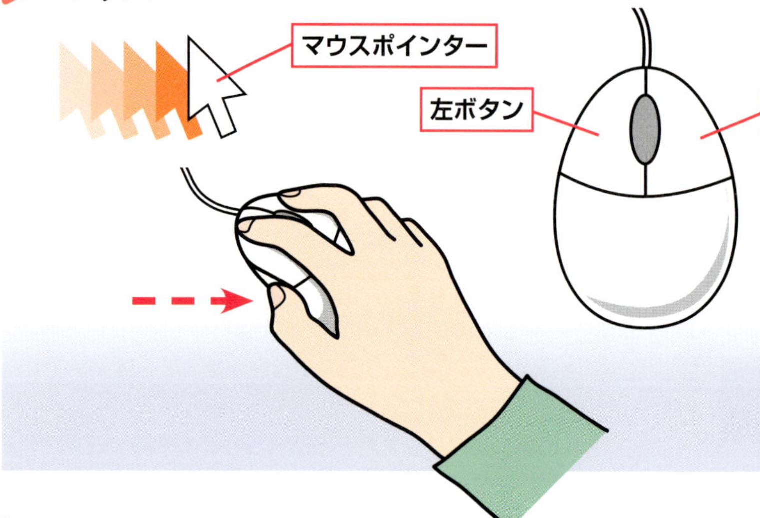

マウスを包むように手を乗せて、人差し指を左ボタン、中指を右ボタンの上に乗せよう。平らな場所で滑らせるように動かすと、マウスポインターが動くよ

タッチパッド

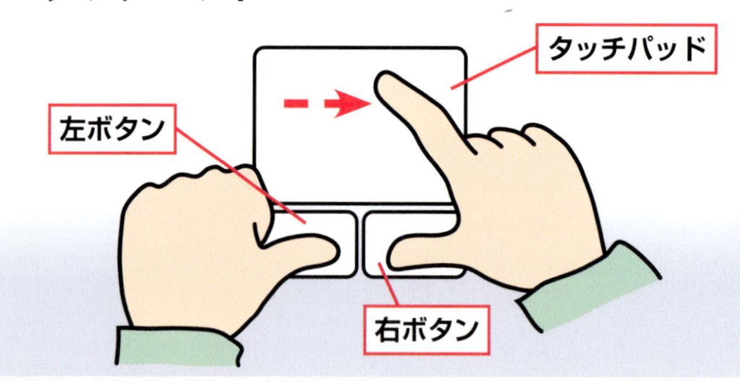

左右のボタンに親指を乗せて、タッチパッドの上に人差し指を乗せよう。タッチパッドとボタンが一緒の場合もあるよ

キーボード

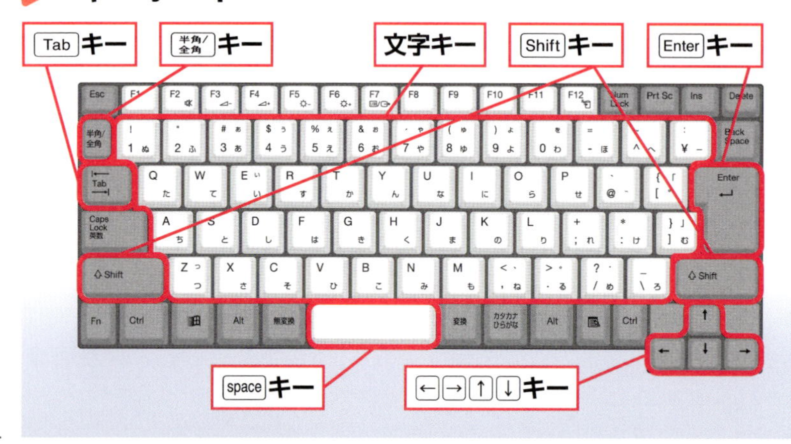

アルファベットや記号、数字などが書かれた文字キーと、スペースキー、シフトキー、タブキーなどを使うよ。コードを入力する方法は12～13ページを見てね

クリックのやり方

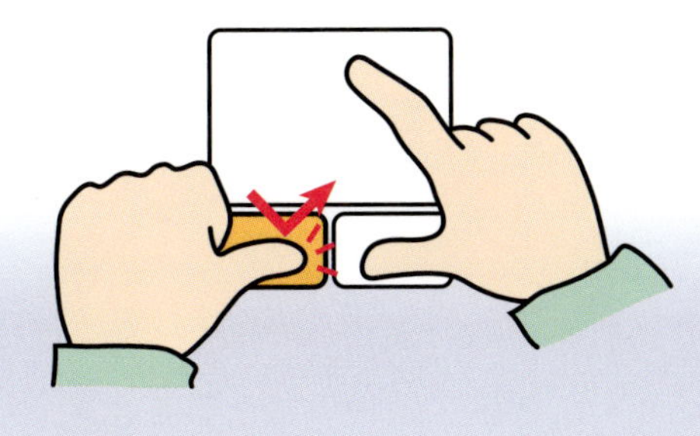

左ボタンをカチッと1回押そう

右クリックのやり方

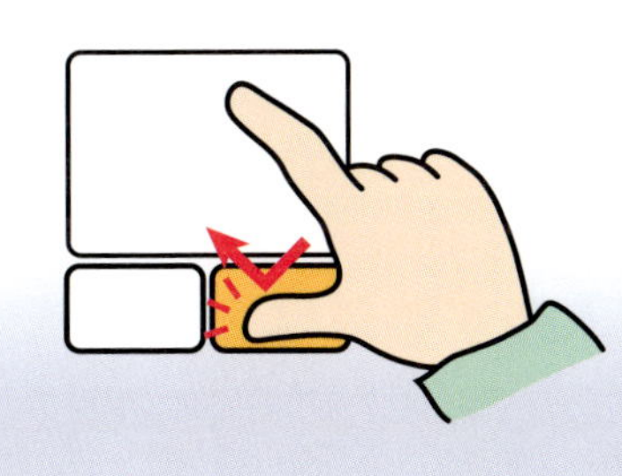

右ボタンをカチッと1回押そう

ダブルクリックのやり方

左ボタンをカチカチッと2回押そう

ドラッグのやり方

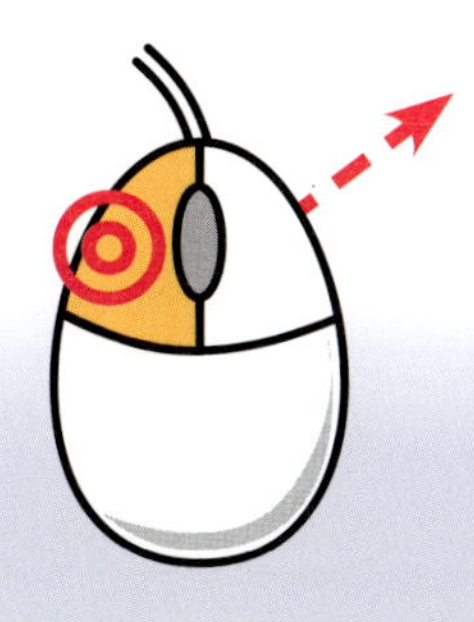

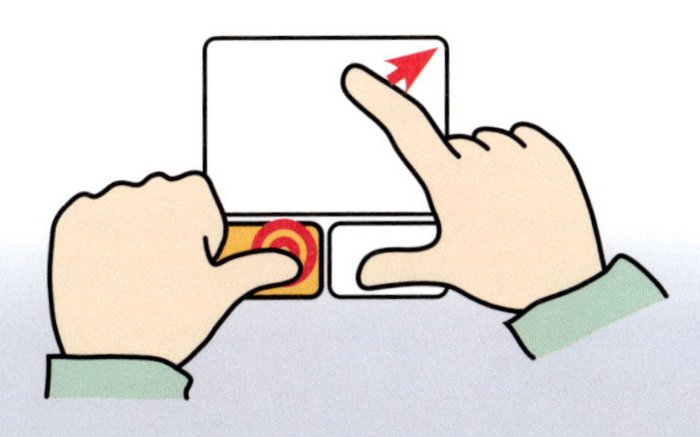

左ボタンを押し続けたまま、マウスを動かそう

コードの入力方法

キーボードで文字を入力する方法を紹介するよ。日本語を入力するときは244ページのローマ字変換表も参考にしてね。

入力モードを確認しよう

アルファベットを入力するには

記号を入力するには

数字を入力するには

ローマ字で日本語を入力するには

目次

はじめに 3／本書の読み方 4／練習用ファイルの使い方 6
保護者の方へ 8／マウスやキーボードの使い方 10
コードの入力方法 12／Google Chromeをインストールするには 18

第1章 JavaScriptプログラミングの準備をしよう 19

レッスン1 コードプログラミングをはじめよう ＜コードプログラミングの基本＞……20
レッスン2 Visual Studio Codeをインストールするには ＜Visual Studio Codeのインストール＞……22
レッスン3 使いやすい画面に設定するには ＜Visual Studio Codeの設定＞……26
レッスン4 プログラミングの準備をするには ＜フォルダーの作成＞……28
テクニック●階層構造について学ぼう……29
レッスン5 Visual Studio Codeにフォルダーを読み込む ＜フォルダーの読み込み＞……30
テクニック●Gitはダウンロードしない……30
この章のまとめ……32

第2章 JavaScriptプログラミングを始めよう 33

学習を始める前に JavaScriptの基礎 イベントの使い方……34
レッスン6 HTMLファイルを作成するには ＜HTMLファイルの作成＞……36
レッスン7 文字を入力するには ＜コードの入力＞……38
レッスン8 HTMLを記入するには ＜HTMLタグの入力＞……40
テクニック●補完機能を使いこなそう……44
レッスン9 HTMLファイルをブラウザーで表示するには ＜HTMLファイルの表示＞……46
レッスン10 JavaScriptをHTMLに読み込むには ＜JavaScriptの読み込み＞……48
レッスン11 JavaScriptを書くには ＜JavaScriptの記述＞……50
テクニック●アイコンで区別しよう……50

レッスン⑫ JavaScriptを実行するには ＜JavaScriptの実行＞……52

テクニック●プログラムが動かないときは……53

テクニック●表示される文字を変えてみよう……53

この章のまとめ……54

第3章 画面を変更してみよう 55

学習を始める前に イベントと画面の書き換えの基本 イベントの使い方……56

レッスン⑬ ボタンを表示しよう ＜ボタンの配置＞……58

レッスン⑭ もうひとつボタンを付けてみよう ＜複数のボタンの配置＞……62

レッスン⑮ テキストボックスを使ってみよう ＜テキストボックスの追加＞……66

テクニック●テキストボックス以外の要素について知ろう……67

レッスン⑯ 文字を連結してみよう ＜文字の連結＞……72

レッスン⑰ ページに文字を表示してみよう ＜文字の書き換え＞……76

この章のまとめ……80

第4章 計算と変数、条件判定の使い方を知ろう 81

学習を始める前に 計算と条件判定の基本 計算と条件判定……82

レッスン⑱ 計算してみよう ＜計算＞……84

レッスン⑲ 入力した値の計算結果を表示しよう ＜計算結果の表示＞……88

レッスン⑳ 未入力だったときにエラーを表示するには ＜エラーメッセージの表示＞……96

レッスン㉑ 計算結果で文字の色を変更するには ＜色の変更＞……100

この章のまとめ……106

第5章 繰り返し操作の基本を知ろう 107

学習を始める前に 繰り返しの基本 繰り返し操作……108

レッスン22 同じメッセージを3回表示してみよう ＜for構文＞……110

レッスン23 1から100まで順番に足してみよう ＜計算の繰り返し＞……114

レッスン24 入力された文字の桁数を求めよう ＜桁数の表示＞……118

この章のまとめ……126

第6章 落ち物パズルを作ろう 127

学習を始める前に 落ち物パズルの基本 パズルのルール……128

レッスン25 音声ファイルを準備しよう ＜音声ファイルの準備＞……130

レッスン26 効果音を付けよう ＜効果音＞……132

学習を始める前に ゲーム画面を作るには 座標で指定する……136

レッスン27 ゲーム画面を作ろう ＜ゲーム画面の設計＞……138

レッスン28 壁を描こう ＜四角形の描画＞……142

テクニック●自分の好きな背景にするには……149

学習を始める前に ブロックを描く 座標を計算する……150

レッスン29 ブロックを描画しよう ＜ブロックの描画＞……152

学習を始める前に ブロックを左右に動かすには 左右に動かす……158

レッスン30 ブロックを描く処理を関数にしよう ＜関数を作る＞……160

レッスン31 ブロックを左右に動かそう ＜ブロックの動きと音を作る＞……166

学習を始める前に ブロックを回転させるには 配列……172

レッスン32 ブロックを回転させよう ＜回転のパターン＞……174

この章のまとめ……184

第7章 落ち物パズルを完成させよう 185

学習を始める前に さまざまなブロックを登場させる ランダム……186

レッスン33 ランダムでブロックを表示しよう ＜ランダムな表示＞……188

レッスン34 次のブロックを表示できるようにしよう ＜次のブロックの表示＞……196

テクニック● 表示場所や向きもランダムにできる……199

学習を始める前に 当たり判定を決める 配列……200

レッスン35 壁にめり込まないようにする ＜当たり判定＞……202

レッスン36 下に動かせるようにしよう ＜下への移動と当たり判定＞……210

学習を始める前に 横一列そろったときの処理を作る 配列の応用……218

レッスン37 ブロックが消えて得点が入るようにする ＜得点を入れる＞……220

テクニック●ブロックがそろったときの動きを確認しよう……229

レッスン38 自動的に下に動くようにしよう ＜タイマー＞……230

レッスン39 ゲームオーバーを作成しよう ＜ゲームオーバーの判定＞……234

この章のまとめ……236

付録1 コード一覧……237

付録2 ローマ字変換表……244

用語集……246

索引 250 ／本書を読み終えた方へ 253 ／読者アンケートのお願い 254

Google Chromeをインストールするには

本書では、Googleが提供しているWebブラウザーのGoogle Chromeを利用した操作方法を主に紹介します。ここでは、Windows 10の環境にGoogle Chromeをインストールする方法を解説します。

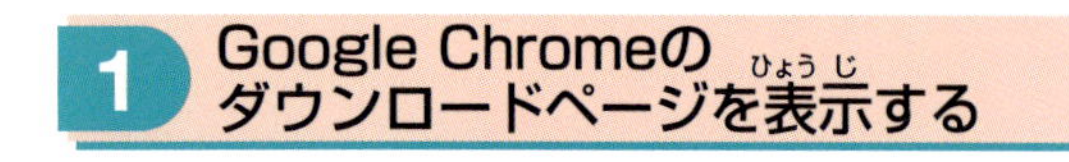

1 Google Chromeのダウンロードページを表示する

Microsoft Edgeを起動する

1 [Microsoft Edge]をクリック

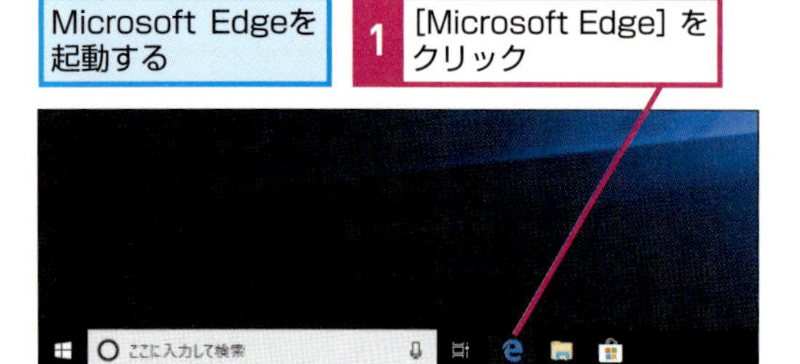

Google ChromeのWebページを表示する

▼Google ChromeのWebページ
https://www.google.co.jp/chrome/

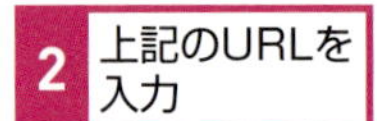

2 上記のURLを入力

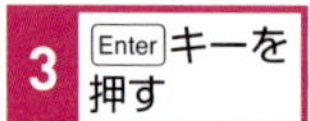

3 Enterキーを押す

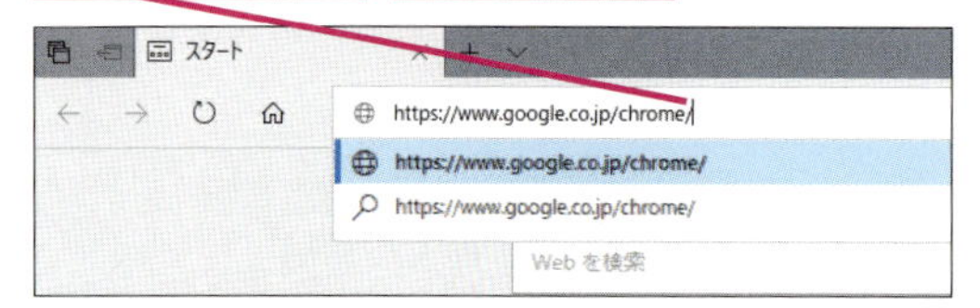

2 ダウンロードを実行する

Google ChromeのWebページが表示された

1 [CHROMEをダウンロード]をクリック

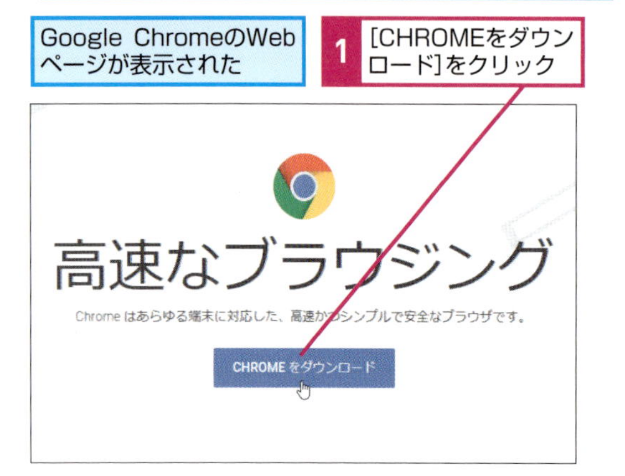

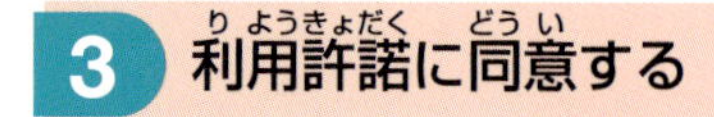

3 利用許諾に同意する

Google Chromeの利用許諾が表示された

1 ここを下にドラッグして利用許諾を確認

Chrome for Windows をダウンロード
Windows 版（10 / 8.1 / 8 / 7、64 ビット）
の身元を Adobe に開示し、Google とサブライセンシーが本 Adobe 規約を含むライセンス契約を結んだことを書面で明らかにすることに、サブライセンシーは同意するものとします。サブライセンシーは、そのライセンシーそれぞれと契約を結び、その契約で本 Adobe ソフトウェアの再配布を許可する場合は、その契約に本 Adobe 規約を含める必要があります。
印刷用バージョン
☑ 使用統計データと障害レポートを Google に自動送信して Google Chrome の機能向上に役立てる。 詳細
同意してインストール

2 ここをクリックしてチェックマークを付ける

3 [同意してインストール]をクリック

4 インストールを実行する

インストールの実行ファイルに関する操作が通知バーに表示された

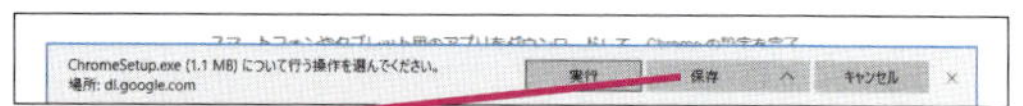

1 [保存]をクリック

[ユーザーアカウント制御] ダイアログボックスが表示された

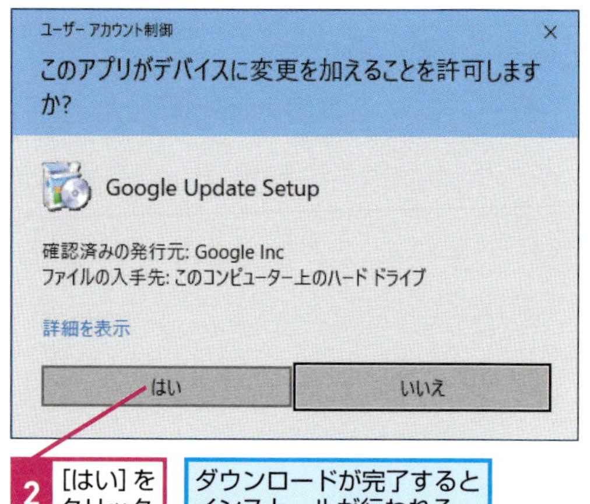

2 [はい]をクリック

ダウンロードが完了するとインストールが行われる

第1章

JavaScriptプログラミングの準備をしよう

JavaScriptでプログラミングをするには、テキストエディターがあると便利です。この章では、Visual Studio Codeというアプリをインストールして、プログラミングするための準備をしていきます。

この章の内容

❶ コードプログラミングをはじめよう……20
❷ Visual Studio Codeをインストールするには……22
❸ 使いやすい画面に設定するには……26
❹ プログラミングの準備をするには……28
❺ Visual Studio Codeにフォルダーを読み込む……30

ぼく、できるもん！
みんなと一緒にプログラミングを
学ぶもん。よろしくだもん！

テーマ コードプログラミングの基本

レッスン 1 コードプログラミングをはじめよう

パソコンで実行したい命令をキーボードから入力して作るのがコードプログラミングです。簡単な計算からゲームまで幅広いプログラムを作れます。

キーワード

JavaScript	p.246
Visual Studio Code	p.246
Webブラウザー	p.246
コードプログラミング	p.247

コードプログラミングとは

プログラミングには、あらかじめ用意された命令ブロックを組み合わせて作る「ブロックプログラミング」と、自分でひとつひとつ英語の命令をキーボードから入力していく「コードプログラミング」があります。ブロックプログラミングは入門者向けに作られたものなので、作れるプログラムに制限があります。コードプログラミングが本来のプログラミングです。パソコンやスマートフォンなどで動くすべてのプログラムは、コードプログラミングで作られていて、プロが作っています。この本ではゲームを作っていきますが、コードプログラミングを習得することで、パソコンやスマートフォン用の、さまざまなプログラムも作れるようになります。命令を入力してプログラムを作っていくことを「コーディング」と言います。また入力するプログラムのことを「コード」と言います。

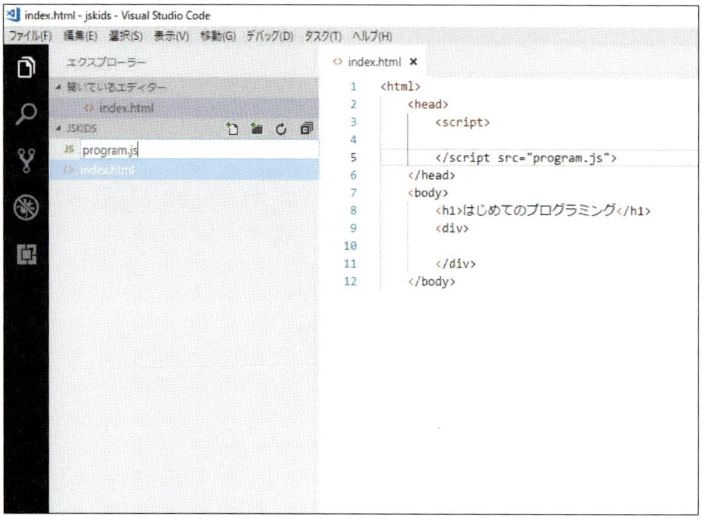

```
<html>
    <head>
        <script>

        </script src="program.js">
    </head>
    <body>
        <h1>はじめてのプログラミング</h1>
        <div>

        </div>
    </body>
```

アルファベットを入力してコーディングする

HINT! タイピングも一緒に覚えよう

コードプログラミングでは、命令をキーボードから入力します。はじめは、入力したい英字をキーボードから探すのに時間がかかるかも知れません。しかし、たくさんのプログラムを入力するうちに、自然とキーボードのタイピング（入力）も覚えていくはずです。

ここをチェック！

コードプログラミングでは英語の大文字や小文字、末尾に「;」などの記号があるかどうか、「.」の前後に空白があるかないかなど、細かい違いで動かないこともあります。コーディングするときは、小さな違いにも注意しましょう。

JavaScriptとは

この本では、JavaScriptというプログラミング言語を使って、Webブラウザーで動くプログラムを作ります。JavaScriptは、Googleの検索画面で最初の数文字を入力すると候補が自動的に出るところや、地図をマウスで動かせるようにするところ、YouTubeで動画を再生・停止したりするボタンの部分などに使われています。また、アニメーションやチャット、ゲームなど多くのWebサービスで広く使われています。

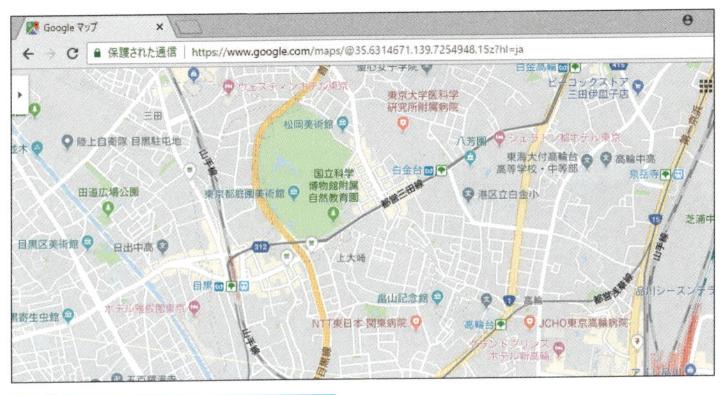

Googleマップにも JavaScriptが使われている

テキストエディターを使おう

JavaScriptのプログラムは、テキストエディターというアプリを使って入力します。保存したプログラムはWebブラウザーで読み込むと実行できます。テキストエディターにはさまざまな種類がありますが、この本では、「Visual Studio Code」というアプリを使います。このアプリには複数のファイルを同時に編集したり、キーワードとなる部分を太字で表示したりできるなど、プログラミングするときに便利な機能が、たくさんあります。Visual Studio Codeを使ったコードの入力は、見た目は複雑なように見えますが、この本に掲載されている通りに入力すれば動きます。また、もし間違えても、修正して何度でも実行し直せます。自動保存機能もあるので、保存し忘れても安心です。

スマートフォンでも動く

JavaScriptのプログラムは、パソコンのWebブラウザーだけでなく、スマートフォンのWebブラウザーでも動作します。

スマートフォンのWebブラウザーでも、パソコンと同じようにJavaScriptのプログラムが動作する

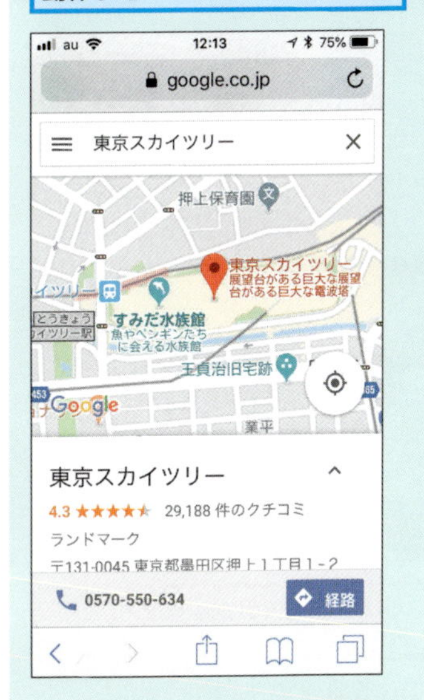

Point コードプログラミングに慣れよう

コードプログラミングでは、キーボードからプログラムを入力するので、まずはキーボード操作やテキストエディターの操作に慣れましょう。操作に慣れたら、この本に掲載されているプログラムをひとつずつ入力し、実行するまでの流れを理解しましょう。途中で間違えてしまっても、何度でもやり直せます。もし、うまく動かないときは、画面とよく見比べてください。大文字と小文字の違い、最後に「;」などの記号があるかないかが違うだけでも動かないので、注意しましょう。

レッスン 2

テーマ Visual Studio Codeのインストール

Visual Studio Codeをインストールするには

この本で使うVisual Studio Codeというテキストエディターは、無料でダウンロードして使えます。まずはインターネットからダウンロードしてインストールしましょう。

キーワード

Google Chrome	p.246
Visual Studio Code	p.246
インストール	p.246
追加タスク	p.248

1 ページを表示する

18ページを参考にGoogle Chromeをインストールしておく

1 [Google Chrome] をダブルクリック

Google Chromeが起動した

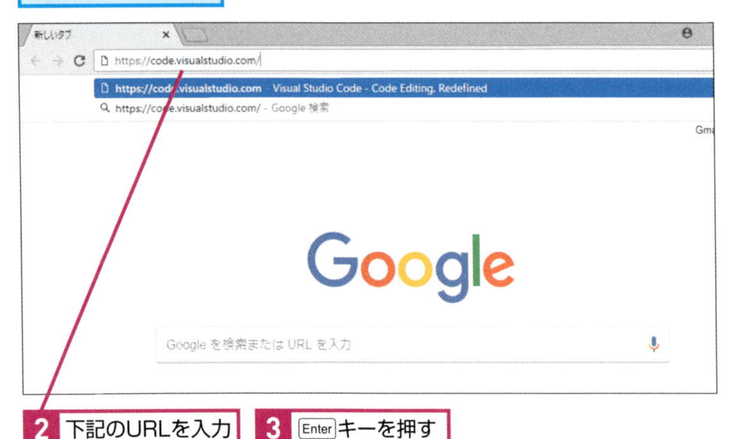

2 下記のURLを入力　3 Enterキーを押す

▼Visual Studio Code
https://code.visualstudio.com/

HINT!

Visual Studio Codeとは

Microsoftが提供している無償のアプリで、コーディングするときに使うエディターです。JavaScript以外にも、さまざまなプログラミング言語に対応しています。プロのプログラマーも使っている人気のアプリです。

HINT!

Macの場合は

この本では、Windowsパソコンで説明しますが、Visual Studio CodeにはMac版もあり、同じように使えます。

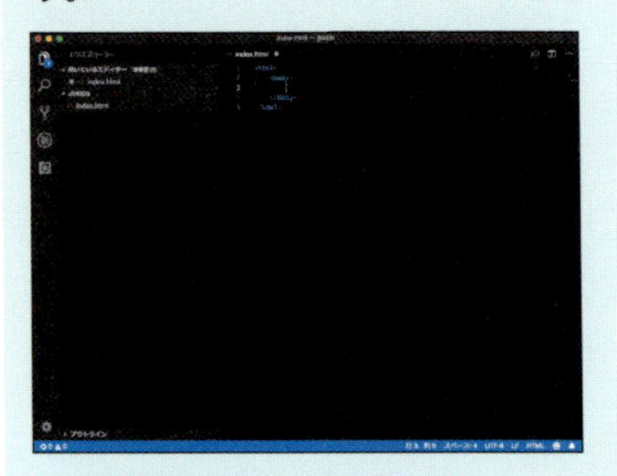

Mac版のVisual Studio Codeもある

2 Visual Studio Codeをダウンロードする

Visual Studio Codeのページが表示された

1 [Download for Windows]をクリック

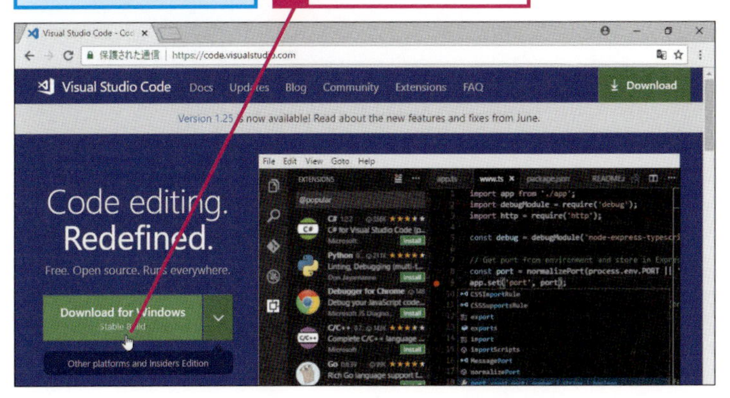

3 ダウンロードした実行ファイルを実行する

インストールの実行ファイルに関する操作が通知バーに表示された

1 ダウンロードした実行ファイルをクリック

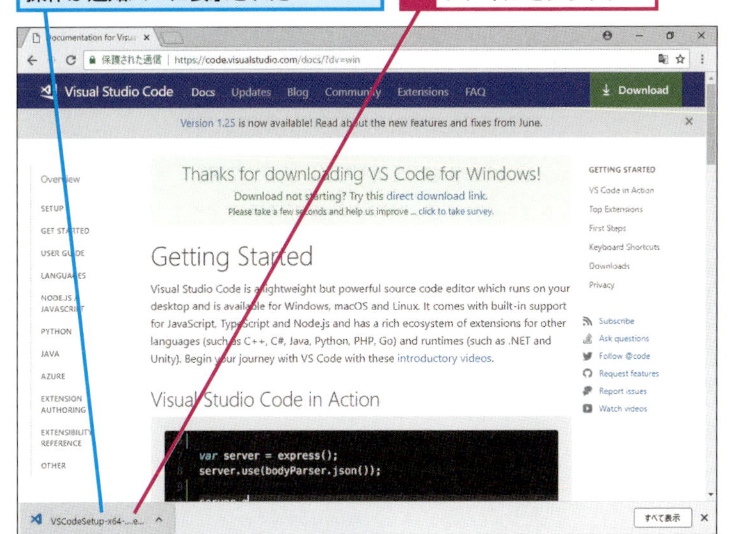

[ユーザーアカウント制御] ダイアログボックスが表示された

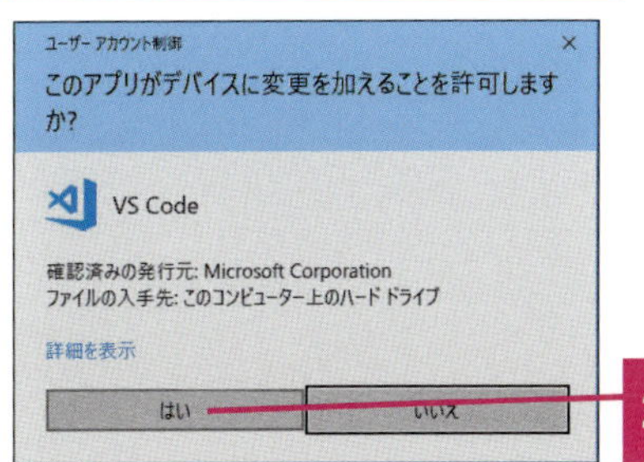

2 [はい] をクリック

HINT!
ダウンロードページの画面が違うときは

手順2からのダウンロードページの画面は、この本を書いたときのものです。サイトは更新されるので、デザインが変わる可能性があります。なお、使用しているパソコンのOSによって、ダウンロードするファイルが自動的に選ばれます。

1 [Download for Mac]をクリック

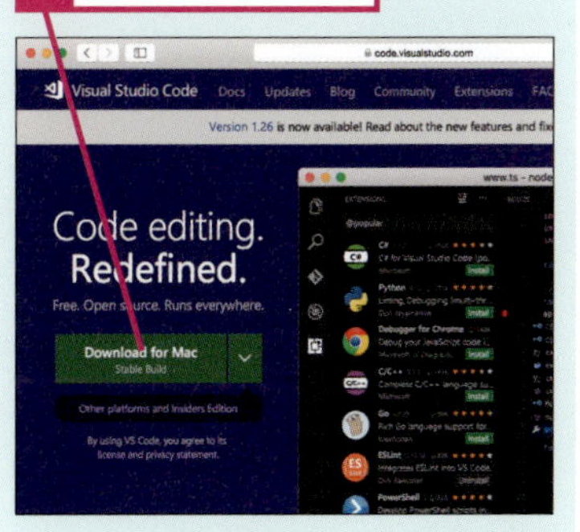

ここをチェック！

[ユーザーアカウント制御] ダイアログボックスで、[いいえ] をクリックするとインストールできません。間違えたときは、もう一度、ダウンロードした実行ファイルをクリックして起動し直し、正しく [はい] ボタンをクリックしてください。

次のページに続く

4 セットアップウィザードを開始する

[Visual Studio Codeセットアップ]ダイアログボックスが表示された

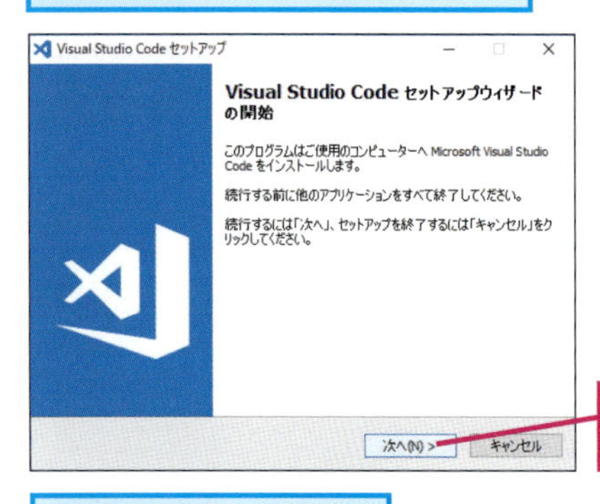

1 [次へ]をクリック

スクロールして使用許諾契約書を確認しておく

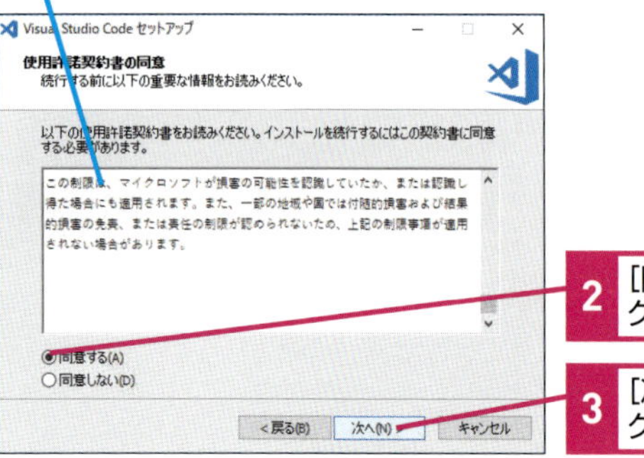

2 [同意する]をクリック

3 [次へ]をクリック

5 インストール先を指定する

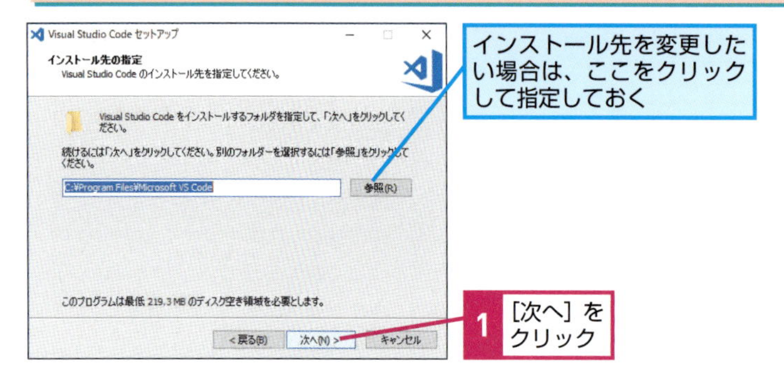

インストール先を変更したい場合は、ここをクリックして指定しておく

1 [次へ]をクリック

HINT!

インストール先はどこを指定すればいいの？

インストール先として「C:¥Program Files¥Microsoft VS Code」が設定されているので、通常は変更する必要はありません。そのまま[次へ]ボタンをクリックしましょう。インストール先はパソコンのほかのアプリと同じ場所になります。

ここをチェック！

操作を間違えたときは[戻る]ボタンをクリックすると、前の画面に戻れます。

6 プログラムグループを指定する

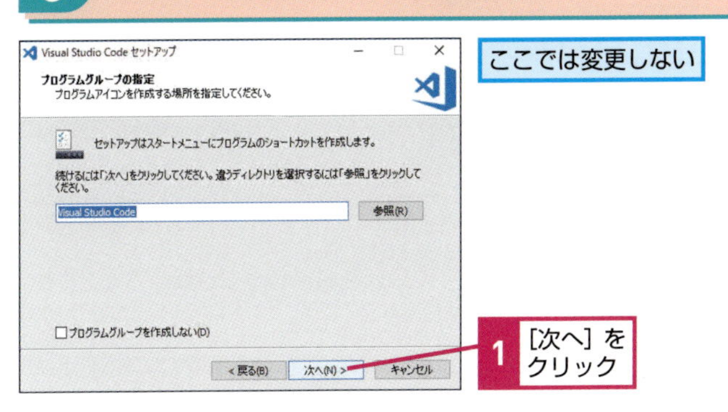

ここでは変更しない

1 [次へ] をクリック

7 追加タスクを選択する

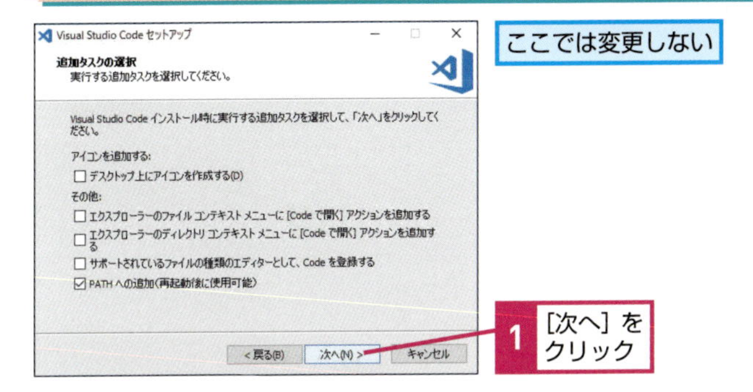

ここでは変更しない

1 [次へ] をクリック

8 インストールを完了する

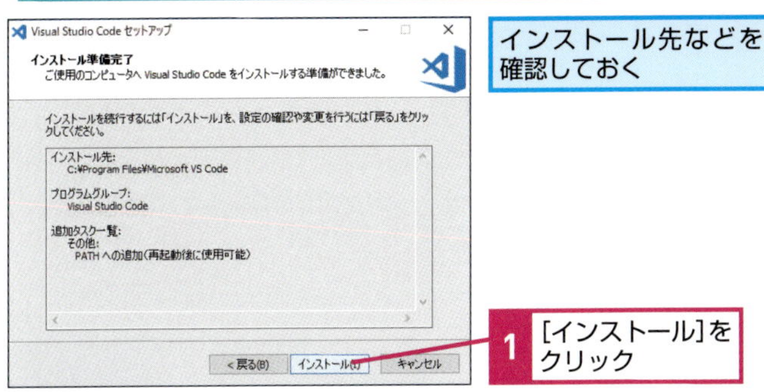

インストール先などを確認しておく

1 [インストール]をクリック

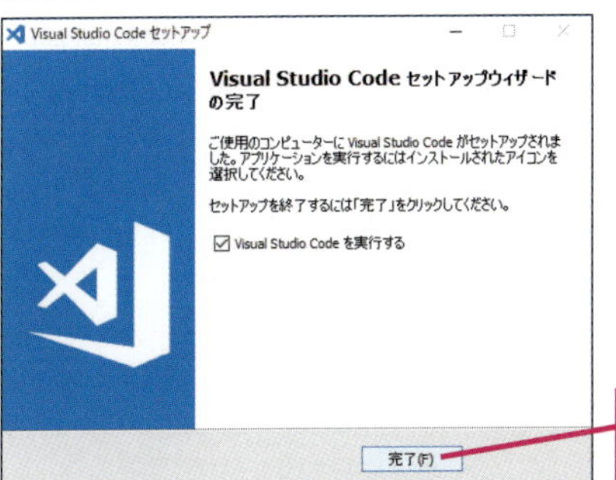

2 [完了] をクリック

HINT!

「プログラムグループ」って何？

［プログラムグループ］はスタートメニューの中に表示されるプログラムのショートカットのことです。ここでは［スタート］メニューに表示する名前を決められます。「Visual Studio Code」が設定されているので、変更する必要はありません。そのまま［次へ］ボタンをクリックしましょう。

「追加タスク」って何？

［追加タスク］は設定しておくと便利な機能です。クリックしてチェックマークを付けると、デスクトップにVisual Studio Codeを実行するためのアイコンを作成したり、ファイルやフォルダーを右クリックしたときに［Codeで開く］というメニューを表示するようにできます。

Point

Visual Studio Codeをインストールしよう

Visual Studio Codeは無料でダウンロードできるテキストエディターのアプリです。Visual Studio Codeのサイトを Webブラウザーで開き、ファイルをダウンロードして実行するとインストールできます。インストールの最中に、いくつかのメッセージが表示されますが、ここで説明した手順のように、ほとんどの場合、［次へ］ボタンを何回かクリックするだけでインストールできます。

テーマ Visual Studio Codeの設定

レッスン 3 使いやすい画面に設定するには

インストールしたVisual Studio Codeを起動してみましょう。最初は黒い画面で少し見づらいので、白い背景の画面に切り替えてみましょう。

キーワード

Git	p.246
Visual Studio Code	p.246
インストール	p.246

1 Visual Studio Codeを起動する

レッスン❷を参考にVisual Studio Codeをインストールしておく

1 ［スタート］をクリック

2 ［Visual Studio Code］をクリック

3 ［Visual Studio Code］をクリック

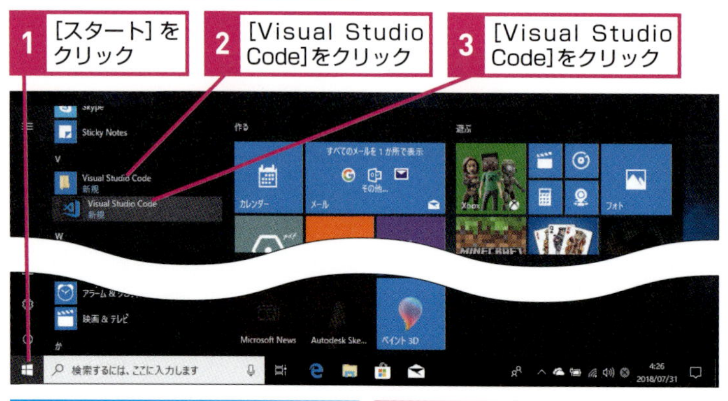

Visual Studio Codeの［ようこそ］ページが表示された

4 ［Don't Show Again］をクリック

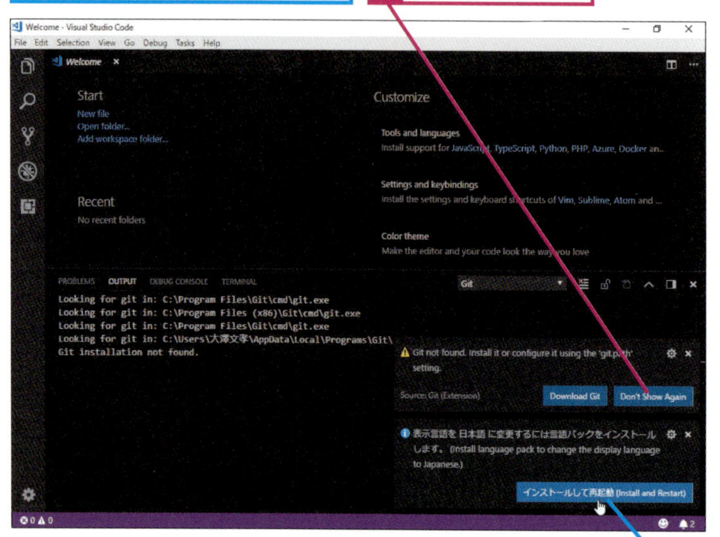

［インストールして再起動］をクリックして、「ここをチェック！」を参考に表示言語を日本語に変更しておく

HINT!

「Git not Found.」って何？

Gitというアプリがインストールされていないのでインストールするかを尋ねるメッセージです。この本では使わないので［Don't Show Again］をクリックして、表示されないようにします。

ここをチェック！

言語の変更メッセージが表示されないときは［拡張機能］ボタンをクリックし、「japanese」で検索します。「Japanese Language Pack for Visual Studio Code」をクリックしてインストールすると日本語化できます。

1 ［拡張機能］をクリック

2 「japanese」と入力

3 ［Japanese Language Pack for Visual Studio Code］をクリック

2 配色テーマを変更する

ここでは白い背景に変更する

1 [ファイル] をクリック

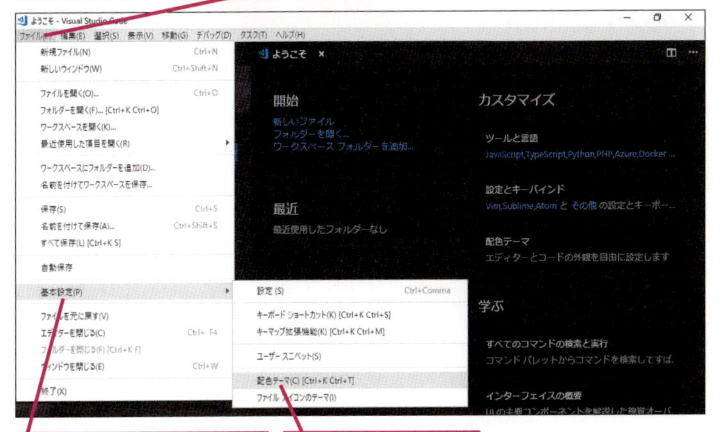

2 [基本設定] にマウスポインターを合わせる

3 [配色テーマ] をクリック

配色テーマの一覧が表示された

4 [Light+ (default light)] をクリック

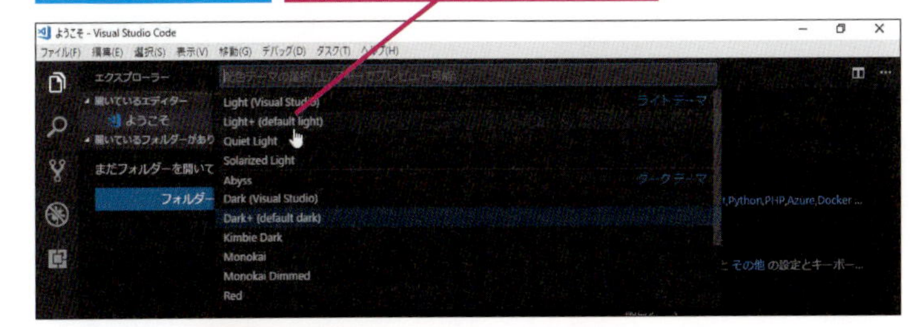

配色が変更された

5 [起動時にウェルカムページを表示] をクリックしてチェックマークをはずす

6 ここをクリック

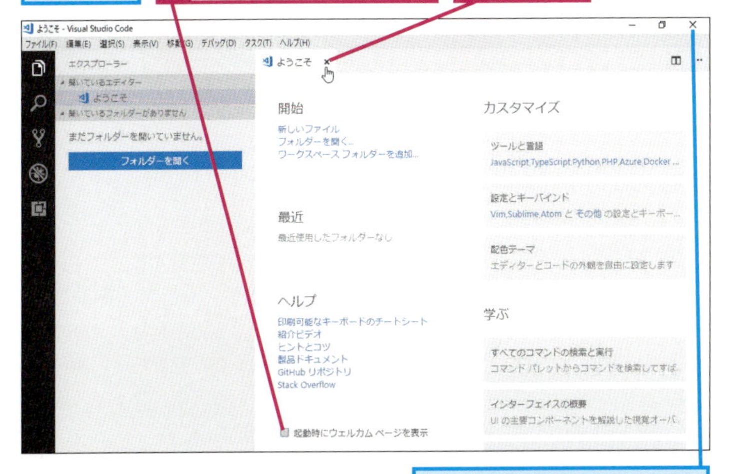

ここをクリックして、Visual Studio Codeを終了しておく

「配色テーマ」って何？

[配色テーマ] とは色やフォントなどをセットにした設定のことです。インストール直後は黒ですが、白や他の色に変更できます。

「ウェルカムページ」は非表示にする

最初に起動したときは、Visual Studio Codeの基本や便利な使い方が書かれた「ウェルカムページ」が表示されます。この画面は、2回目以降は必要ないので、このレッスンの手順では、次回以降は表示されないようにします。

Point

Visual Studio Codeの起動と終了の操作を覚えよう

Visual Studio Codeは [スタート] メニューから起動します。終了するときには、右上の [×] ボタンをクリックします。最初に起動したときは、いくつかのメッセージが表示されますが、この説明のように操作すれば、次回起動したときにはメッセージが表示されなくなります。また、Visual Studio Codeの色は変更できます。ここでは [Light+ (default light)] を選んで白っぽい色にしましたが、好みの色にしてもいいでしょう。

レッスン 4

テーマ フォルダーの作成

プログラミングの準備をするには

JavaScriptでは、プログラムや画像など構成するもの一式をひとつのフォルダーにまとめます。ここでは、「jskids」というフォルダーを作って、プログラムをそこに入れる準備をしましょう。

キーワード

HTML	p.246
Visual Studio Code	p.246
エクスプローラー	p.246
階層構造	p.247
フォルダー	p.249

1 エクスプローラーを起動する

ここでは［ドキュメント］フォルダーに新しいフォルダーを作成する

1 ［エクスプローラー］をクリック

2 新しいフォルダーを作成する

エクスプローラーが表示された

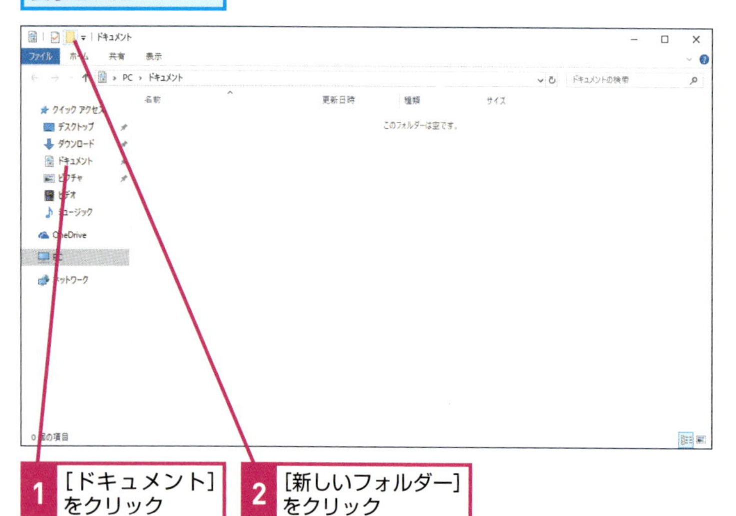

1 ［ドキュメント］をクリック

2 ［新しいフォルダー］をクリック

HINT!

どうしてフォルダーを作成するの？

JavaScriptのプログラムは、JavaScriptのプログラムだけでなく、ホームページの元になるHTMLファイルや画像ファイルなどを組み合わせて動きます。それらのファイルをひとまとめにして置くためにフォルダーが必要です。

ここをチェック！

フォルダー名を変更する前に「新しいフォルダー」という名前で確定してしまったときは、フォルダーをクリックしてから F2 キーを押すと、もう一度、ファイル名を変更できます。

テクニック 階層構造について学ぼう

ドキュメントフォルダーは、ふつうは「C:¥Users¥名前¥Documents」というフォルダー名です。これは「東京都千代田区 神田神保町」といった住所と同じで、「Cドライブ（パソコンの1台目のディスクです）」にある「Users」さらにそこにある「（名前）」の中の「Documents」というフォルダーという意味です。パソコンのこのようなフォルダーの仕組みを「階層構造」と呼びます。ドキュメントフォルダーに新しく「jskids」というフォルダーを作ると、その場所は、「C:¥Users¥名前¥Documents¥jskids」となります。

ファイルの場所を文字で表している

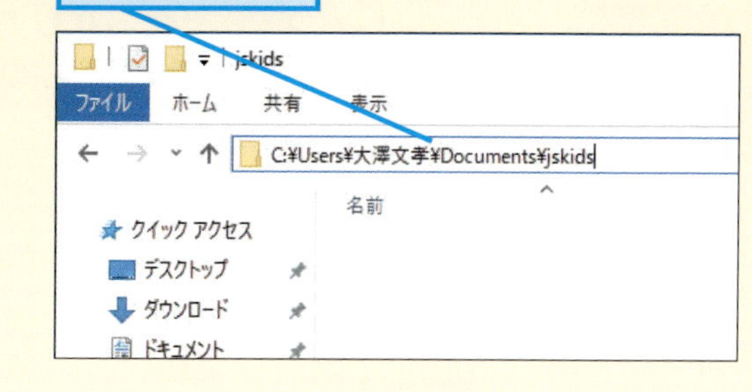

3 フォルダーに名前を付ける

新しいフォルダーが作成された

ここでは「jskids」という名前を付ける

1 「jskids」と入力

2 Enter キーを押す

フォルダーの名前が付けられた

HINT! フォルダーの名前を後から変更するには

フォルダーをクリックして選択し、F2キーを押すと、フォルダー名を変更できます。ただし、フォルダー内のファイルを開いていると、変更できないことがあります。

Point プログラムはフォルダーにまとめる

JavaScriptのプログラムは、フォルダーを作って、そのフォルダーにひとまとめにします。Visual Studio Codeでは、そのフォルダーを開いて、その中のファイルを編集します。詳しい方法は、次のレッスンで説明します。フォルダーはどこに作成してもかまいませんが、この本では、［ドキュメント］フォルダーの下に作成します。［ドキュメント］フォルダーは、読み書きの制限がなく、自由に使えるフォルダーだからです。

レッスン 5

テーマ フォルダーの読み込み

Visual Studio Codeにフォルダーを読み込む

キーワード

Git	p.246
Visual Studio Code	p.246
エクスプローラー	p.246
階層構造	p.247
フォルダー	p.249

レッスン❹で作成したフォルダーをVisual Studio Codeで開いて、そのなかのファイルを編集できるようにしましょう。一度指定しておくと、次からは自動的にフォルダーが読み込まれます。

1 Visual Studio Codeでフォルダーを開く

レッスン❸を参考に、Visual Studio Codeを起動しておく

1 ［ファイル］をクリック

2 ［フォルダーを開く］をクリック

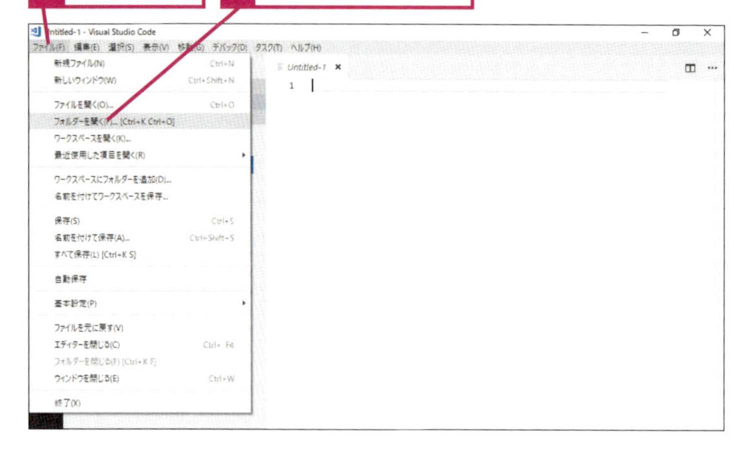

HINT!

フォルダーを開くには

フォルダーを開くには、［ファイル］メニューから［フォルダーを開く］を選択します。［ファイルを開く］ではないので注意してください。ほかの方法として、作成したフォルダーを、Visual Studio Codeにドラッグする方法でも開けます。

テクニック Gitはダウンロードしない

レッスン❸で説明したように、Gitというアプリをインストールしていないと、「Git not found. install or configure it using the 'git.path' setting.」というメッセージが表示されることがあります。Gitはバージョン管理アプリと呼ばれ、前回保存したときから、どのような変更が加えられたかを追跡し、他のプログラマが作ったプログラムと合体（マージと言います）するときに、互いの修正を上書きしないように調整する機能を持ちます。この本では使わないので［Don't Show Again］をクリックして無視します。なお、ダウンロードしてインストールしてもプログラミングの手順には影響しません。

2 フォルダーを指定する

レッスン❹で作成した[jskids]フォルダーを指定する

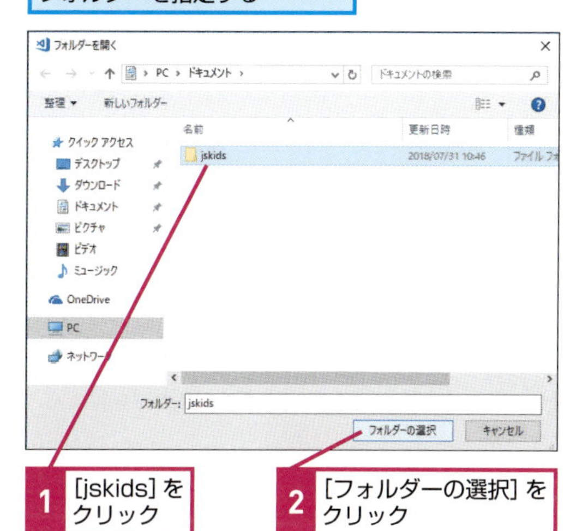

1 [jskids]をクリック

2 [フォルダーの選択]をクリック

3 画面を確認する

指定したフォルダーがここに表示される

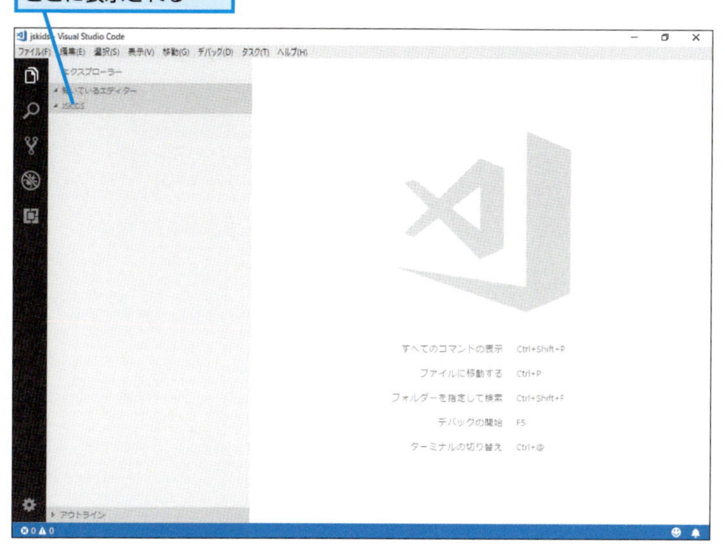

HINT! フォルダーを編集するには

フォルダーを開くと、そのフォルダーをVisual Studio Codeで開いて編集できるようになります。フォルダーやファイルの名前をエクスプローラーなどで変更したときは、Visual Studio Codeでの表示も、それに合わせて変更されます。

ここをチェック！

間違えたフォルダーを選択したときは[ファイル]メニューから[フォルダーを閉じる]を選択して閉じてから、もう一度、やり直してください。

HINT! フォルダーは大文字で表示される

パソコン上で作ったフォルダーが小文字でもVisual Studio Codeではすべて大文字で表示されます。

Point フォルダーごとに編集する

Visual Studio Codeでは、プログラムをフォルダー単位で保管して、それぞれをひとつのプログラムとして扱います。第2章では、ここで開いた「jskids」フォルダーのなかに、JavaScriptなどのプログラムファイルを置き、編集することでコーディングしていきます。フォルダーにはプログラムだけでなく、画像や音のファイルなどを置くこともあります。

この章のまとめ

Visual Studio Codeに慣れておこう

コードを書いてプログラミングをするコードプログラミングでは、この章で紹介したVisual Studio Codeのようなテキストエディターがよく使われます。一般的なアプリと操作方法がやや異なるので、慣れておきましょう。

Visual Studio Codeを起動したら［ファイル］メニューから［フォルダーを開く］を選択してフォルダーを選択します。コードの編集画面の操作はワープロなどのアプリなどと同じですが、プログラミングに関係がない機能は使えません。たとえば文字の一部を太字にしたり大きくしたり、写真や画像を貼り付けたりすることはできません。

しかし、プログラムでキーワードとなる部分は太字で表示されたり、あるキーワードを入力すると自動的に候補が表示されたりするなど、プログラミングを手助けする機能があります。

なお、Visual Studio Codeのバージョンアップは比較的早く、新しいバージョンが出ると自動的にダウンロードされ、次に起動したときに更新されます。画面のメニューや構成が一部変わったり、機能が追加されたりすることがありますが、基本的な編集方法が大きく変わることはないはずです。

Visual Studio Codeの基本操作を覚える

インストールしたら、起動や終了、フォルダーの操作などの基本操作をマスターしよう。

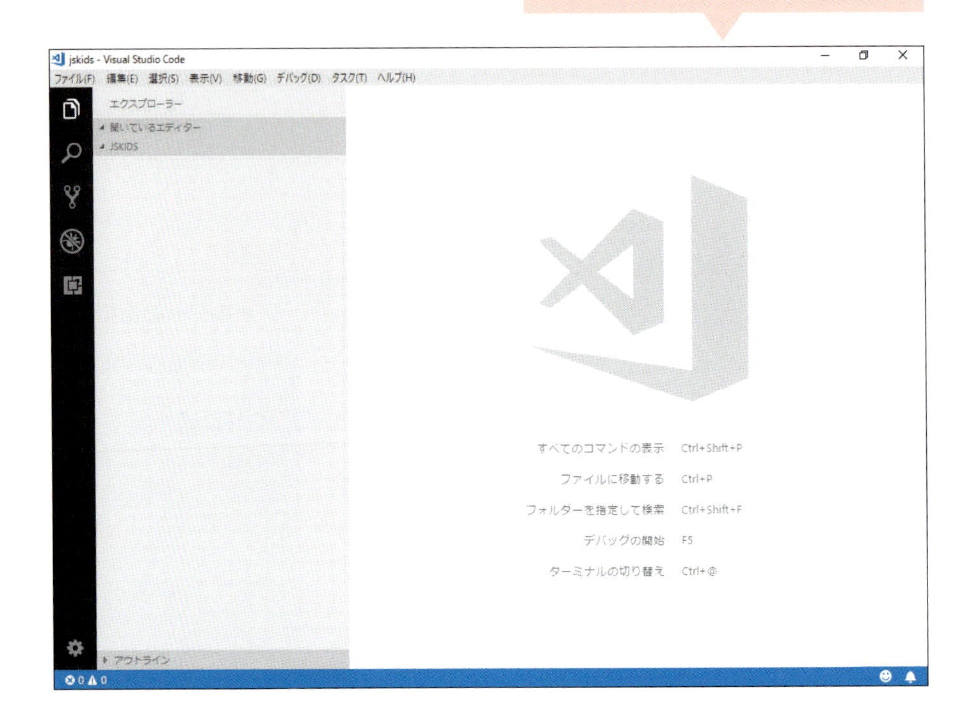

第2章

JavaScriptプログラミングを始めよう

準備ができたら、JavaScriptプログラミングを始めましょう。この章ではVisual Studio Codeを使ってプログラムなどを入力し、Webブラウザーで開いて実行するまでの基本的な手順を説明します。

この章の内容

❻ HTMLファイルを作成するには……36
❼ 文字を入力するには……38
❽ HTMLを記入するには……40
❾ HTMLファイルをブラウザーで表示するには……46
❿ JavaScriptをHTMLに読み込むには……48
⓫ JavaScriptを書くには……50
⓬ JavaScriptを実行するには……52

キーボード入力に挑戦するもん。
やり方が分からないときは、
12ページを読んでほしいもん！

JavaScriptの基礎

この章では、JavaScriptの基礎を学びます。Webブラウザーは、作成したJavaScriptのプログラムを、HTMLと組み合わせて実行します。プログラムやHTMLの書き方、そして実行の方法までを習得しましょう。

HTMLと組み合わせて実行する

JavaScriptのプログラムは、画面表示やレイアウトを決めるHTMLと呼ばれるファイルと一緒に動きます。実行するためには、JavaScriptのプログラムとは別にHTMLファイルを用意し、そこからJavaScriptのプログラムを読み込むようにします。HTMLファイルの拡張子は「.html」や「.htm」とします。この本では「index.html」という名前にしています。

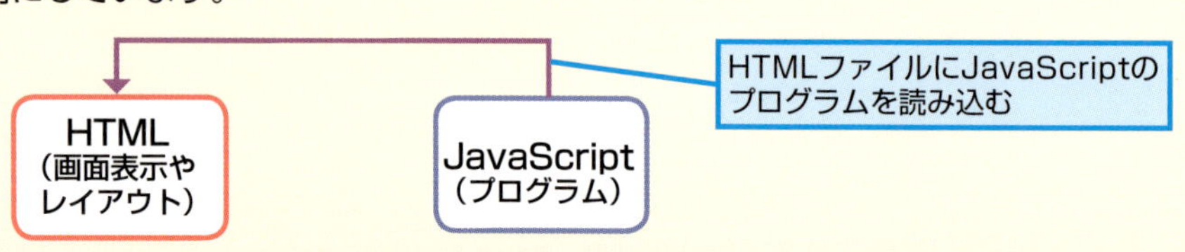

HTMLとは

HTML（HyperText Markup Language）は、ホームページを作るときに使われます。ルールとしては、「<」と「>」で囲んだタグを使って、書いた文字が、どのような意味であるのかを決めます。たとえば、「<h1>～</h1>」で囲まれた部分は大きな見出しにするという決まりがあります。この部分は、他の文字よりも目立つよう、太く大きく表示されます。他にも、ブロックを示す「<div>」や行を示す「<span>」などがあります。またHTMLは、全体を<html>～</html>でくくる、本文となる部分は<body>～</body>でくくるというルールもあります。

決まりごとが多くて大変ですが、この本ではレッスンごとに最初の手順から使える練習用ファイルがあります。プログラミングした後にうまく表示されないようなときは、6ページを参考に練習用ファイルをダウンロードしてやり直してみましょう。

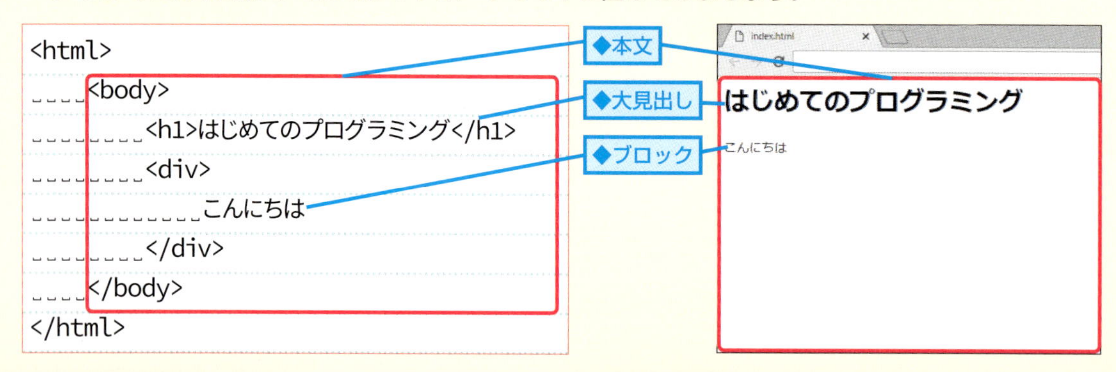

JavaScriptのファイルを読み込む

JavaScriptのプログラムは、HTMLとは別のファイルとして用意します。ファイルの拡張子は、「.js」で終わるように命名します。この本では「program.js」という名前にしています。HTMLからJavaScriptのプログラムを読み込むには、「<script src="program.js"></script>」のように「scriptタグ」を書きます。HTMLファイルのどの場所に書いてもよいのですが、本文よりも前に書いておきましょう。

●HTMLのファイル

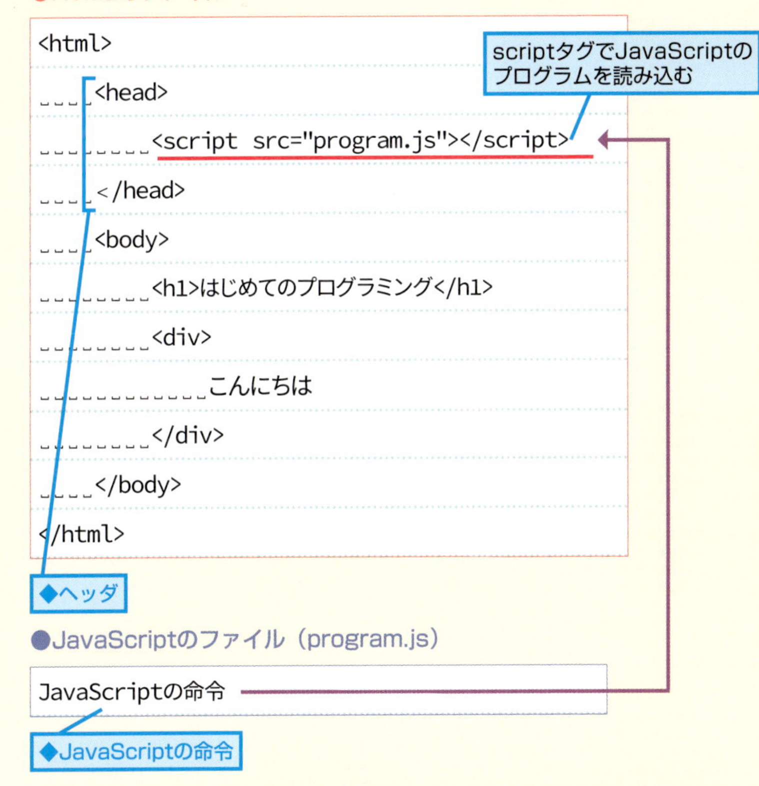

大文字小文字、全角半角の違いに注意

HTMLやJavaScriptのプログラムは、大文字や小文字、全角半角を区別するので注意してください。英数字や記号に関しては、日本語入力をオフにして半角文字で入力しましょう。またJavaScriptのプログラムの末尾には、必ず「;」（セミコロン）が付きます。これも入力し忘れないように注意しましょう。

JavaScriptはいつ実行されるの？

「.js」のファイルに記述したJavaScriptの命令は、HTMLから「script」タグで読み込んだときに実行されます。「ボタンがクリックされたときに実行したい」というような場合には、第3章で説明する「イベント」を使った別の書き方をします。

この章で紹介するプログラムはすぐに実行される

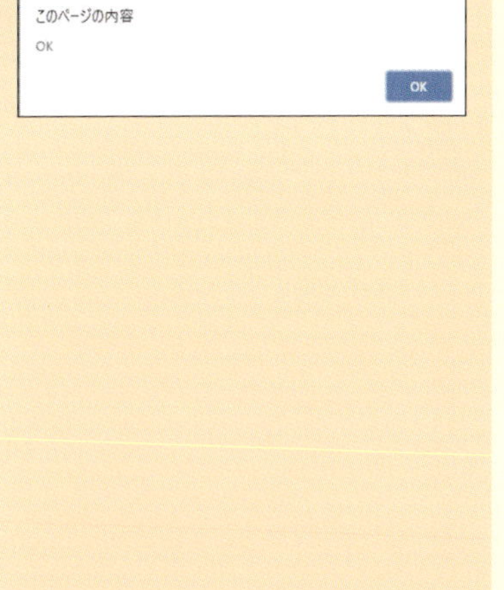

Point

HTMLとJavaScriptをセットで用意する

JavaScriptとHTMLの関係をもう一度まとめておきます。JavaScriptのプログラムは単体では実行できないので、HTMLと合わせて用意します。HTMLはWebページの画面表示やレイアウトを決めるものです。表示したい文字などを、HTMLファイルに書いておき、JavaScriptのプログラムには実行したい命令だけを書きます。一度に全部覚えなくても大丈夫です。まずは両方の関係だけ整理しておきましょう。

テーマ HTMLファイルの作成

レッスン6 HTMLファイルを作成するには

レッスンで使う
練習用フォルダー ➡ L06

キーワード

HTML	p.246
Visual Studio Code	p.246
階層構造	p.247
拡張子	p.247
フォルダー	p.249

まずは、中身が入っていないHTMLファイルから作成します。レッスン❹で作成した［jskids］フォルダーのなかに「index.html」という名前のファイルを作ってみましょう。

1 新しいファイルを作成する

レッスン❸を参考にVisual Studio Codeを起動しておく

1 ここにマウスポインターを合わせる

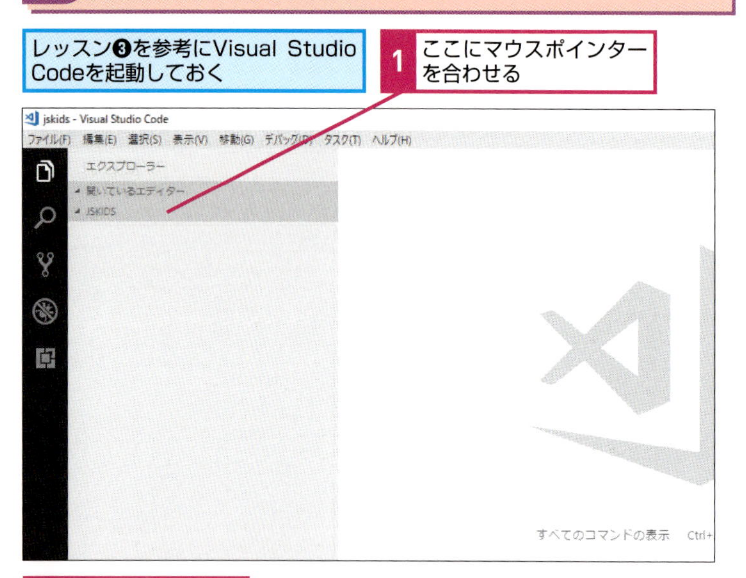

2 ［新しいファイル］をクリック

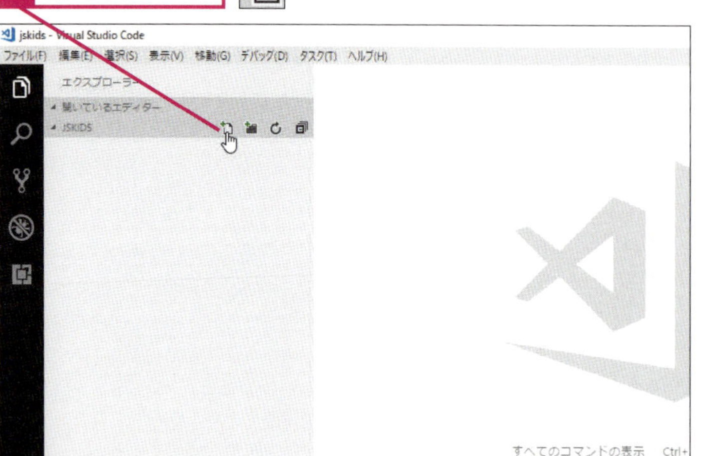

HINT!

フォルダーを開く

Visual Studio Codeを起動すると、終了直前の状態になるので、［jskids］フォルダーが表示されているはずです。もし表示されていないときは、レッスン❺を参考にして、［jskids］フォルダーを開いてください。

ここをチェック！

左側にフォルダーのツリーが表示されていないときは、［表示］メニューから［エクスプローラー］を選択してください。

1 ［表示］をクリック

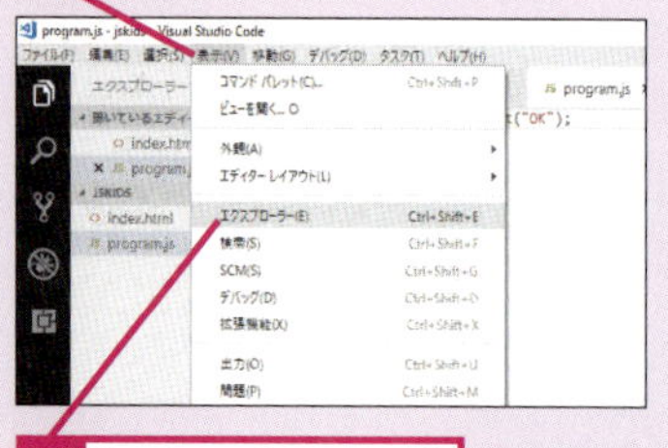

2 ［エクスプローラー］をクリック

第2章 JavaScriptプログラミングを始めよう

2 HTMLファイルに名前を付ける

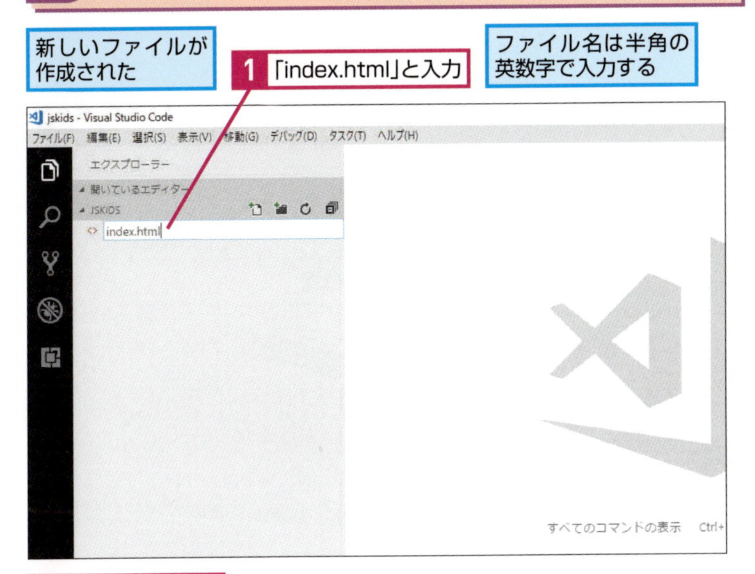

2 Enterキーを押す

index.htmlファイルが作成された

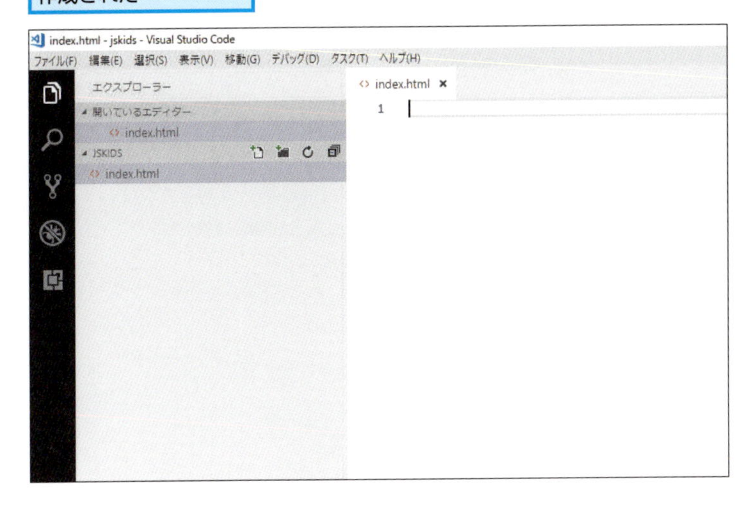

HINT!

入力する拡張子で作成されるファイルの種類が変わる

Visual Studio Codeは、拡張子（「.」よりも後ろに付ける名前）で、ファイルの種類を判断します。HTMLとして扱うためには、「.html」（または「.htm」）という名前を付けましょう。違う名前を付けると、正しく動きません。

HINT!

「index」ってなに？

index.htmlやindex.htmは、HTMLを作るときによく使われる名前です。ホームページで「http://dekiru.net/」のように最後が「/」のときに表示するファイル名として、よく使われています。

Point

フォルダーのなかにファイルを作る

Visual Studio Codeでは、［エクスプローラー］に表示されている「JSKIDS」フォルダーにマウスポインターを合わせたときに表示されるアイコンをクリックしてファイルを作ります。ファイルを作ると、そのファイルが開かれ、編集できるようになります。

ここではindex.htmlというHTMLファイルを作りましたが、JavaScriptのプログラムを作る場合も、拡張子を「.js」とすれば、同じ操作でファイルを作成できます。

テーマ コードの入力

文字を入力するには

レッスンで使う練習用フォルダー ➡ L07

キーワード

HTML	p.246
Visual Studio Code	p.246
インデント	p.246
タグ	p.248
補完機能	p.249

Visual Studio Codeは、コードの初めの数文字を入力すると、その後ろを自動的に補ってくれる機能などがあります。ここでは、その便利な機能を使いながら、文字を入力していきます。

1 文字を入力する位置を指定する

レッスン❻を参考に、新しいHTMLファイルを作成しておく

1 ここをクリック

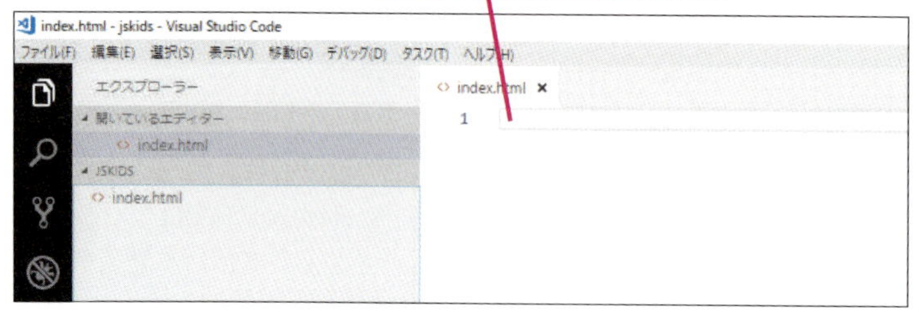

カーソルが表示された

2 「<」と入力

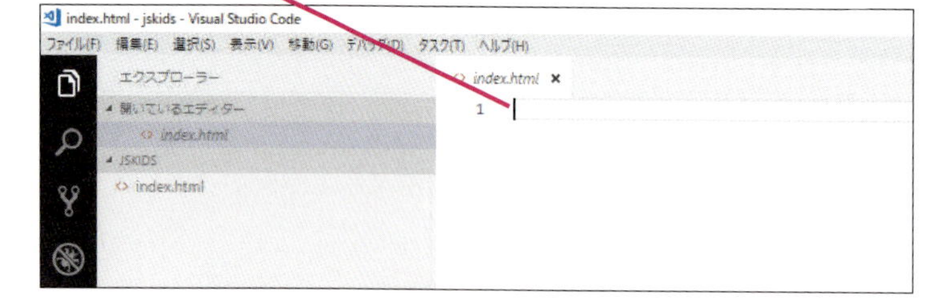

2 タグの続きを入力する

候補が表示された

1 「html」と入力

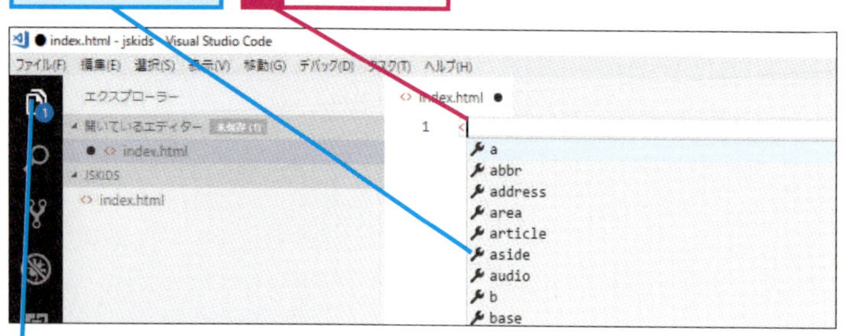

ファイルが変更されたので数字が表示された

HINT!

<html></html>と入力する

このレッスンでは、HTMLであることを示す「<html>」と「</html>」を入力します。最初の何文字かを入力すると候補を表示してくれるので、その機能を使いながら入力していきます。

ここをチェック！

「<」は日本語入力をオフにして半角で入力しましょう。

HINT!

保存していないファイルの数が表示される

手順2で左上に表示された数字は、まだ保存していないファイルの数です。ファイルを保存すると、この数字は表示されなくなります。

3 改行を入力する

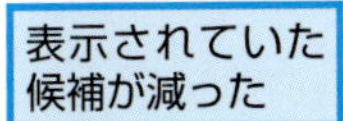

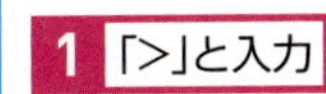

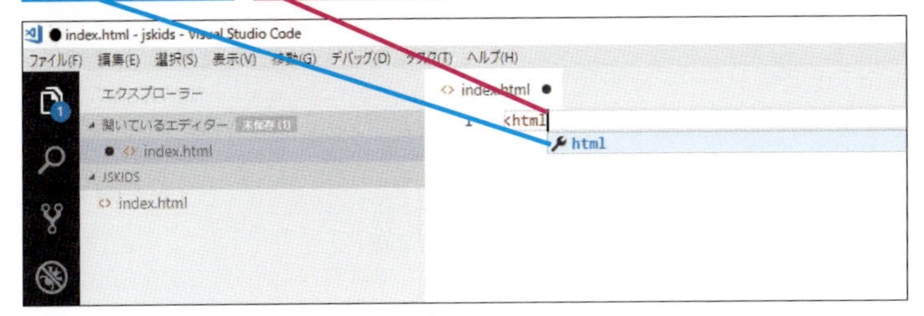

対になるタグが
補完された

2 Enterキーを押す

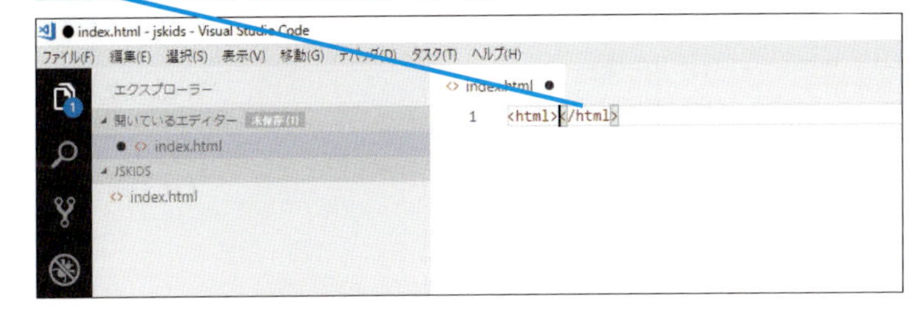

4 HTMLファイルを保存する

インデントが
追加された

1 Ctrlキーを押しながら
Sキーを押す

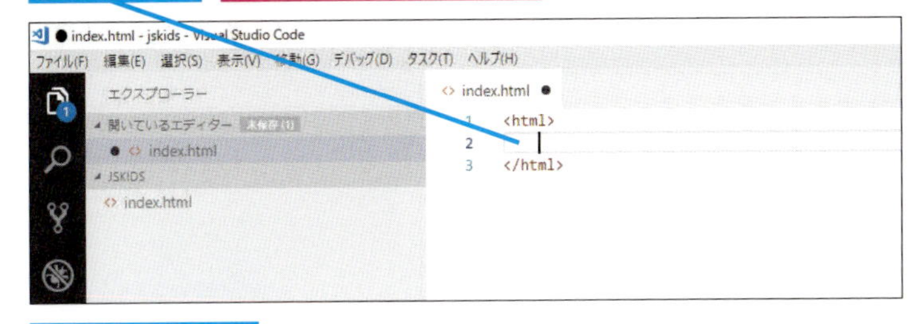

HTMLファイルが
保存された

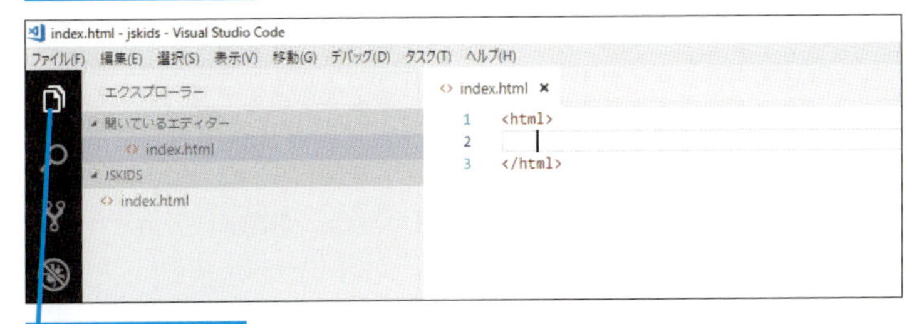

数字が表示され
なくなった

HINT!

↑キーや↓キーでも選べる

「html」と入力しなくても、↑や↓で表示されている候補を上下し、[html]の部分を選んでEnterキーを押すことでも入力できます。

HINT!

対になるタグが入力される

HTMLでは、<タグ名>には対になる</タグ名>が必要なことがほとんどです。Visual Studio Codeでは、「>」を入力したときに、入力し終わったタグと対になるタグが自動的に入力されます。

HINT!

インデントが自動的に追加される

Visual Studio CodeではEnterキーを押して改行入力すると、見やすくするために字下げされます。これをインデントと言います。

Point

文字入力して保存する

Visual Studio Codeでは、マウスカーソルの場所にキーボードから入力した文字が記述されていきます。文字入力の方法は、ワープロソフトなどと同じですが、「<」など、特別な意味を持つ記号を入力したときに、候補が表示されるなどの違いがあります。
また、「>」を入力したときに対となるキーワードが自動的に入力されたり、改行したときにインデントされたりすることもあります。
なお、ファイルを保存していないときは、左上のアイコンファイル名に数字が表示されます。操作を間違えたときに戻せるよう、こまめにCtrl+Sキーを押して保存しましょう。

テーマ HTMLタグの入力

HTMLを記入するには

このレッスンでは、JavaScriptを動かす土台となるHTMLをどのように入力するのかを説明します。このページからは実際の操作画面ではなく、読みやすくデザインした画面を使って説明していきます。

レッスンで使う練習用フォルダー → L08

キーワード

JavaScript	p.246
インデント	p.246
行番号	p.247
タグ	p.248
補完機能	p.249

本書の読み方の確認

このレッスンからは、実際にindex.htmlを入力しながら、掲載しているプログラムをVisual Studio Codeで実際に入力するには、どのような操作をすればよいのかを説明します。なお、実際の画面を掲載すると見づらいため、下記のように画面に対応したデザインを使って説明します。行番号も掲載しますが、画面に表示された文字の色は反映しないので注意してください。

1 以下の内容を入力

```
<html>
```

入力した内容には青いマーカーが記される

入力した直後のカーソルの位置が記される

2 Enterキーを押す

```
001 <html>
```

パソコンの画面では以下のように表示される

本書の行番号に対応している

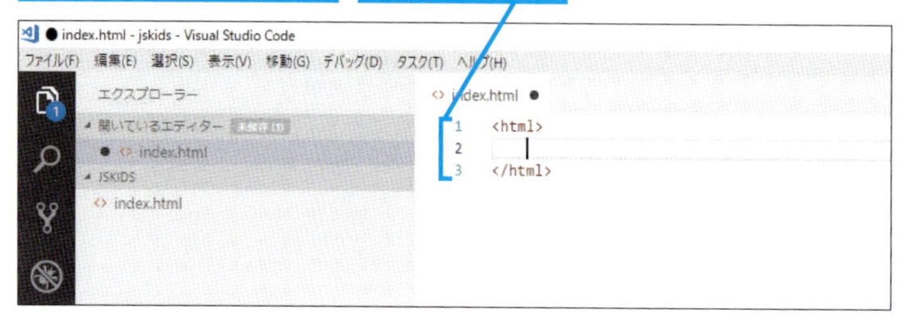

入力したあとの状態が本書でも記される

```
001 <html>
002 ␣␣␣␣
003 </html>
```

HINT! 「行番号」って何？

掲載しているプログラムは、わかりやすくするため、先頭から順に、001から始まる番号を付けています。Visual Studio Codeでも同じように行番号が表示されるので、比較すれば、入力している場所が間違っていないかを確認できます。本書での行番号は001のように3ケタで掲載しています。これはVisual Studio Codeでの1行目という意味です。

ここをチェック！

Visual Studio Codeの補完機能によって、Enterキーを入力したときに、対になる語句が入力されることがあります。掲載しているプログラムで対になる語句を使っていない場合は、自動的に入力されたところは、Deleteキーを押して削除してください。

HTMLタグの入力

1 bodyタグを記述する HTML

マウスカーソルの位置を確認

```
001 <html>
002 ␣␣␣␣
003 </html>
```

1 以下の内容を入力

```
<body>
```

```
001 <html>
002 ␣␣␣␣<body></body>
003 </html>
```

対になるタグが補完された

2 Enterキーを押す

```
001 <html>
002 ␣␣␣␣<body>
003 ␣␣␣␣␣␣␣␣
004 ␣␣␣␣</body>
005 </html>
```

インデント付きの行が追加された

インデントを追加したいときは

Visual Studio Codeでは、必要なところで自動的にインデントされますが、自分でインデントしたいときは、Tabキーを押してください。すると自動的に半角の空白が4つ入力され、字下げできます。

空白の表記

この本で掲載するプログラムでは、インデントを「␣␣␣␣」という記号で記します。これは半角空白4文字を示します。実際に入力するときは、Tabキーやspaceキーを押してください。

「body」って何？

<body>と</body>で囲まれた部分は、Webブラウザーが表示する以下の部分です。

<body>と</body>で囲まれた部分は、ここに表示される

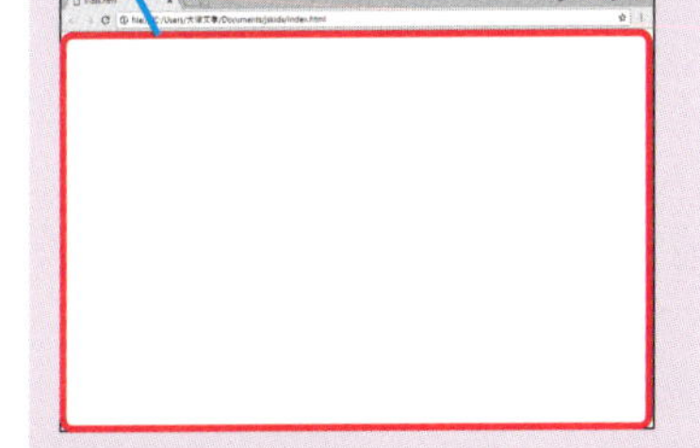

次のページに続く

2 h1タグを記述する HTML

1 以下の内容を入力

```
<h1>
```

対になるタグが補完された

```
001 <html>
002 ␣␣␣␣<body>
003 ␣␣␣␣␣␣␣␣<h1></h1>
004 ␣␣␣␣</body>
005 </html>
```

2 ここをクリック

3 続けて以下の内容を入力

```
はじめてのプログラミング
```

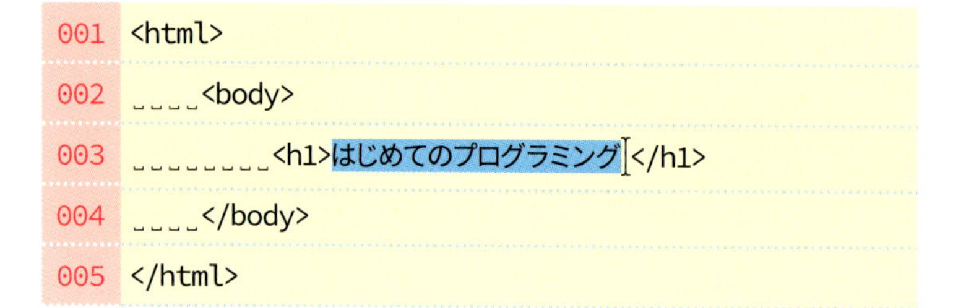

HINT! 「h1」って何？

<h1>と</h1>で囲まれた部分は、「大見出し」といって一番大きなタイトルのようなものです。ページ内の上の方に太く大きな文字で表示されます。

<h1>と</h1>で囲まれた部分は、大見出しとして表示される

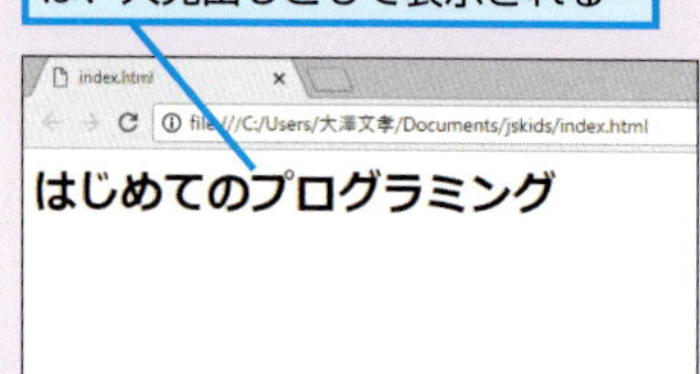

ここをチェック！

英語の部分は半角で、日本語の部分は全角に切り替えて入力します。切り替えの方法は12ページを参照してください。

3 divタグを記述する　HTML

改行を追加する

1 ここをクリック

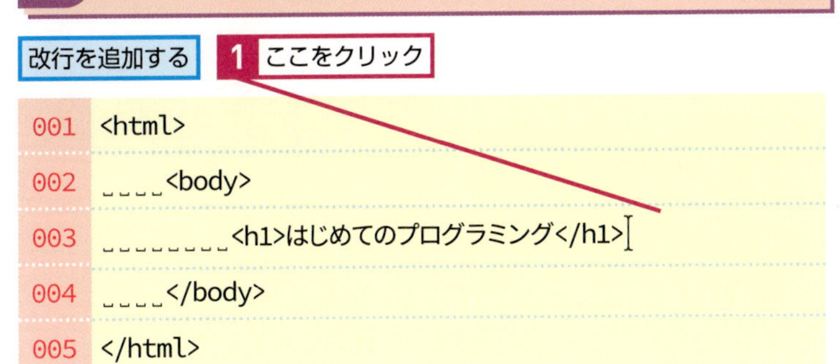

マウスカーソルが移動した

2 Enterキーを押す

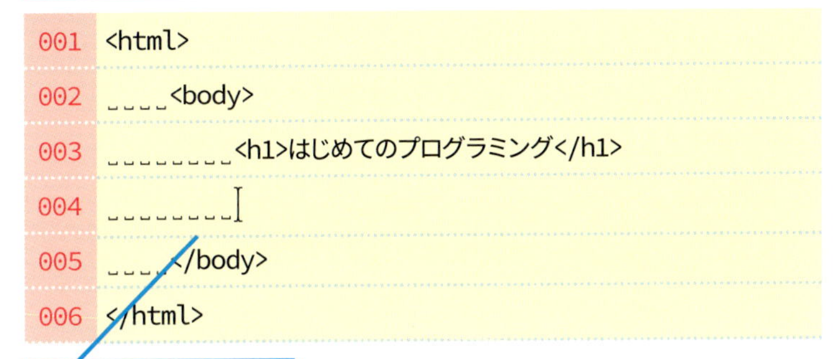

インデントが追加された

3 以下の内容を入力

```
<div>
```

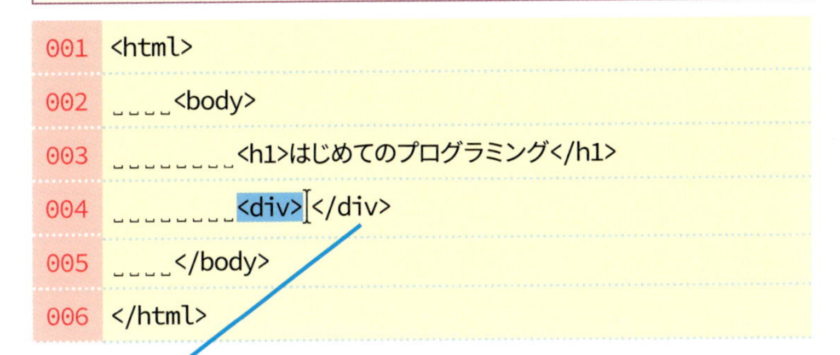

対になるタグが補完された

「div」って何？

<div>と</div>で囲まれた部分は、「ブロック」を示します。ここでは<div>と</div>のなかに何も文字を書いていませんが、後のレッスンでは、このなかに、メッセージやボタンなど、必要なものを書いていきます。

ここをチェック！

インデントされた行でEnterキーを押すと、その行にそろうように次の行も同じだけインデントされます。インデントを減らすときはDeleteキーで削除してください。

次のページに続く

4 改行を追加する HTML

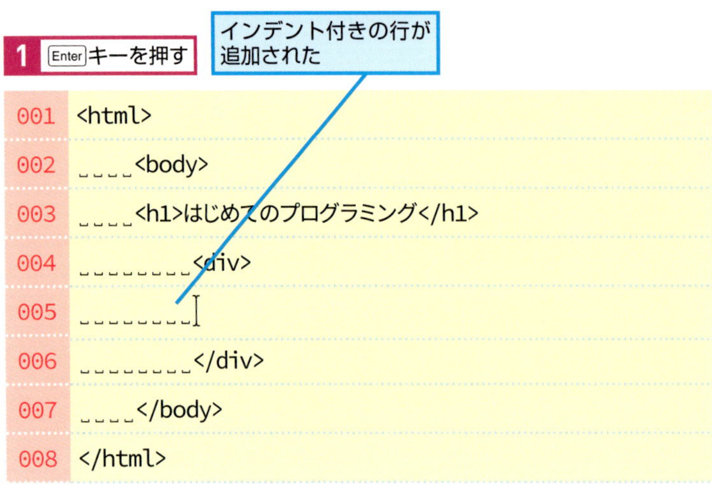


```
001 <html>
002 ␣␣␣␣<body>
003 ␣␣␣␣<h1>はじめてのプログラミング</h1>
004 ␣␣␣␣␣␣␣␣<div>
005 ␣␣␣␣␣␣␣␣
006 ␣␣␣␣␣␣␣␣</div>
007 ␣␣␣␣</body>
008 </html>
```

改行して見やすくしよう

<div></div>のままでも、動作に支障はありませんが、コードが長くなると見づらくなるので、改行して見やすくします。

テクニック 補完機能を使いこなそう

レッスン❼とこのレッスンで見てきたように、Visual Studio Codeには基本的なHTMLタグを自動的に補う機能があり、「<」や「>」、「.」などを入力すると、続けて入るべき候補が表示されます。候補が表示されたときはカーソルキーの↑や↓で選んでEnterキーを押すか、マウスでクリックすると、それが自動入力されます。自分で全部入力しなくて済むので、打ち間違えの心配がなく便利です。もし表示されたタグの候補が必要ないときは、Escキーを押すと非表示にできます。

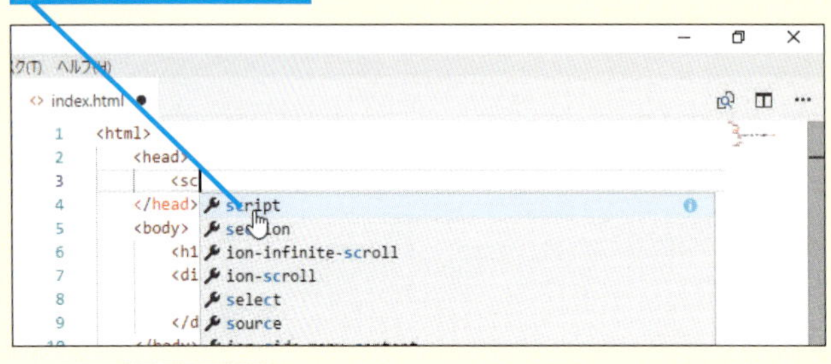

5 headタグを記述する HTML

改行を追加する

1 ここをクリック

2 Enterキーを押す

インデント付きの行が追加された

```
001 <html>
002 ␣␣␣␣
003 ␣␣␣␣<body>
004 ␣␣␣␣␣␣␣␣<h1>はじめてのプログラミング</h1>
005 ␣␣␣␣␣␣␣␣<div>
006 ␣␣␣␣␣␣␣␣
007 ␣␣␣␣␣␣␣␣</div>
008 ␣␣␣␣</body>
009 </html>
```

3 以下の内容を入力

```
<head>
```

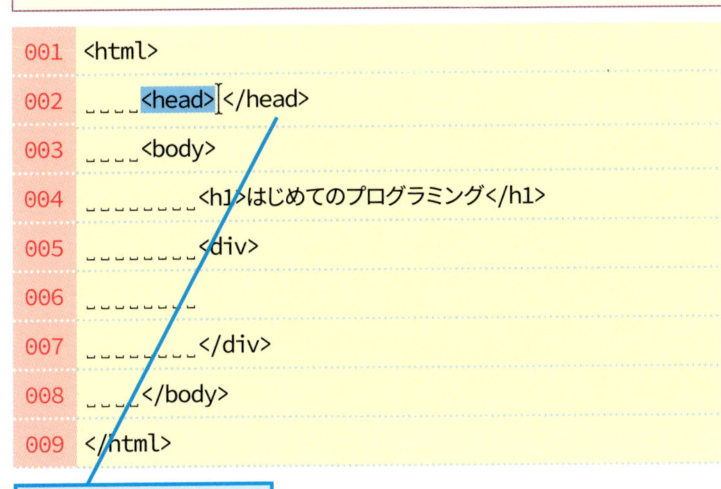

```
001 <html>
002 ␣␣␣␣<head></head>
003 ␣␣␣␣<body>
004 ␣␣␣␣␣␣␣␣<h1>はじめてのプログラミング</h1>
005 ␣␣␣␣␣␣␣␣<div>
006 ␣␣␣␣␣␣␣␣
007 ␣␣␣␣␣␣␣␣</div>
008 ␣␣␣␣</body>
009 </html>
```

対になるタグが補完された

4 Ctrlキーを押しながらSキーを押す

保存される

「head」って何？

<head>と</head>で囲まれた部分は、ページの情報を記述する部分です。次のレッスン以降の操作で、JavaScriptのプログラムを、この場所に書いていきます。

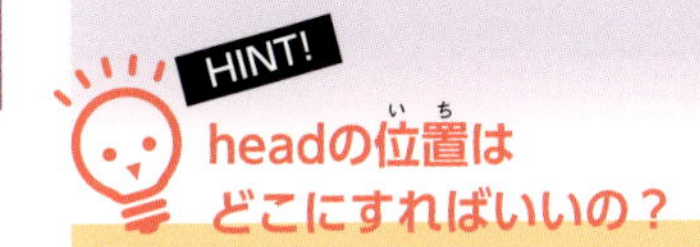

headの位置はどこにすればいいの？

headの位置は2行目です。bodyよりも上に書かなければならないので注意しましょう。

Point

基本的なHTML

この本では、このレッスンで作成したHTMLに似たサンプルを使います。HTMLは表示したい文字やレイアウトとJavaScriptを読み込むためのscriptタグを書いたものでJavaScriptのプログラミングとは別のものです。この本では、それぞれのレッスンで使う練習用ファイルを用意しているので、各章の最初にフォルダーに複製して、レッスンごとに手順を追ってコードを作っていきましょう。

テーマ　HTMLファイルの表示

レッスン 9 HTMLファイルをブラウザーで表示するには

前のレッスンで作成したHTMLファイルをWebブラウザーで開いて表示してみましょう。表示するには、作成したHTMLファイルをGoogle Chromeで開きます。

レッスンで使う練習用フォルダー → L09

キーワード

Google Chrome	p.246
HTML	p.246
Visual Studio Code	p.246
Webブラウザー	p.246
フォルダー	p.249

1 保存したファイルを表示する

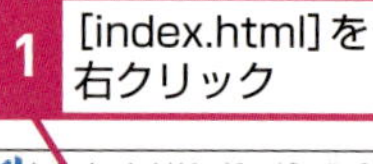

2 [エクスプローラーで表示]をクリック

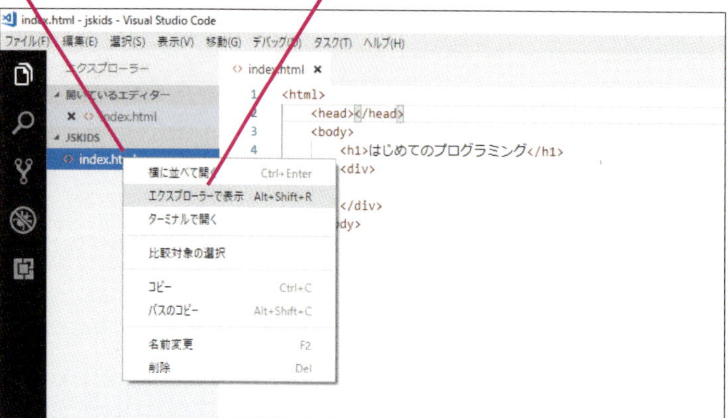

HTMLファイルの場所が表示された

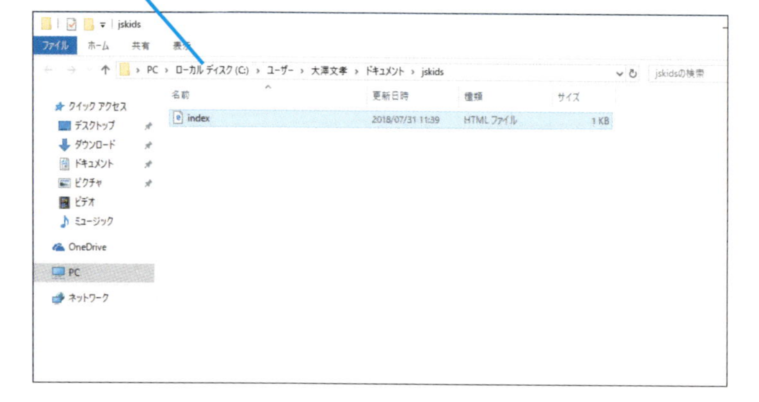

HINT!

エクスプローラーで表示する

Visual Studio Codeで編集しているファイルを右クリックして［エクスプローラーで表示］をクリックすると、そのファイルをWindows 10のエクスプローラーで開けます。作成したファイルをコピーしたり、他のソフトで開いたりするときには、このようにしてエクスプローラーで開いて操作します。

ファイルの場所

本書では、ドキュメントフォルダーの［jskids］フォルダーで作業しているので、エクスプローラーで開かれる場所は、この［jskids］フォルダーです。

2 HTMLファイルをブラウザーで表示する

1 [index.html]を右クリック

2 [プログラムから開く]にマウスポインターを合わせる

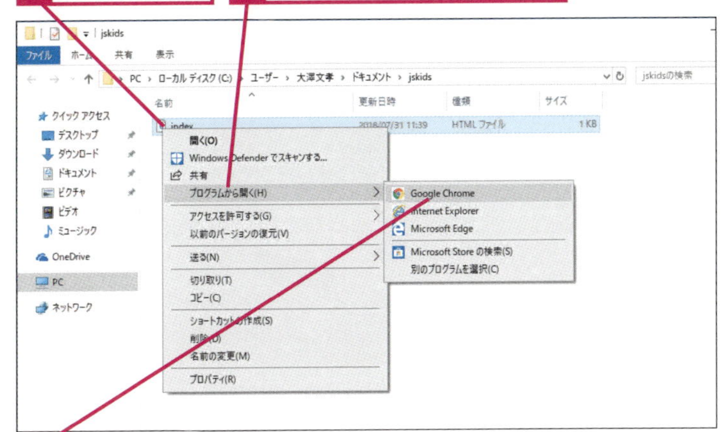

3 [Google Chrome]をクリック

HTMLファイルの内容が、Google Chromeで表示された

Google Chromeで開く

Google ChromeはGoogleが作っているWebブラウザーです。JavaScriptのプログラムは、一部のWebブラウザーによっては動かないこともあるのですが、Google Chromeなら、WindowsとMacの両方で使え、比較的新しいJavaScriptの機能に対応しているため、安心です。

ここをチェック！

［プログラムから開く］にGoogle Chromeが見つからないときは、あらかじめGoogle Chromeを起動しておき、そこに、index.htmlファイルをドラッグしても開けます。

Point

Webブラウザーで動作を確認する

HTMLファイルをWebブラウザーで開くと、その内容が表示されます。「script」タグでJavaScriptのプログラムを読み込んでいたときは、そのプログラムも実行されます。一方、JavaScriptのプログラムファイルは、そのままではWebブラウザーで開くことはできません。JavaScriptのプログラムを読み込んでいるHTMLのほうを読み込んで実行します。

テーマ JavaScriptの読み込み

JavaScriptをHTMLに読み込むには

HTMLファイルを修正してJavaScriptのプログラムを読み込むようにしましょう。ここでは次のレッスンで作成する「program.js」というプログラムを読み込んでみます。

レッスンで使う
練習用フォルダー ➡ L10

キーワード

HTML	p.246
JavaScript	p.246
インデント	p.246
タグ	p.248
補完機能	p.249

1 HTMLファイルを開く

1 [index.html]をクリック

index.htmlファイルが開いた

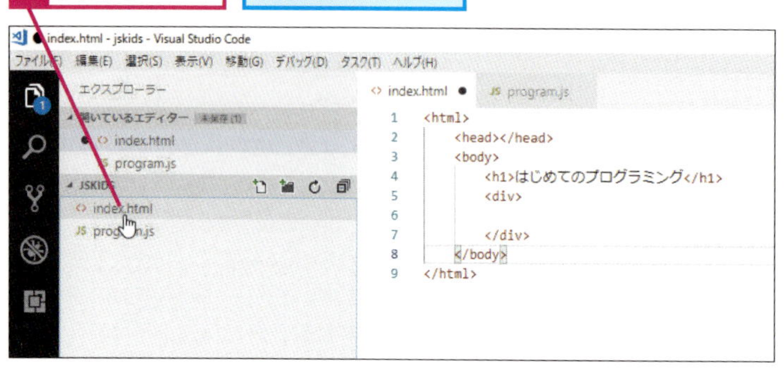

2 インデント付きの行を追加する HTML

1 ここをクリック

2 Enterキーを押す

```
001 <html>
002     <head></head>
003     <body>
004         <h1>はじめてのプログラミング</h1>
005         <div>
006         
007         </div>
008     </body>
009 </html>
```

HINT!

「script」って何？

JavaScriptのプログラムを読み込むには、scriptタグを使います。scriptタグを書く場所は、いくつかの選択肢がありますが、この本では、<head>～</head>の中に書きます。

3 JavaScriptファイルを読み込む HTML

1 以下の内容を入力

```
<script src="
```

```
001 <html>
002 ␣␣␣␣<head>
003 ␣␣␣␣␣␣␣␣<script src=""
004 ␣␣␣␣</head>
005 ␣␣␣␣<body>
006 ␣␣␣␣␣␣␣␣<h1>はじめてのプログラミング</h1>
```

「"」が自動的に補完された

2 以下の内容を入力

```
program.js
```

```
001 <html>
002 ␣␣␣␣<head>
003 ␣␣␣␣␣␣␣␣<script src="program.js"
004 ␣␣␣␣</head>
005 ␣␣␣␣<body>
006 ␣␣␣␣␣␣␣␣<h1>はじめてのプログラミング</h1>
```

3 以下の内容を入力

```
>
```

```
001 <html>
002 ␣␣␣␣<head>
003 ␣␣␣␣␣␣␣␣<script src="program.js"></script>
004 ␣␣␣␣</head>
005 ␣␣␣␣<body>
006 ␣␣␣␣␣␣␣␣<h1>はじめてのプログラミング</h1>
```

4 Ctrl キーを押しながら S キーを押す

保存される

「src」って何？

JavaScriptのプログラムは、src="ファイル名"として指定します。

ここをチェック！

「src」の前の空白を忘れないようにしましょう。続けて「<scriptsrc=>」のように記述すると動きません。

「program.js」って何？

このファイルは次のレッスンで作るJavaScriptのプログラムです。まだ作り終わっていないので、この段階でWebブラウザーで開くとエラーになります。ただし、読み込みが無視されるだけでエラーメッセージとして何か表示されることはなく、見た目は問題がないように見えます。

Point

srciptタグのsrcで指定したプログラムを読み込む

JavaScriptのプログラムを読み込むには、「script」タグのsrcで指定します。ここで読み込んでいる「program.js」という名称は、この本で名付けたものです。この本では、JavaScriptのプログラムは一貫して、「program.js」という名前のファイルにコードを書いていきます。練習用ファイルも同じ名前ですので、他のファイル名は使わないようにしましょう。

テーマ JavaScriptの記述（きじゅつ）

レッスン 11 JavaScriptを書く（か）には

レッスンで使う
練習用フォルダー → L11

キーワード

HTML	p.246
JavaScript	p.246
フォルダー	p.249
補完機能（ほかんきのう）	p.249

JavaScriptのプログラムを書（か）いてみましょう。ここでは、「OK」というメッセージを表示（ひょうじ）する、とても簡単（かんたん）な命令（めいれい）をひとつだけ書（か）いてみます。

1 新（あたら）しいファイルを作成（さくせい）する

レッスン❻を参考に、新しいファイルを作成しておく

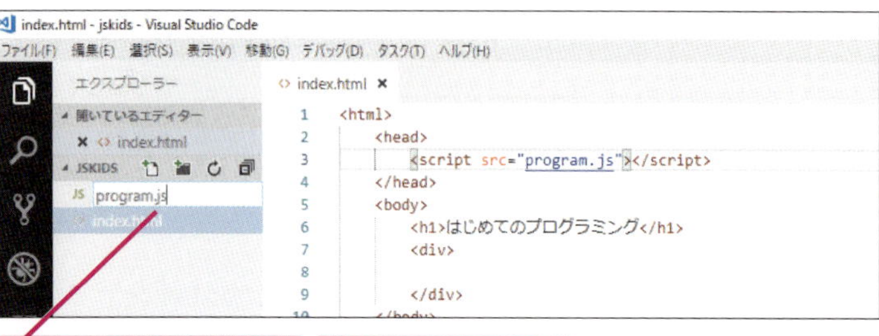


```
1  <html>
2      <head>
3          <script src="program.js"></script>
4      </head>
5      <body>
6          <h1>はじめてのプログラミング</h1>
7          <div>
8
9          </div>
```

1 [program.js]と入力

2 Enterキーを押す

「program.js」ファイルが開いた

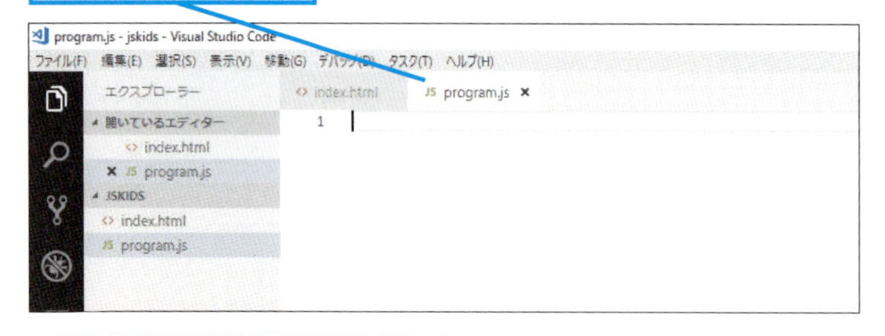

HINT!

JavaScriptのファイルを作成（さくせい）する

プログラムを作（つく）るには、フォルダーのなかに拡張子（かくちょうし）「.js」のファイルを作（つく）ります。ここでは「program.js」という名前（なまえ）のファイルを作（つく）り、そこにプログラムを書（か）いていきます。

テクニック アイコンで区別（くべつ）しよう

Visual Studio Codeで操作（そうさ）していると、どちらがHTMLで、どちらがJavaScriptだったかわからなくなるかも知（し）れません。そのようなときは、表示（ひょうじ）されているアイコンの違（ちが）いで区別（くべつ）しましょう。この本（ほん）では手順（てじゅん）のところが「HTML」となっていて行番号（ぎょうばんごう）の色（いろ）が赤（あか）い場合（ばあい）はHTMLを、手順（てじゅん）のところが「JS」となっていて行番号（ぎょうばんごう）の色（いろ）が青（あお）い場合（ばあい）はJavaScriptの操作（そうさ）をしています。

HTMLのファイルとJavaScriptのファイルはアイコンが異なる

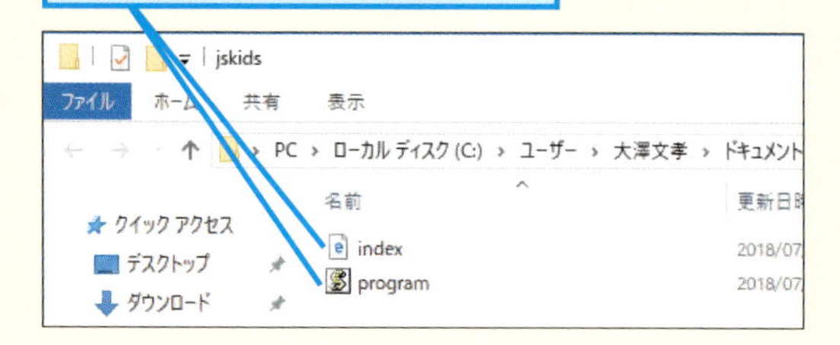

2 プログラムを書く JS

1 以下の内容を入力

```
alert
```

```
001 alert
```

2 続けて以下の内容を入力

```
(
```

```
001 alert()
```

「)」が補完された

3 続けて以下の内容を入力

```
'
```

```
001 alert('')
```

「'」が自動的に補完された

3 表示される内容を書く JS

1 以下の内容を入力

```
OK
```

```
001 alert('OK')
```

プログラムの末尾に「;」を入力する

2 以下の内容を入力

```
;
```

```
001 alert('OK');
```

3 Ctrlキーを押しながらSキーを押す

保存される

HINT!

よく使う記号のキーを覚えよう

JavaScriptのプログラムでは、「"」や「'」「(」「)」「[」「]」などの記号をよく使います。10ページを参考に、キーボードのどこにあるか覚えておきましょう。

「alert」って何？

「alert」を使うと、ページの外側に新しいページを表示する「ポップアップウィンドウ」を作れます。ウィンドウの中に表示される内容は手順3で記述します。

HINT!

文末は「;」で終わらせる

JavaScriptの命令の終わりには「;」を書きます。この記号は「セミコロン」と読みます。似たような記号に「:」(コロン) があるので注意しましょう。セミコロンのほうは点の下にヒゲが付いています。

Point

JavaScriptのプログラム

JavaScriptのプログラムは、拡張子.jsのファイルに書きます。それぞれの命令の最後には「;」が必要です。このレッスンでは1つの命令しか書いていませんが、「;」を使ってたくさんの命令を書くこともできます。たくさんの命令を書いたときは、上から順に実行されます。

テーマ JavaScriptの実行

レッスン 12

JavaScriptを実行するには

レッスンで使う練習用フォルダー →L12

キーワード

HTML	p.246
JavaScript	p.246
Webブラウザー	p.246
ポップアップメッセージ	p.249

JavaScriptのプログラムを実行してみましょう。JavaScriptのプログラムを実行するには、それを読み込んでいるHTMLファイルをWebブラウザーで開きます。

1 HTMLファイルを開く

レッスン❼を参考にindex.htmlをGoogle Chromeで開いておく

メッセージが表示された

1 [OK]をクリック

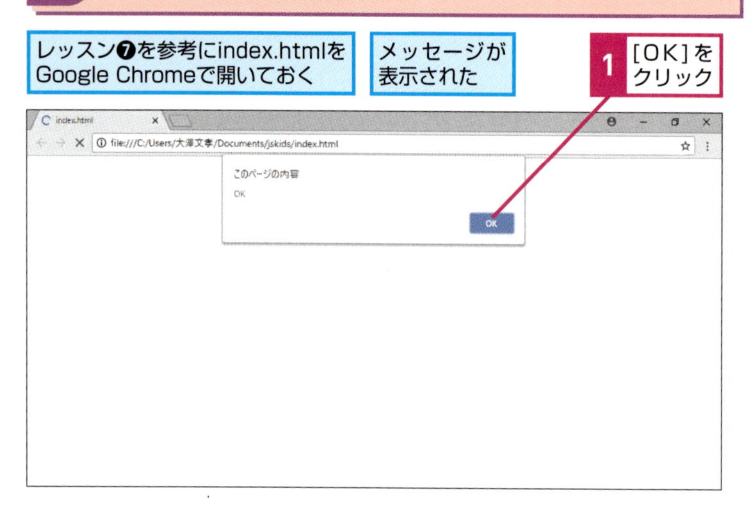

2 メッセージが閉じた

手順1で開いたメッセージが閉じた

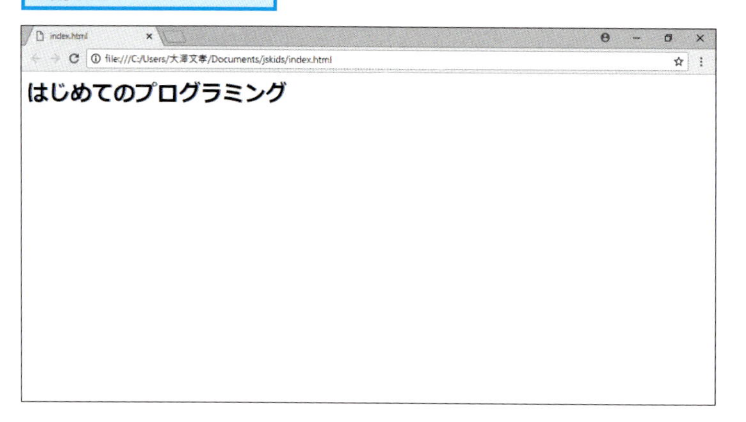

HINT!

HTMLを開く

JavaScriptを実行するには、JavaScriptのファイルではなく、HTMLファイルを開きます。すでに開いているときは、Webブラウザーの［このページを再読み込みします］ボタンをクリックして、ページを再読み込みしてください。

Point

プログラムが実行される

HTMLを読み込むと、そのHTMLが読み込んでいるJavaScriptのファイルに書かれているプログラムが実行されます。レッスン⓫ではalertを使って「OK」いうメッセージを表示しているので、手順1のように、画面に「OK」というメッセージが表示されます。Webブラウザーの［このページを再読み込みします］ボタンをクリックするとページが読み込み直され、プログラムが再度実行されます。

テクニック プログラムが動かないときは

JavaScriptのプログラムに問題があると、実行されませんが、エラーメッセージなどは表示されないので、何が起きたかわかりません。そのようなときは、F12キーを押してGoogle Chromeの開発者ツールを起動してください。この状態で、Google Chromeの［このページを再読み込みします］ボタンをクリックすると、もしエラーがあるときは、開発者ウィンドウに⊗のマークが表示されます。そのマークをクリックすると、その詳細やエラーがあったファイル名と行が表示されます。ファイル名と行をクリックすると、問題の場所が表示されるので、掲載されているプログラムと比べて、入力ミスがないかなどを確認してください。

よくある間違いとしては「『'』や『"』が抜けていたり、対応していなかったりする」「大文字と小文字を間違えている」「文末に『;』がない」などが挙げられます。

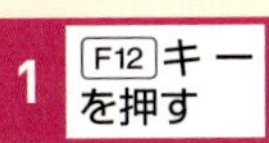

開発者ツールが表示された

エラーがあるとここに数字が表示される

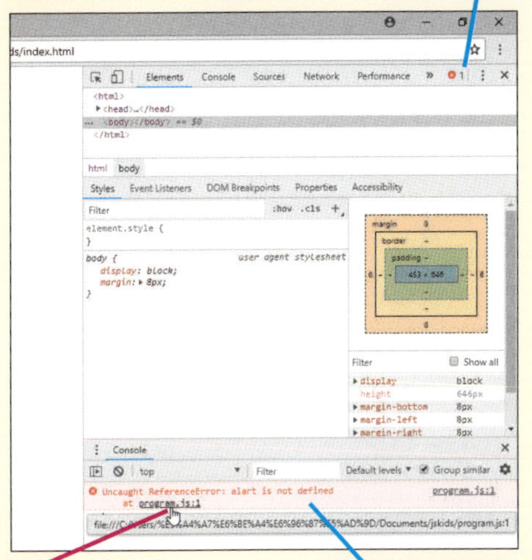

2 ここをクリック

エラーの内容が表示されている

エラーの場所が表示された

ここでは「alert」を「alart」と入力してしまっている

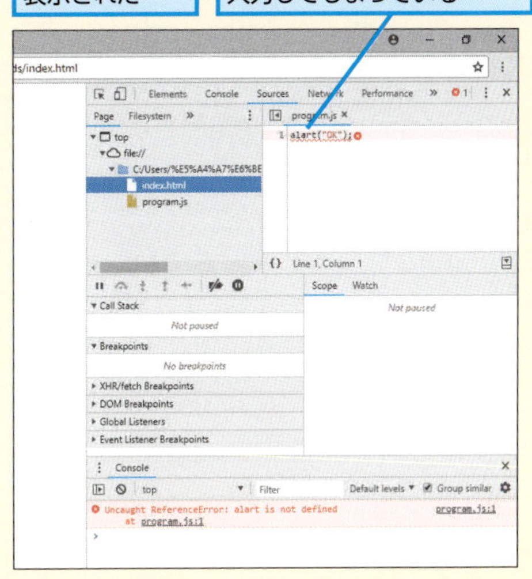

テクニック 表示される文字を変えてみよう

alertの「' '」のなかの文字を変えると、表示されるメッセージを変わります。Visual Studio Codeで好きなメッセージに変更して保存して、Webブラウザーの［このページを再読み込みします］ボタンをクリックしてみましょう。そのメッセージが表示されるはずです。なお文字数が長いときは、折り返して表示されます。

文字数が増えると折り返して表示される

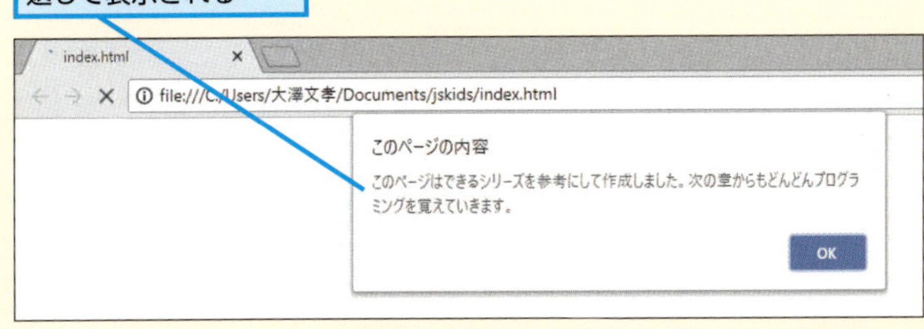

この章のまとめ

JavaScriptを実行する手順を覚えよう

WebブラウザーでJavaScriptを実行するとき、JavaScriptとHTMLは、いつもセットです。まず、画面に表示する文字を書いたりJavaScriptのプログラムを読み込むようにしたHTMLファイルを作ります。そしてJavaScriptのプログラムを作り、そちらには命令だけを書きます。Google ChromeでHTMLファイルを開くとJavaScriptのプログラムが実行されます。プログラムが間違っていてもエラーメッセージは表示されません。どこに問題があるかはF12キーを押して開発者ツールを開いて確認しましょう。途中までは動いても結果が期待通りにならない場合も、プログラムのミスの可能性が高いです。入力した文字が合っているかどうか、大文字小文字、全角半角の違いなどを確認しましょう。修正してからGoogle Chromeの［このページを再読み込みします］ボタンをクリックすれば再実行できるので、あまり慎重になることはありません。実行してみてエラーならば直す、そういう気楽さで、どんどん試してみてください。

JavaScriptの書き方を覚える

HTMLにscriptタグを書いて読み込む。命令の末尾には「;」を書き、コードは大文字と小文字の違いなどに注意しよう。

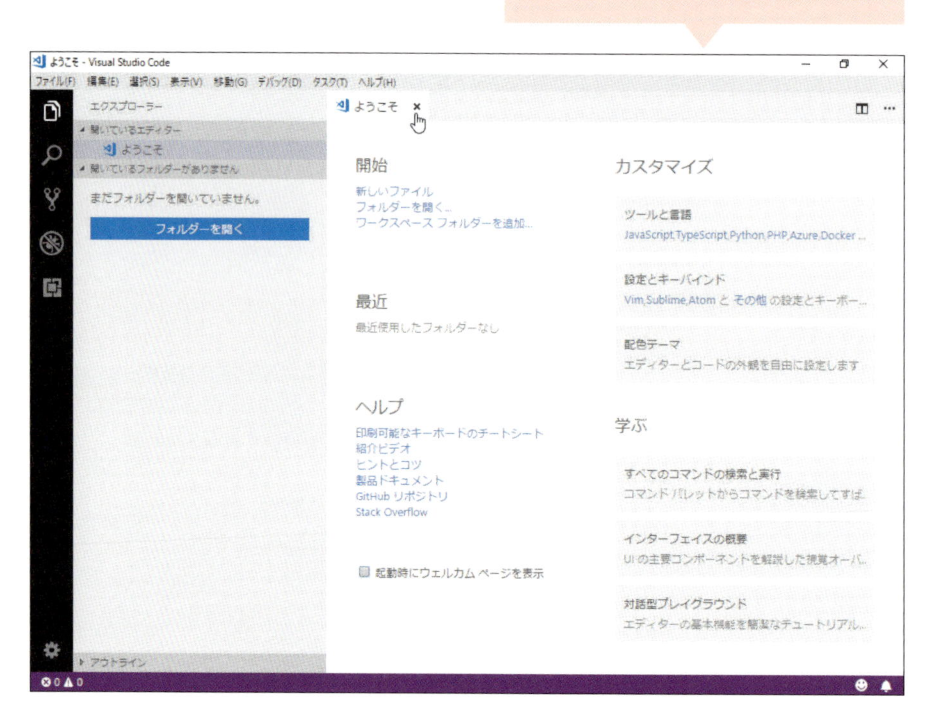

第3章

画面を変更してみよう

JavaScriptのプログラムを動かすと、ボタンをクリックしたときにメッセージを表示したり、画面を書き換えたりできます。この章では、こうした一連の動きを作る方法を説明します。

この章の内容

⑬ ボタンを表示しよう……58
⑭ もうひとつボタンを付けてみよう……62
⑮ テキストボックスを使ってみよう……66
⑯ 文字を連結してみよう……72
⑰ ページに文字を表示してみよう……76

イベントと画面の書き換えの基本

この章では、ボタンをクリックしたときにプログラムを動かす方法や、画面を書き換えたりする方法を学びます。ここで説明する内容は、すべてのJavaScriptの基礎となるものです。

ボタン

ボタンは「button」タグで用意します。<button>と</button>で囲んだ文字はボタンに表示される名前となります。

```
<button>クリックしてね</button>
```

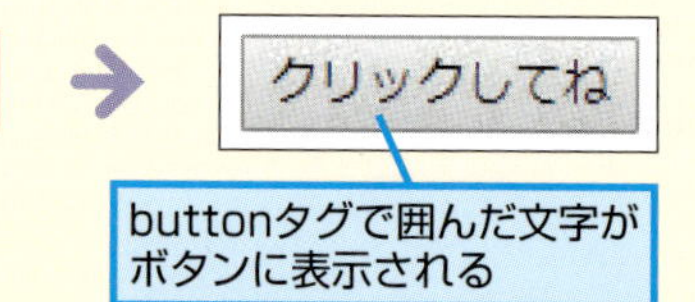

buttonタグで囲んだ文字がボタンに表示される

イベントと関数

ボタンをクリックしたときなどにプログラムを実行したいときは、「イベント」という機能を使います。イベントとは状態の変化をプログラムに伝える信号のようなものです。たとえばボタンをクリックしたときには、「クリックというイベント」が発生します。前もってイベントと実行したいプログラムとを結び付けておくと、イベントが発生したときにそのプログラムが実行されるようになります。実行するプログラムは、「関数」として作ります。関数とは「function 関数名() { }」という形式で作るプログラムのブロックのことで、一定の処理をまとめてセットにしたものです。ボタンの場合、「onclick」という表記を使って実行したいプログラムを結び付けます。

●HTMLでイベントと関数を結びつける

```
<button onclick="関数名()">クリックしてね</button>
```

onclickというイベントとプログラム(関数)を結びつける

イベントが発生したときにプログラム(関数)が実行される

●JavaScriptで関数の中身を書く

```
function 関数名() {
␣␣␣␣ボタンがクリックされたときに実行したい命令;
}
```

イベントが発生すると「{」と「}」の間に書いた命令が実行される

変数

参照した値は、「変数」という機能で一時的に保存できます。変数は、適当な名前を付けた箱のようなものです。値を設定するには、「=」という記号を使います。この操作を代入といいます。

```
a = 'おはよう';
```

「=」の右側の値が変数に設定（代入）される

変数
a

おはよう

要素の参照

JavaScriptでページの構成要素を参照したいときは、そこに「id」という指定をして名前を付けておきます。プログラムからは、document.getElementById('idに付けた名前')とすると、その要素を参照できます。JavaScriptでは、ページの一部を書き換えることもできます。そうしたいときは、要素のinnerHTMLを書き換えます。

こんにちは

こんばんは

JavaScriptを実行することでページの構成要素を操作できる

●HTMLで操作したいものにidを付ける

```
<div id="gamen">こんにちは</div>
```

JavaScriptから操作したいものにはidを付けておく

ここではidに「gamen」という名前を付けている

●JavaScriptで操作の内容を書く

```
① b = document.getElementById('gamen');
```

変数「b」にdocument.getElementById('gamen')が設定（代入）される。document.getElementByIdは、idに対応するタグを参照するための命令。

```
② b.innerHTML = 'こんばんは';
```

innerHTMLはタグで囲まれた部分の文字を示す。「b.」の「.」は日本語の「の」の意味。①の実行後、変数「b」は<div id="gamen">（「こんにちは」の部分）を指す。そこに「こんばんは」と設定しているので「こんばんは」に変わる。

テキストボックスに入力された値

テキストボックスに入力された値は、そのテキストボックスの要素の「.value」を参照すると取得できます。

Point

JavaScriptとHTMLを連動する

ボタンやテキストボックスなどはHTMLファイルに書きます。そしてそれをJavaScriptから操作できるように連動させます。クリックしたときにプログラムを実行したいときは「onclick」で結び付けます。テキストボックスに入力された文字を確認したり、画面を書き換えたりしたいときは「id」を付けておき、その名前で参照します。

レッスン 13

テーマ ボタンの配置

ボタンを表示しよう

まずはボタンの使い方を学びましょう。HTMLファイルとJavaScriptを連動させて、ボタンをクリックしたときに「こんにちは」というメッセージを表示するプログラムを作ります。

レッスンで使う
練習用フォルダー ➡ L13

キーワード

JavaScript	p.246
イベント	p.246
タグ	p.248
ボタン	p.249

HTMLにボタンを配置する

1 プログラムのひな形を用意する HTML

6ページを参考に練習用ファイルを上書きしておく

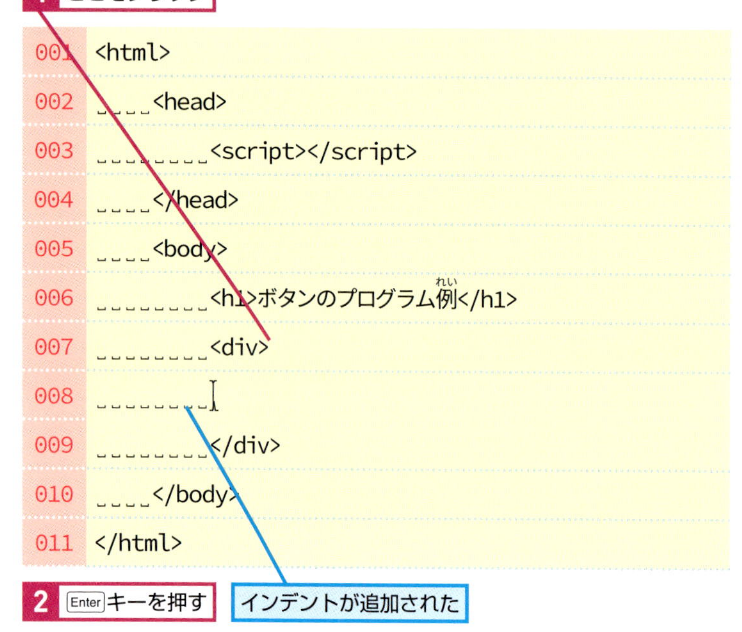


```
001 <html>
002 ␣␣␣␣<head>
003 ␣␣␣␣␣␣␣␣<script></script>
004 ␣␣␣␣</head>
005 ␣␣␣␣<body>
006 ␣␣␣␣␣␣␣␣<h1>ボタンのプログラム例</h1>
007 ␣␣␣␣␣␣␣␣<div>
008 ␣␣␣␣␣␣␣␣␣
009 ␣␣␣␣␣␣␣␣</div>
010 ␣␣␣␣</body>
011 </html>
```

HINT!

どんなHTMLを作成するの？

このレッスンからは、HTMLファイルの練習用ファイルを開いてから作業を開始してください。ここで作成しているのは、大見出しで「ボタンのプログラム例」と表示するだけのHTMLです。ここにボタンを追加したり、ボタンがクリックされたときにプログラムが実行されたりするようにしていきます。

HINT!

第2章の内容を保存しておきたいときは

この本では最初に作った「jskids」フォルダーに、ダウンロードした練習用ファイルを上書きしてレッスンを進めていきます。前の章の内容を残しておきたい場合は、レッスン❹のヒントを参考に「jskids」フォルダーの名前を「jskids02」などに変更してから、もう1つ「jskids」フォルダーを作って練習用ファイルを入れてください。

2 buttonタグを記述する　HTML

1 以下の内容を入力

<button>クリックしてね

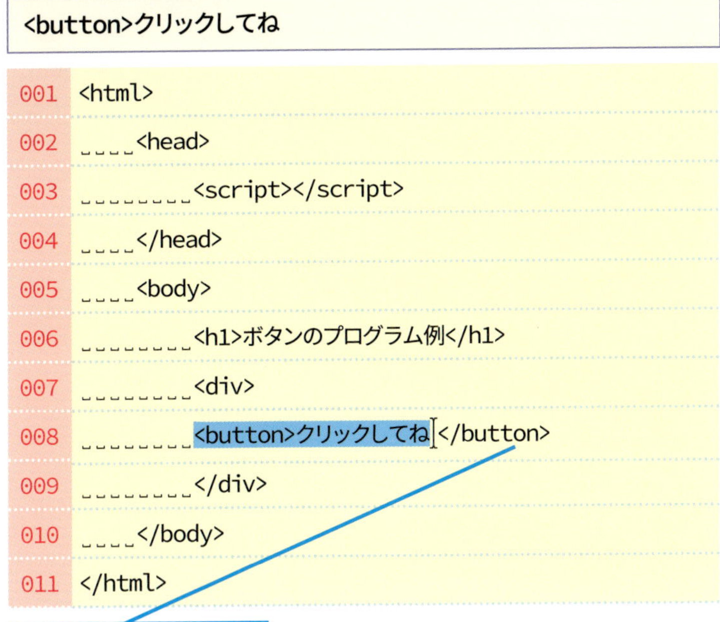

```
001 <html>
002 ␣␣␣␣<head>
003 ␣␣␣␣␣␣␣␣<script></script>
004 ␣␣␣␣</head>
005 ␣␣␣␣<body>
006 ␣␣␣␣␣␣␣␣<h1>ボタンのプログラム例</h1>
007 ␣␣␣␣␣␣␣␣<div>
008 ␣␣␣␣␣␣␣␣<button>クリックしてね</button>
009 ␣␣␣␣␣␣␣␣</div>
010 ␣␣␣␣</body>
011 </html>
```

対になるタグが補完された

2 Ctrlキーを押しながらSキーを押す

保存される

3 HTMLファイルを開く

レッスン❾を参考にindex.htmlをGoogle Chromeで開いておく

ボタンが表示された

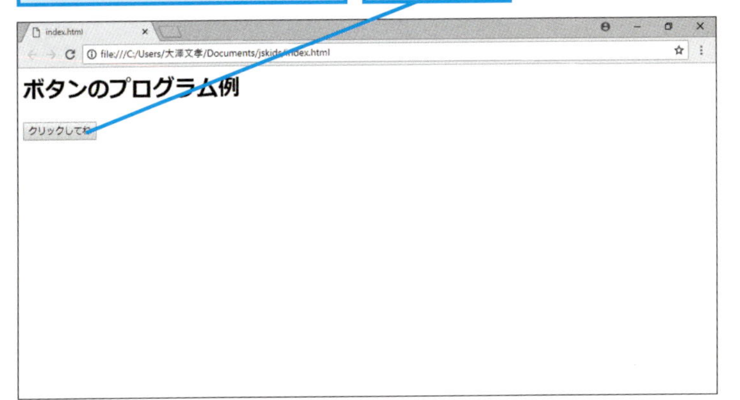

ボタンを作成するには

ボタンは「<button>表示する名称</button>」という表記で作ります。もしくは「<input type="button" value="表示する名称">」のようにしても作れます。

ここをチェック！

HTMLタグを書くときは、対になるタグを間違えないようにしましょう。ほとんどの場合、「<html>」があれば、それに対応する「</html>」があるなど対になっています。対になっている部分を間違えると、ページが正しく表示されないことがあります。

次のページに続く

ボタンのプログラムを記述する

4 JavaScriptのプログラムを読み込むようにする HTML

003行の「script」の右にマウスカーソルを移動しておく

1 以下の内容を入力

```
src="program.js"
```

```
001 <html>
002     <head>
003         <script src="program.js"></script>
004     </head>
005     <body>
```

5 onclickを記述する HTML

008行の「button」の右にマウスカーソルを移動しておく

1 以下の内容を入力

```
onclick="oshita()"
```

```
005     <body>
006         <h1>ボタンのプログラム例</h1>
007         <div>
008         <button onclick="oshita()">クリックして
    ね</button>
009     </div>
010     </body>
011 </html>
```

2 Ctrlキーを押しながらSキーを押す

保存される

JavaScriptプログラムを読み込むには

レッスン⑩と同様に、「script」タグの「src」に「program.js」を記述して、JavaScriptで書かれたprogram.jsというファイルを読み込みます。なお、「program.js」は、次の手順で作ります。この本ではこのような流れで進めていきますので、覚えておきましょう。

「onclick」って何？

「onclick」はボタンなどが「クリックされた」というイベントが発生したときに実行するプログラムを指定するものです。ここでは「oshita」という関数が実行されるようにしています。「oshita」は「押した」のローマ字表記です。oshitaという名前は、好きに付けた名前であり、JavaScriptの文法で決まっている名前ではありません。

ここをチェック！

ここでは、すべて半角英数字の小文字で入力しています。大文字小文字を間違えると動かない場合があるので注意してください。

6 プログラムを書く JS

レッスン⑩を参考に、「program.js」を開いておく

1 以下の内容を入力

```
function oshita() {
```

```
001 function oshita() {
```

2 Enterキーを押す

```
001 function oshita() {
002 ␣␣␣␣
```

インデント付きの行が追加された

3 以下の内容を入力

```
alert('こんにちは');
```

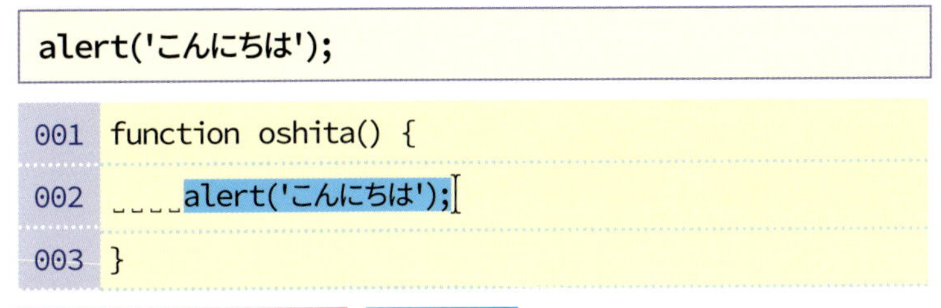

```
001 function oshita() {
002 ␣␣␣␣alert('こんにちは');
003 }
```

4 Ctrlキーを押しながらSキーを押す

保存される

7 HTMLファイルを開く

レッスン❾を参考にindex.htmlをGoogle Chromeで開いておく

1 「クリックしてね」をクリック

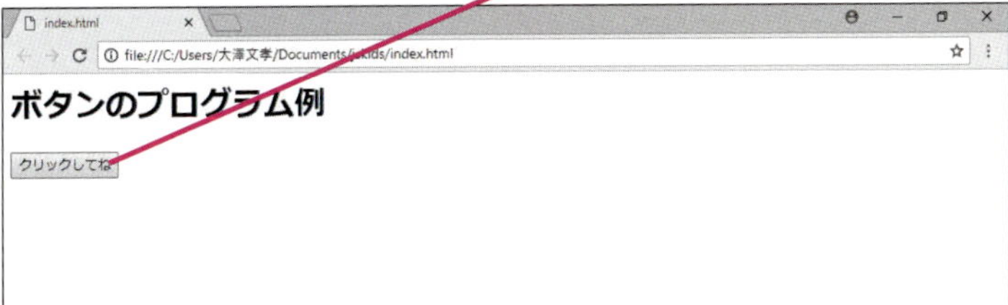

新しいウィンドウが開いて、「こんにちは」と表示された

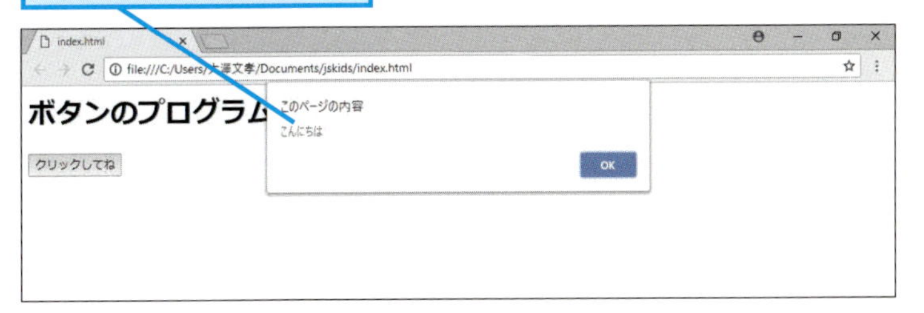

別のファイルに記述する

JavaScriptのプログラムは、拡張子「.js」のプログラム（ここでは「program.js」）に記述します。

拡張子「.js」のファイルにJavaScriptのプログラムを記述する

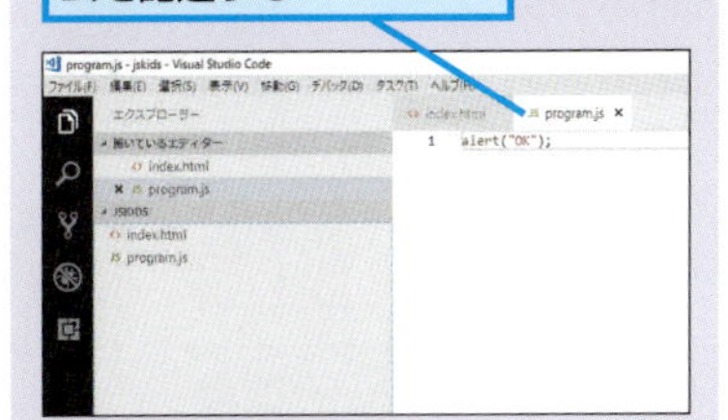

日本語も表示できる

レッスン⑪にも登場した「alert」は「(」と「)」のなかに指定したものを表示する命令です。「'」で囲んだ文字が表示されます。ここでは「'」の中身は日本語なので全角で入力します。それ以外の部分は半角で入力してください。

Point

onclickでプログラムを指定する

ボタンをクリックしたときに何か実行するには、実行したい命令をJavaScriptで「function 名前 {}」で囲んでおき、HTMLファイルのボタンの「onclick」の部分で、その名前を指定します。ここでは「alert('こんにちは');」を「function oshita{}」で囲んでいるので、ボタンをクリックすると、画面に「こんにちは」というメッセージが表示されます。

テーマ 複数のボタンの配置

レッスン 14 もうひとつボタンを付けてみよう

ページにボタンをもうひとつ付けてみましょう。ここでは、追加したボタンをクリックしたときに「こんばんは」と表示されるようにします。

レッスンで使う練習用フォルダー→L14

キーワード

イベント	p.246
カット&ペースト	p.247
タグ	p.248
ボタン	p.249

1 HTMLファイルを変更する HTML

レッスン⑩を参考に、「index.html」を開いておく

008行の末尾にマウスカーソルを移動しておく

1 Enterキーを押す

インデントが追加された

2 以下の内容を入力

```
<button onclick="oshita2()">クリックしてね
</button>
```

```
001 <html>
002 ␣␣␣␣<head>
003 ␣␣␣␣␣␣␣␣<script src="program.js"></script>
004 ␣␣␣␣</head>
005 ␣␣␣␣<body>
006 ␣␣␣␣␣␣␣␣<h1>ボタンのプログラム例</h1>
007 ␣␣␣␣␣␣␣␣<div>
008 ␣␣␣␣␣␣␣␣<button onclick="oshita()">クリックしてね
    </button>
009 ␣␣␣␣␣␣␣␣<button onclick="oshita2()">クリックして
    ね</button>
010 ␣␣␣␣␣␣␣␣</div>
011 ␣␣␣␣</body>
012 </html>
```

3 Ctrlキーを押しながらSキーを押す

保存される

HINT! ボタンをもうひとつ用意する

<button>で作れるボタンは1つだけです。たくさんボタンを作りたいときは、その数だけ記述します。

HINT! ここで実行する関数は？

ここでは「onclick="oshita2()"」として、作ったボタンがクリックされたときには、「oshita2」という名前の関数が実行されるようにしました。関数の内容は手順2以降で作ります。

ここをチェック！

008行目と009行目は折り返されていますが、1行として続けて入力してください。

2 JavaScriptを修正する JS

レッスン⑩を参考に、「program.js」を開いておく

003行の末尾にマウスカーソルを移動しておく

1 Enterキーを2回押す

空白行が2行追加された

```
001 function oshita() {
002 ␣␣␣␣alert('こんにちは');
003 }
004
005
```

2 以下の内容を入力

```
function oshita2() {
```

「}」が補完された

3 Enterキーを2回押す

```
001 function oshita() {
002 ␣␣␣␣alert('こんにちは');
003 }
004
005 function oshita2() {}
```

インデント付きの行が追加される

006行の末尾にマウスカーソルを移動しておく

4 以下の内容を入力

```
alert('こんばんは');
```

```
001 function oshita() {
002 ␣␣␣␣alert("こんにちは");
003 }
004
005 function oshita2() {
006 ␣␣␣␣alert('こんばんは');
007 }
```

5 Ctrlキーを押しながらSキーを押す

保存される

HINT! 関数を書く順番は自由

手順2ではレッスン⑬で作った「oshita()」の下に「oshita2()」を追加していますが、上に作ってもかまいません。また5行目からではなく、もっと行を空けて、6行目や7行目などから書いてもかまいません。

ここをチェック！

変更したら保存しましょう。また操作4で入力する「alert('こんばんは');」の行末の「;」を忘れないようにしましょう。

次のページに続く

3 HTMLファイルを開く

レッスン❾を参考にindex.htmlをGoogle Chromeで開いておく

ボタンが2つ表示された

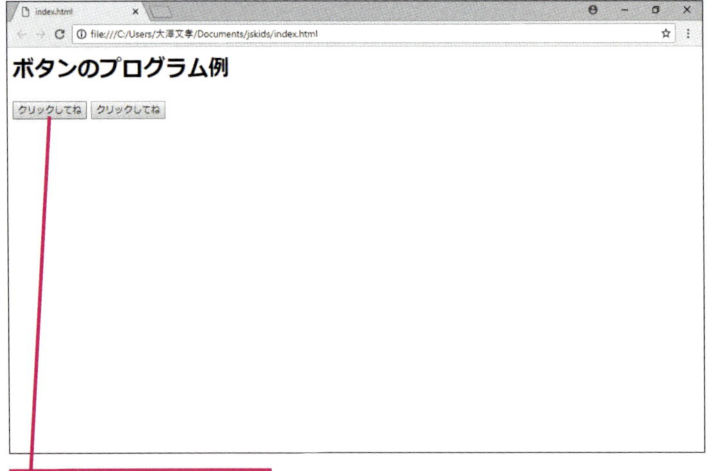

1 左の「クリックしてね」をクリック

「こんにちは」と表示された

2 [OK]をクリック

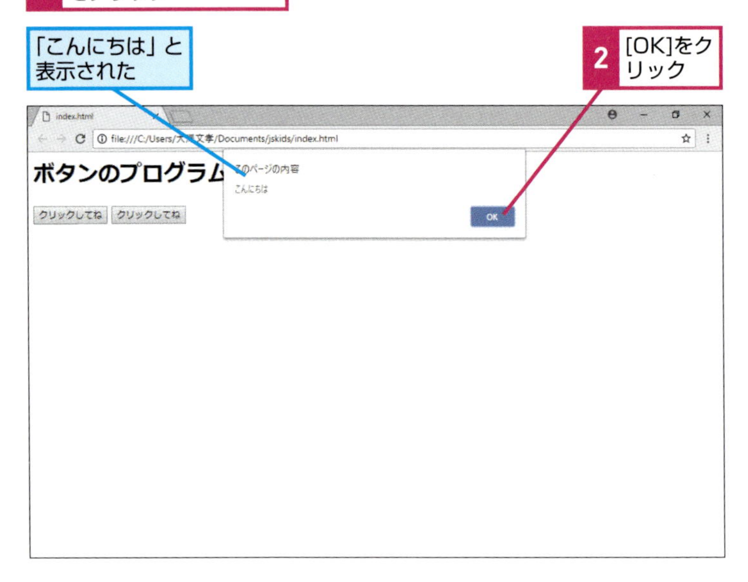

HINT! Webブラウザーで再読み込みする

プログラムを変更して保存したら、Webブラウザー（ここではGoogle Chrome）の［このページを再読み込みします］ボタンをクリックすると、新しい内容に更新され、JavaScriptのプログラムも再実行されます。

［このページを再読み込みします］をクリックするとリロードされる

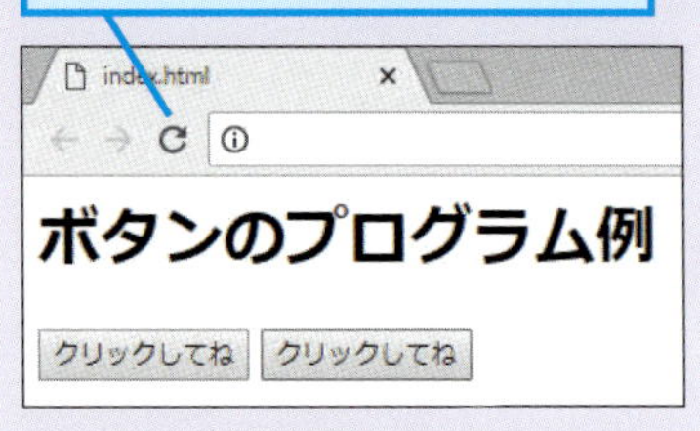

ここをチェック！

このレッスンではクリックされたときに表示されるメッセージを追加しています。新しく追加した部分だけではなく、もともとあったプログラムも問題なく動くかどうかを確認するため、それぞれのボタンを順にクリックして確かめます。

4 追加したプログラムを実行する

メッセージが閉じた

1 右の「クリックしてね」をクリック

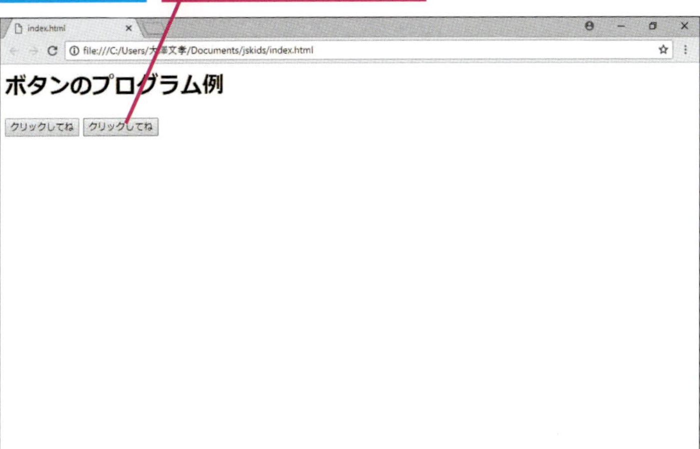

「こんばんは」と表示された

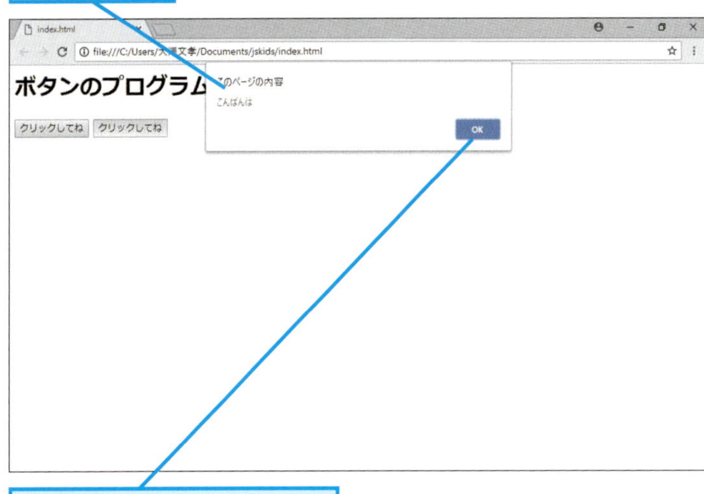

[OK]をクリックしてメッセージを閉じておく

HINT! コピーを使えばすばやく入力できる

ここで操作している「oshita」と「oshita2」のように内容が似ているコードは、JavaScriptで入力する際にマウスで範囲を選択してコピーして貼り付けてから、違う部分だけを変更すると、効率よく入力できます。

コピーする範囲を選択しておく

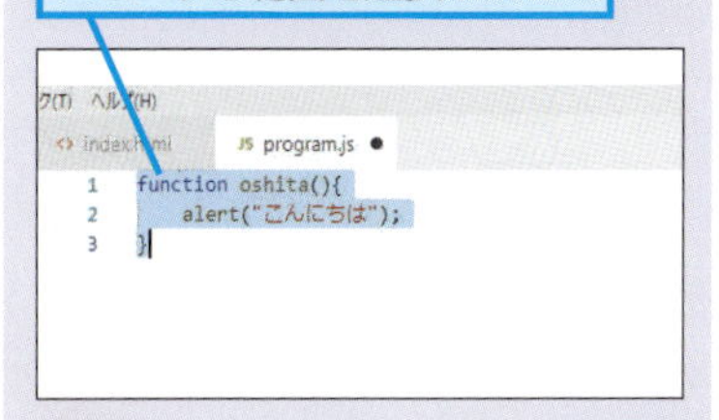

1 Ctrlキーを押しながらCキーを押す

コードがコピーされる

貼り付けたい位置をクリックして、Ctrlキーを押しながらVキーを押すと、コードを貼り付けられる

Point

いくつでもボタンを付けられる

<button>をたくさんHTMLファイルに記入すると、記入した数だけボタンを付けられます。クリックされたときの動きを変えたいときは、このレッスンのように「oshita2()」などの別の関数を作ります。同じ処理を行う場合は両方とも「onclick="oshita()"」にします。そうすれば、どちらをクリックしても同じ関数が実行され、「こんにちは」と表示されます。

テーマ テキストボックスの追加

レッスン 15 テキストボックスを使ってみよう

ページに文字を入力できるようにするには「テキストボックス」という機能を使います。テキストボックスに入力された内容を読み取るには、JavaScriptでそのテキストボックスを参照します。

レッスンで使う
練習用フォルダー ➡L15

キーワード

カット&ペースト	p.247
タグ	p.248
テキストボックス	p.248
変数	p.249
ボタン	p.249

テキストボックスとは

テキストボックスはページ上で1行の文字を入力できる部品で、<input type="text">と記します。このとき続けて「id="好きな名前"」として、好きな名前を付けておくと、JavaScriptでこのテキストボックスを参照できます。具体的には、「document.getElementById('名前')」とすると、「名前」のidが付けられたテキストボックスを参照できます。さらに、「document.getElementById('名前').value」というように「.value」と付けると、入力された値を参照できます。取得した値は、適当な名前を付けて保存して、あとで使えるようにします。この仕組みを「変数」といいます。下の図では「t」という名前を付けています。

●HTMLでテキストボックスにidを付ける

```
<input type="text" id="text01">
```

JavaScriptから操作したいものにはidを付けておく

ここではidに「text01」という名前を付けている

●JavaScriptでテキストボックスを参照する

```
① youso = document.getElementById('text01');
```

変数「youso」で、テキストボックスを参照できるようになる

```
② t = youso.value;
```

youso.valueは変数「youso」の内容を指す。①と②で変数「t」にテキストボックスに入力された値が設定される

```
③ alert(t);
```

変数「t」の内容（テキストボックスで入力された値）をメッセージとして表示する

document.getElementByIdでページの構成要素（ここではテキストボックス）を参照する

できる

変数 t

変数「t」にテキストボックスに入力された値（ここでは「できる」）を入れる

このページの内容
できる
OK

変数「t」の内容がメッセージとして表示される

HINT!

「document.getElementById」って何？

HTMLのタグ部分をJavaScriptから参照するときの命令です。HTMLファイルで「id」を使って名前を付けておき、その名前で参照します。テキストボックスに入力された値を参照するときや画面の一部を書き換えたいときなどに使います。

テクニック テキストボックス以外の要素について知ろう

ここまでボタンとテキストボックスを紹介しましたが、入力用の要素は下記のようにいろいろな種類があります。

・<input type="checkbox">
チェックボックスを表示します

□チェックボックス

・<input type="radio">
チェックボックスと似ていますが、1つしか選択できないラジオボタンを表示します。

○ラジオボタン

・<input type="hidden">
見えない入力項目を作ります。

隠し入力：（何も表示されない）

なお、「チェックボックス」などの字はボタンの場合と同様にHTMLファイルに記入しています。

・<input type="password">
入力した文字が「●」や「*」などで隠される入力欄を作ります。

パスワード：

・<select>、<option>
選択肢を表示します。

選択肢：選択してください ▼

・<textarea>
複数行入力できる場所を作ります。

テキストボックスとボタンを付ける

1 プログラムのひな形を用意する HTML

レッスン❺を参考に、「jskids」フォルダーを開いておく

レッスン❿を参考に、「index.html」を開いておく

1 ここをクリック　2 Enterキーを押す

```
001 <html>
002 ␣␣␣␣<head>
003 ␣␣␣␣␣␣␣␣<script src="program.js"></script>
004 ␣␣␣␣</head>
005 ␣␣␣␣<body>
006 ␣␣␣␣␣␣␣␣<h1>テキストボックスのプログラム例</h1>
007 ␣␣␣␣␣␣␣␣<div>
008 ␣␣␣␣␣␣␣␣
009 ␣␣␣␣␣␣␣␣</div>
010 ␣␣␣␣</body>
011 </html>
```

インデント付きの行が追加された

HINT! 前のレッスンとの違いは大見出しだけ

ここで入力する内容は、HTMLファイルの「<h1>テキストボックスのプログラム例</h1>」という大見出しの部分だけが違うもので、他は前のレッスンと同じです。

次のページに続く

2 テキストボックスを作成する HTML

1 以下の内容を入力

```
<input type="text" id="text01">
```

2 Enter キーを押す

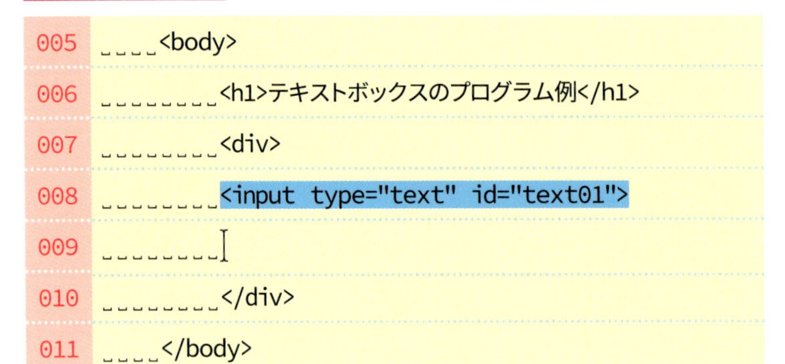

```
005     <body>
006         <h1>テキストボックスのプログラム例</h1>
007         <div>
008         <input type="text" id="text01">
009         
010         </div>
011     </body>
```

HINT! id って何？

idはHTMLのタグで構成した部分（要素）に名前を付ける指定です。好きな名前を付けられますが、同じHTMLで重複する名前を付けることはできません。ここでは「text01」という名前を付けました。なお、日本語で名前を付けることはできません。

3 ボタンを作成する HTML

1 以下の内容を入力

```
<button onclick="oshita()">クリックしてね
</button>
```

```
005     <body>
006         <h1>テキストボックスのプログラム例</h1>
007         <div>
008         <input type="text" id="text01">
009         <button onclick="oshita()">クリックしてね
</button>
010         </div>
011     </body>
```

2 Ctrl キーを押しながら S キーを押す　→　保存される

HINT! 属性について知ろう

ここの「id=」や「text=」のように、HTMLタグのなかに何か値を指定するものを属性（アトリビュート）といいます。

第3章 画面を変更してみよう

4 HTMLファイルを開く

レッスン❾を参考にindex.htmlをGoogle Chromeで開いておく

テキストボックスとボタンが表示された

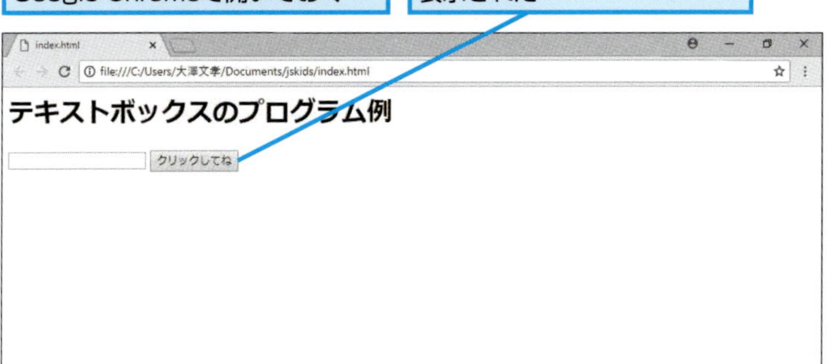

クリックされたときの動作を記述する

5 テキストボックスを指す要素を取得する JS

レッスン❿を参考に、「program.js」を開いておく

1 以下の内容を入力

```
function oshita() {
```

「}」が補完された

2 Enterキーを押す

```
001 function oshita() {}
```

インデント付きの行が追加される

002行の末尾にマウスカーソルを移動しておく

3 以下の内容を入力

```
youso=document.getElementById('text01');
```

```
001 function oshita() {
002 ␣␣␣␣youso=document.getElementById('text01');
003 }
```

4 Enterキーを押す

HINT! 「getElementById」って何？

「getElementById」はHTML上でidに付けた名前を指定して、その部品を参照するものです。ここではテキストボックスで「id="text01"」としているので、「document.getElementById('text01')」は、このテキストボックスを参照するという意味になります。

HINT! 「"」と「'」の違いを知ろう

JavaScriptでは、文字を囲む記号として「"」も「'」も使えます。同じ意味なので、どちらを使ってかまいません。「"」で囲んだときは中に「"」をそのまま書けない、逆に「'」で囲んだときには中に「'」を書けないというルールがあります。たとえば「'Let's go!'」のようには書けず「"Let's go!"」と書かなければなりません。状況に合わせて、使いやすいほうを使うとよいでしょう。この本では、JavaScriptで「'」で統一していますが、「"」と書いてもかまいません。ただし、「"text01'」のように、左右で違う記号を使うことはできません。

次のページに続く

6 入力されたテキストを取得する JS

インデント付きの行が追加された

1 以下の内容を入力

```
t=youso.value;
```

```
001 function oshita() {
002 ␣␣␣␣youso=document.getElementById('text01');
003 ␣␣␣␣t=youso.value;
004 }
```

2 Enter キーを押す

7 入力されたテキストを取得する JS

インデント付きの行が追加された

1 以下の内容を入力

```
alert(t);
```

```
001 function oshita() {
002 ␣␣␣␣youso=document.getElementById('text01');
003 ␣␣␣␣t=youso.value;
004 ␣␣␣␣alert(t);
005 }
```

2 Ctrl キーを押しながら S キーを押す

保存される

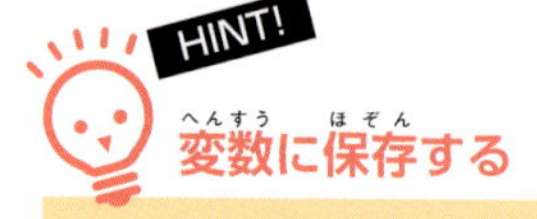

変数に保存する

ここでは参照した内容を「youso」や「t」という名前の変数に保存しています。そうすると、あとでその値を参照して使えるようになります。

変数の宣言とは

JavaScriptでは、変数を使うときに、いきなり「youso=」や「t=」のように代入できます。しかし先行して、どのような変数を使うかをあらかじめ記述しておいたほうがよいという考え方もあり、それを「変数の宣言」といいます。変数を宣言するには、「var youso;」「var t;」もしくは両方を一緒にして「var youse, t;」のように記述します。本来は、このように宣言したほうがよいのですが、そうすると複雑になるのと、宣言しなくても、動作に影響がないため、この本では変数の宣言をせずに使います。

8 HTMLファイルを開く

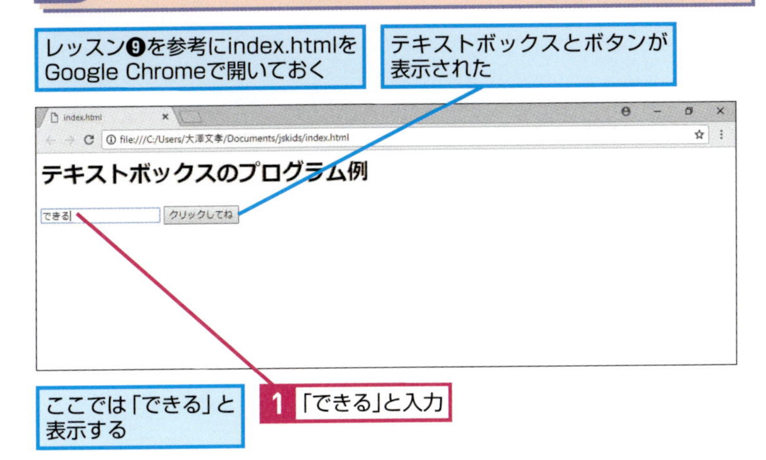

9 文字を表示する

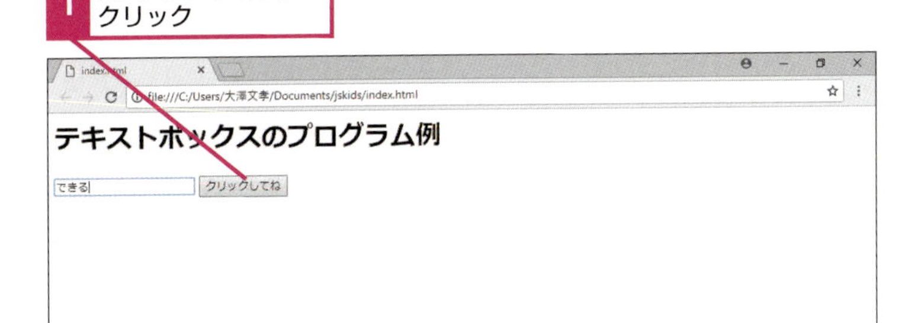

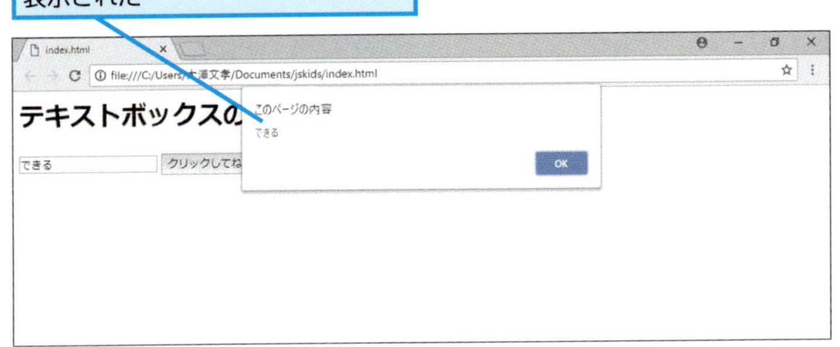

HINT!

最初からテキストが入った状態にするには

この例では、表示したときのテキストは空欄です。もし何か最初に入れた状態で表示したいときは、HTMLファイルで、「<input type="text" id="text01" value="表示したい文字">」のように、「value=」を追加して指定すると、その文字が表示されるようになります。

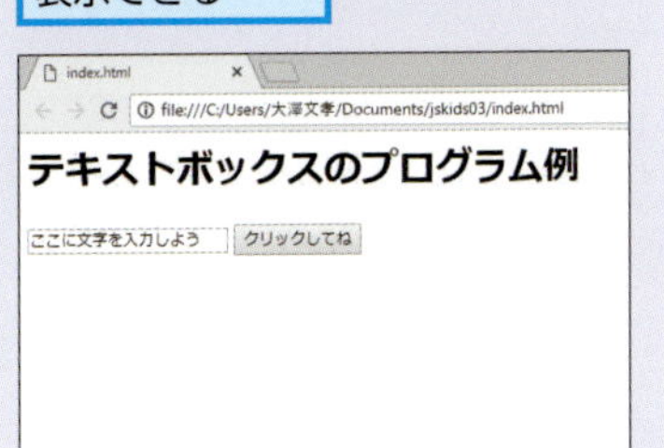

Point

HTMLファイルの該当部分を参照したら変数に設定しよう

JavaScriptからHTMLの部分を参照するには、idに名前を付けておき、その名前を使って「document.getElementById」で参照するのが基本です。参照した内容は変数に設定して、プログラムからさまざまな操作ができるようにしましょう。

テーマ 文字の連結

レッスン16 文字を連結してみよう

レッスンで使う練習用フォルダー→L16

キーワード

テキストボックス	p.248
変数	p.249
ボタン	p.249
ポップアップメッセージ	p.249

テキストボックスに入力された文字に対して、前に「こんにちは」、後ろに「さん」と付けて、新しいウィンドウに「こんにちは○○さん」と表示されるようにしてみましょう。

1 不要な部分を削除する JS

レッスン⑮で作成した「program.js」を開いておく

003行の末尾にマウスカーソルを移動しておく

1 Enterキーを2回押す

インデント付きの行が2行追加された

```
001 function oshita() {
002 ␣␣␣␣youso=document.getElementById('text01');
003 ␣␣␣␣t=youso.value;
004 ␣␣␣␣
005 ␣␣␣␣
006 ␣␣␣␣alert(t);
007 }
```

2 表示するメッセージを入力する JS

1 以下の内容を入力

```
hyouji='こんにちは'
```

```
001 function oshita() {
002 ␣␣␣␣youso=document.getElementById('text01');
003 ␣␣␣␣t=youso.value;
004 ␣␣␣␣
005 ␣␣␣␣hyouji='こんにちは'
006 ␣␣␣␣alert(t);
007 }
```

HINT!

ここで表示する文字について確認しよう

前のレッスンでは、テキストボックスに入力された文字を「t」という変数に保存して、「alert」では、その「t」を表示していました。ここでは、新しく「hyouji」という変数を用意します。「hyouji」には、「こんにちは」と「入力されたテキスト」と「さん」を連結した値を設定します。さらに「alert」で「hyouji」を指定して「こんにちは○○さん」と表示するようにします。

HINT!

ファイルを別名で保存するには

［ファイル］メニューから［名前を付けて保存］をクリックすると、別名で保存できます。作っているプログラムを改良して別のプログラムとして保存したいときなどには、この方法を使いましょう。

1 ［ファイル］をクリック

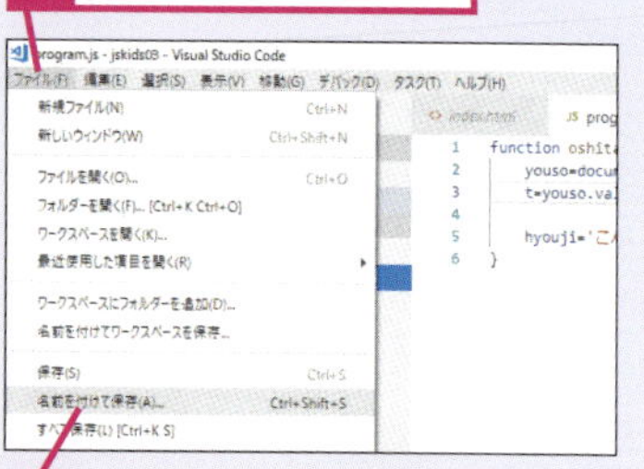

2 ［名前を付けて保存］をクリック

3 連結するメッセージを入力する JS

1 以下の内容を入力

```
+
```

```
001 function oshita() {
002 ␣␣␣␣youso=document.getElementById('text01');
003 ␣␣␣␣t=youso.value;
004 ␣␣␣␣
005 ␣␣␣␣hyouji='こんにちは'+
006 ␣␣␣␣alert(t);
007 }
```

「+」に続けて連結するメッセージを入力する

2 以下の内容を入力

```
t
```

```
001 function oshita() {
002 ␣␣␣␣youso=document.getElementById('text01');
003 ␣␣␣␣t=youso.value;
004 ␣␣␣␣
005 ␣␣␣␣hyouji='こんにちは'+t
006 ␣␣␣␣alert(t);
007 }
```

同様に「+」に続けて連結するメッセージを入力する

3 以下の内容を入力

```
+'さん';
```

```
001 function oshita() {
002 ␣␣␣␣youso=document.getElementById('text01');
003 ␣␣␣␣t=youso.value;
004 ␣␣␣␣
005 ␣␣␣␣hyouji='こんにちは'+t+'さん';
006 ␣␣␣␣alert(t);
007 }
```

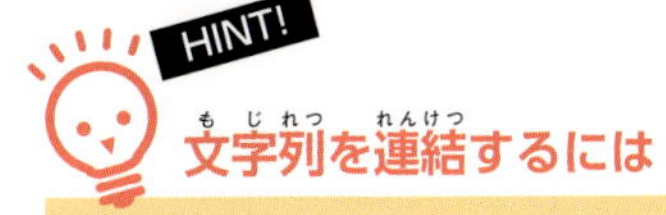

文字列を連結するには

文字列を連結するには「+」の記号を使います。「こんにちは」や「さん」など、その場に文字を記述するときは前後を「'」で囲みます。変数のときは「t」とそのまま記述します。間違えて「't'」と書くと、変数「t」の内容ではなくてtという文字そのものが表示されてしまいます。

HINT!

改行を入れるには

「'」と「'」で囲まれた部分で改行するとエラーになるので注意しましょう。もし改行を入れたいときは「¥n」と入力します。例えば「hyouji = 'こんにちは¥n' + t + 'さん';」とすると、「こんにちは」の直後で改行できます。「¥」は半角で入力します。Macの場合は「\」（逆スラッシュ）です。

次のページに続く

4 削除するメッセージを選択する JS

入力した文字のみが設定されている

1 ここをクリック

```
001 function oshita() {
002 ____youso=document.getElementById('text01');
003 ____t=youso.value;
004 ____
005 ____hyouji='こんにちは'+t+'さん';
006 ____alert(t);
007 }
```

2 Deleteキーを押す

5 表示するメッセージを指定する JS

選択した文字が削除された

1 以下の内容を入力

```
hyouji
```

```
001 function oshita() {
002 ____youso=document.getElementById('text01');
003 ____t=youso.value;
004 ____
005 ____hyouji='こんにちは'+t+'さん';
006 ____alert(hyouji);
007 }
```

2 Ctrlキーを押しながらSキーを押す

保存される

HINT! 変数「hyouji」を表示する

手順4と5では「alert」で表示するのを変数tから変数「hyouji」に変更する操作をしています。なお手順4で「t」の前をクリックしてからDeleteキーを押して文字を削除しましたが、「t」の後ろをクリックしてBack spaceキーを押して文字を削除してもかまいません。

6 HTMLファイルを開く

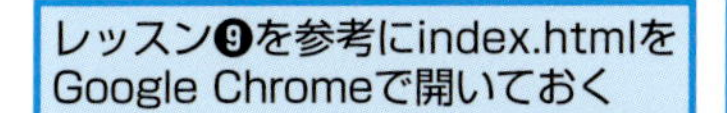

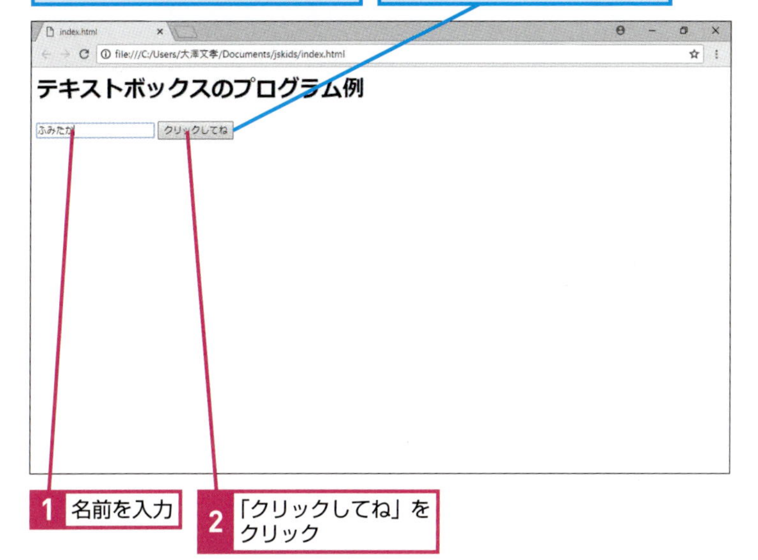

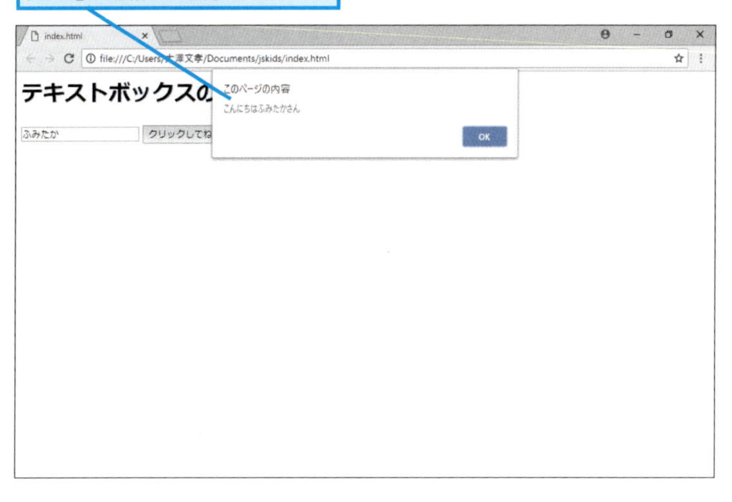

HINT! さらにたくさんの文字を連結してもよい

ここでは「こんにちは」「入力されたテキスト」「さん」の3つを「+」でつなげましたが、もっとたくさんの文字をつなげることもできます。たとえば「hyouji = 'こんにちは' + t + 'さん。' + '今日はいい天気' + 'ですね。';」とすると、「こんにちは(入力内容)さん。今日はいい天気ですね」と表示されます。

Point 連結は「+」を使う

「+」の記号を使うと、文字を連結できます。「こんにちは」や「さん」など、ページに直接文字を書くときは前後を「'」で囲みますが、変数のときは囲まないという違いがあるので注意しましょう。文字を連結したときは後で使えるようにするため、その結果を変数に保存しましょう。

テーマ 文字の書き換え

ページに文字を表示してみよう

レッスンで使う
練習用フォルダー ➡ L17

キーワード

HTML	p.246
テキストボックス	p.248
変数	p.249
ボタン	p.249

これまではユーザーにメッセージを表示するのに「alert」を使ってポップアップウィンドウとして表示してきました。今度は、ページの文字を書き換える方法で表示してみましょう。

1 行を追加する HTML

レッスン⑮で作成した「index.html」を開いておく

010行の末尾にマウスカーソルを移動しておく

1 Enterキーを押す

```
001 <html>
002 ␣␣␣␣<head>
003 ␣␣␣␣␣␣␣␣<script src="program.js"></script>
004 ␣␣␣␣</head>
005 ␣␣␣␣<body>
006 ␣␣␣␣␣␣␣␣<h1>テキストボックスのプログラム例</h1>
007 ␣␣␣␣␣␣␣␣<div>
008 ␣␣␣␣␣␣␣␣<input type="text" id="text01">
009 ␣␣␣␣␣␣␣␣<button onclick="oshita()">クリックしてね
    </button>
010 ␣␣␣␣␣␣␣␣</div>
011 ␣␣␣␣␣␣␣␣
012 ␣␣␣␣</body>
013 </html>
```

インデント付きの行が追加された

HINT!

このレッスンの流れについて知ろう

このレッスンは、レッスン⑯の続きです。レッスン⑯で作成したファイルを編集していきます。

コードを追記する場所はどこ？

このレッスンでは「<div id="gamen"></div>」を本文の末尾（</body>の直前）に記入するので、JavaScriptで設定したメッセージはページの末尾に表示されます。このタグを<button>の前に書くと、ボタンの前にメッセージが表示されます。

2 メッセージを表示する場所を作る HTML

1 以下の内容を入力

```
<div id="gamen">
```

```
005 ␣␣␣␣<body>
006 ␣␣␣␣␣␣␣␣<h1>テキストボックスのプログラム例</h1>
007 ␣␣␣␣␣␣␣␣<div>
008 ␣␣␣␣␣␣␣␣<input type="text" id="text01">
009 ␣␣␣␣␣␣␣␣<button onclick="oshita()">クリックしてね
    </button>
010 ␣␣␣␣␣␣␣␣</div>
011 ␣␣␣␣␣␣␣␣<div id="gamen"></div>
012 ␣␣␣␣</body>
013 </html>
```

対になるタグが補完された

2 Ctrlキーを押しながらSキーを押す

保存される

3 行を追加する JS

レッスン⑯で修正した「program.js」を開いておく

1 ここをクリック

2 Enterキーを2回押す

```
001 function oshita() {
002 ␣␣␣␣youso=document.getElementById('text01');
003 ␣␣␣␣t=youso.value;
004 ␣␣␣␣
005 ␣␣␣␣hyouji='こんにちは'+t+'さん';
006 ␣␣␣␣
007 ␣␣␣␣
008 ␣␣␣␣alert(hyouji);
009 }
```

インデント付きの行が2行追加された

「プレースホルダー」って何？

HTMLにJavaScriptからのメッセージを差し込みたい場所をあらかじめ用意し、そこにidで名前を付けておきます。このように後で何か差し込むために確保した場所のことを「プレースホルダー」といいます。ここで追加した<div id="gamen"></div>は、そのような目的で使うプレースホルダーです。

HINT!

空の行で見やすくする

入力している2行の空白は、どこからどこまでがどういうプログラムかを分けて見やすくするだけのものです。行を空けなくても、もっと行を空けても動きは同じです。

次のページに続く

4 表示する場所を取得する JS

007行の先頭にマウスカーソルを移動しておく

1 以下の内容を入力

```
gamenyouso = document.getElementById('gamen');
```

```
001 function oshita() {
002 ␣␣␣␣youso=document.getElementById('text01');
003 ␣␣␣␣t=youso.value;
004 ␣␣␣␣
005 ␣␣␣␣hyouji='こんにちは'+t+'さん';
006 ␣␣␣␣
007 ␣␣␣␣gamenyouso = document.
    getElementById('gamen');
008 ␣␣␣␣alert(hyouji);
009 }
```

HINT! 差し込む場所を取得するには

手順3では、「<div id="gamen"></div>」という場所を用意しました。ここにメッセージを書き込みたいので、document.getElementByIdを使って、該当の場所を参照します。

ここをチェック！

007行目は折り返されていますが、改行せずに1行で入力してください。

5 不要な部分を削除する JS

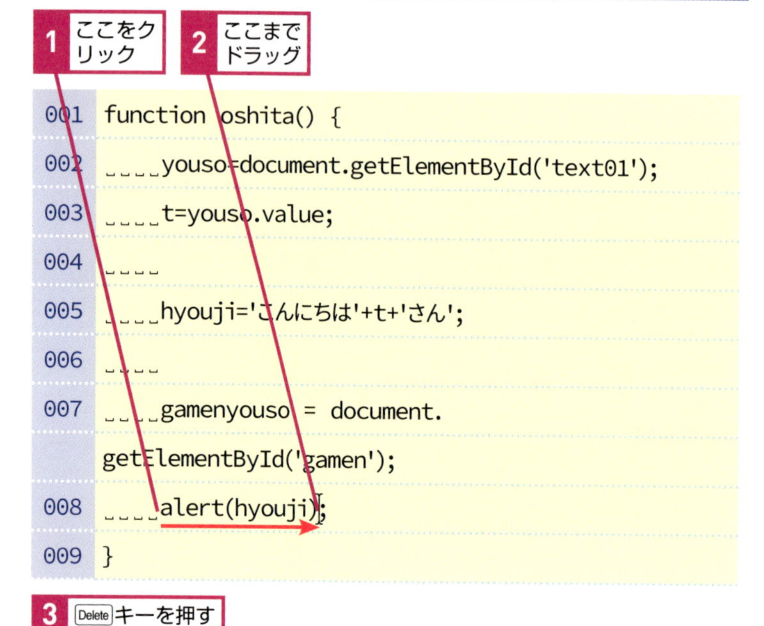

3 Deleteキーを押す

HINT! 「alert」の代わりに画面に表示する

手順5では「alert」で表示していたメッセージを、手順4で参照した<div>のなかに表示するように修正しようとしています。

6 要素のメッセージを設定する JS

1 以下の内容を入力

```
gamenyouso.innerHTML = hyouji;
```

```
001 function oshita() {
002 ␣␣␣␣youso=document.getElementById('text01');
003 ␣␣␣␣t=youso.value;
004 ␣␣␣␣
005 ␣␣␣␣hyouji='こんにちは'+t+'さん';
006 ␣␣␣␣
007 ␣␣␣␣gamenyouso = document.
    getElementById('gamen');
008 ␣␣␣␣gamenyouso.innerHTML = hyouji;
009 }
```

7 HTMLファイルを開く

レッスン❾を参考にindex.htmlをGoogle Chromeで開いておく

テキストボックスとボタンが表示された

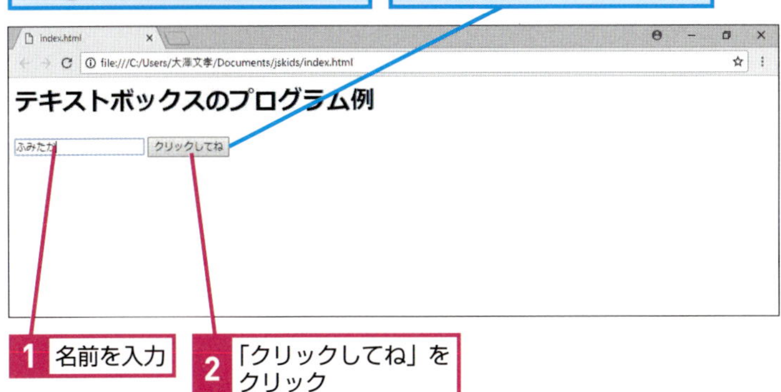

1 名前を入力

2 「クリックしてね」をクリック

入力した文字が画面上に表示された

innerHTMLに設定する

innerHTMLを変更すると、そのタグで囲まれている文字が変わります。手順6では「gamenyouso.innerHTML」に「hyouji」変数の内容を設定しています。「hyouji」変数は「こんにちは○○さん」という文字を設定しています。「gamenyouso」は手順4で<div id="gamenyouso">を指すように設定しているので、この「div」タグの中身が「こんにちは○○さん」に変わります。

Point

画面を変更したいときはinnerHTMLに設定する

JavaScriptから画面の一部を書き換えたいときは、その場所にidで名前を付けておき、「document.getElementById」で参照します。そしてそのinnerHTMLに設定することで、画面の内容を変更します。このテクニックはJavaScriptから画面を書き換えるときに幅広く使われる方法です。覚えておきましょう。

この章のまとめ

JavaScriptから参照したい場所はidを付ける

この章では2つのことを学びました。1つは「イベント」という仕組みを使ってボタンをクリックしたときに実行するプログラムを設定すること、もう1つはHTMLタグに「id」を指定してJavaScriptから参照できるようにすることです。

ボタンをクリックしたときにプログラムを実行するには、そのプログラムを関数として作っておき、ボタンの「onclick」に、その関数名を設定します。テキストボックスに入力された文字を参照したり、画面の一部を書き換えたりするには、対象のタグに「id」で名前を付けておき、「document.getElementById('idの名前')」で参照します。テキストボックスに入力されたテキストは「.value」で参照できます。タグに挟まれた文字を変更するには「.innerHTML」に設定します。この「.」は、日本語でいうところの「そのタグの」という意味です。これらを一度にすべて覚えるのは大変なので、まずはレッスン⓱のプログラムが動くようにしましょう。うまく動いたら、HTMLタグに記入した日本語の部分などを変更して、表示がどのように変わるか確認してみましょう。

HTMLとJavaScriptの連携を覚える

ボタンがクリックされたときにプログラムを実行するには「onclick」を使う。JavaScriptからHTMLタグを参照したいときは「id」で名前を付けて「document.getElementById」で参照する。

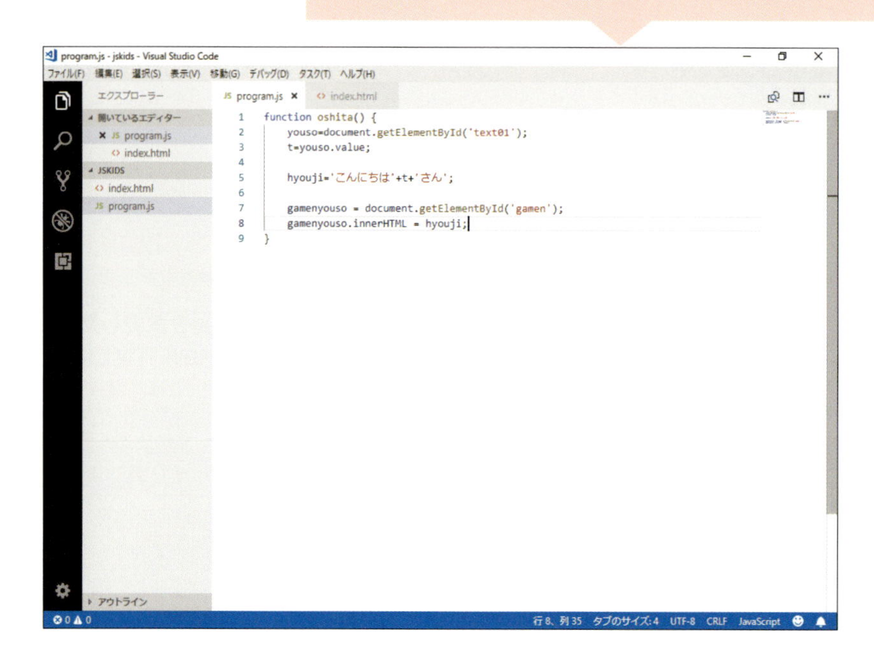

第4章

計算と変数、条件判定の使い方を知ろう

プログラムの基本は、計算と条件判定です。この章ではテキストボックスに入力された数を足し算したり、未入力のときにはエラーメッセージを表示したりする方法を説明します。

この章の内容

⑱ 計算してみよう……84
⑲ 入力した値の計算結果を表示しよう……88
⑳ 未入力だったときにエラーを表示するには……96
㉑ 計算結果で文字の色を変更するには……100

数字を入れて計算ができる、電卓みたいなプログラムを作るもーん！

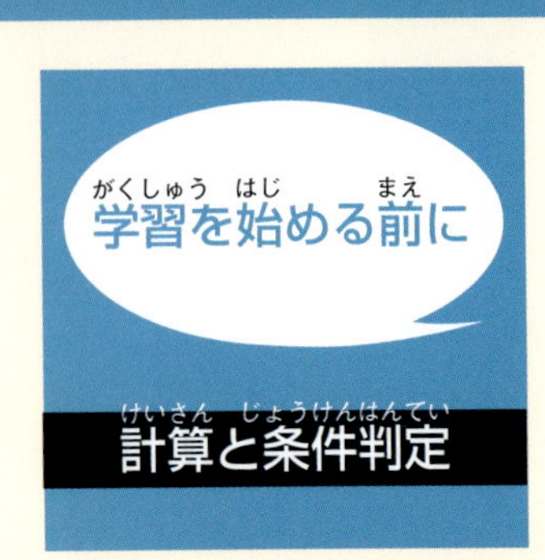

計算と条件判定の基本

この章では計算と条件判定の基本を習得します。計算とは足し算、引き算、掛け算、割り算などです。条件判定とは、「未入力のときにはエラーを表示する」など、条件によって実行するかどうかを決めることです。

計算

足し算、引き算、掛け算、割り算などは、算数と同じような記号を使います。ただし、人間と違いコンピュータでは掛け算は「×」ではなく「*」、割り算は「÷」ではなく「/」という記号を使います。記号はすべて半角で入力します。( )を使って計算の順序を変えることもできます。

●演算子

演算子	内容
+	足し算を表す記号
-	引き算を表す記号
*	掛け算を表す記号
/	割り算を表す記号

●表記の例

1+2+3×4÷2

→ 1+2+3*4/2

プログラムで計算をするとき、掛け算は「*」、割り算は「/」を使う

文字から整数に変換する

JavaScriptで扱う値には、「文字列」と「数値」の2種類があります。文字列とは第2章などで紹介したもので、テキストボックスに入力された値や「'」で囲んだ文字('こんにちは'など)のことです。数値は「123」などの数のことで、全体を「'」で囲まない値のことです。テキストボックスに入力された値は、「123」のように入力しても「'123'」のように文字列として扱われます。文字列はそのままでは「+」「-」「/」「*」の記号で計算できません。「+」は第2章で説明したように連結するための記号ですし、他の記号はエラーになります。そのため計算する前に数値に変換します。これには「parseInt」を使います。

◆文字列

123 + 234 → '123234'

文字列のまま「+」を使うと連結してしまう

◆数値

123 + 234 → 357

parseIntで数値に変換すれば計算できる

[parseInt]で数値に変換

[parseInt]で数値に変換

条件判定と分岐

ふだん生活していると、「雨が降っていたら傘を差す」「そうでなければ差さない」というように状況に応じて行動を変えることがあります。これと同じようにプログラムでも状態によって命令を実行するかしないかを決めることができます。これを「条件判定」といいます。プログラムは書いた順に上から下に向けて命令が1つずつ実行されますが、「if」という構文を使うことで、こうした条件判定が書けます。「if」構文では「{ }」の中に条件を書きます。すると条件が成り立っているときだけ「{」と「}」の中に書いたものが実行され、成り立っていないときは「else {}」の中に書いたものが実行されるようになり、条件によってプログラムの流れを分岐できます。「else{}」は必要なければ書かなくてもかまいません。

●ふだんの生活の判定と分岐

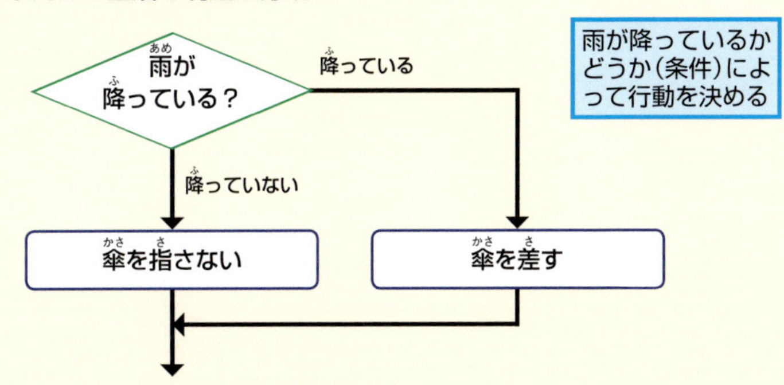

●プログラム中の条件判定と分岐

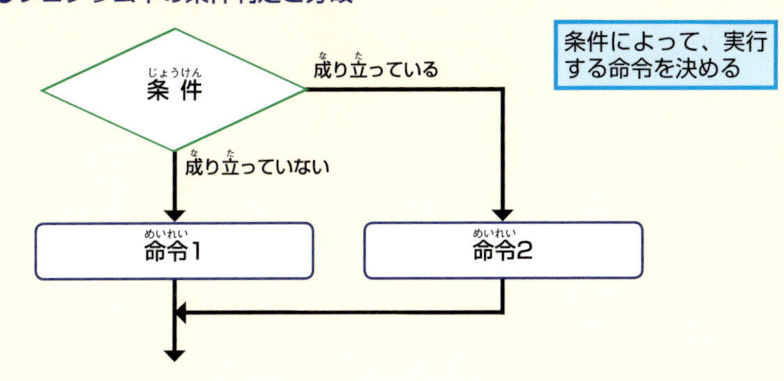

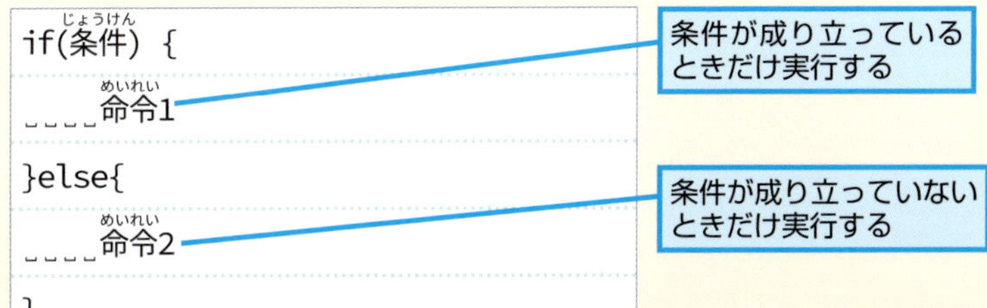

比較演算子

2つのものや状態を比較する際には「==」などの特別な記号を使います。これを比較演算子といいます。「○○が××と等しいとき」や「～が○○以上のとき」など、条件を設定する際に使うので覚えておきましょう。

●比較演算子と意味

比較演算子	意味
==	等しい
!=	等しくない
<	小さい
<=	以下
>	大きい
>=	以 上

Point

条件判定はすべての基本

条件判定はプログラムの基本要素です。さまざまなところで使われるので、しっかりと理解しましょう。この章では未入力のときのエラーメッセージの表示に使いますが、ゲームなどではキャラクター同士が当たったかどうかや、アイテム購入の際にお金が足りるかを調べたりするなど、ありとあるゆる動きの判定に使います。状況によって動きが変わる場面では、必ず条件判定の仕組みが使われています。

テーマ 計算

計算してみよう

レッスンで使う
練習用フォルダー ➡ L18

キーワード

演算子	p.247
タグ	p.248
変数	p.249
ボタン	p.249

まずは簡単な計算をしてみましょう。計算式を「alert( )」の( )の中に書けば、その計算結果がポップアップウィンドウで表示されます。複雑な計算もできるので、電卓代わりに使えます。

足し算の結果を表示する

1 プログラムのひな形を用意する HTML

6ページを参考に練習用ファイルを上書きしておく

レッスン⑩を参考に、「index.html」ファイルを開いておく

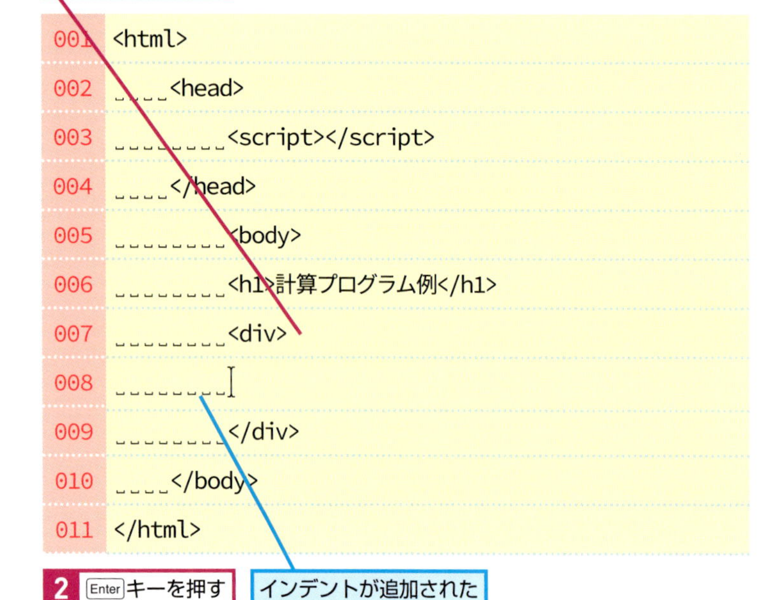

足し算してみる

手始めに、もっとも単純な計算である足し算のプログラムを作ります。このレッスンで作ったプログラムを実行すると、計算結果のみが表示されます。

2 buttonタグを記述する HTML

1 以下の内容を入力

```
<button onclick="keisan()">クリックしてね
```

```
005         <body>
006         <h1>計算プログラム例</h1>
007         <div>
008         <button onclick="keisan()">クリックしてね
</button>
009         </div>
010     </body>
011 </html>
```

対になるタグが補完された

2 Ctrlキーを押しながらSキーを押す

保存される

3 プログラムを書く JS

レッスン⓫を参考に、「program.js」という名前で新しいファイルを作成しておく

1 以下の内容を入力

```
function keisan() {
```

2 Enterキーを押す

```
001 function keisan() {
002     
003 }
```

対になる「}」が補完された

インデントが追加された

HINT! ボタンがクリックされたときに計算する

手順2では「onclick="keisan()"」と書いたボタンを用意しています。これで、ページ上のボタンがクリックされたときに「keisan」関数が実行されるようになります。以降の手順では、「keisan」関数に計算する処理をプログラミングしていきます。

ここをチェック！

008行目は折り返されていますが、改行せずに1行で入力しましょう。

次のページに続く

4 計算式を書く JS

1 以下の内容を入力

```
alert(123 + 234);
```

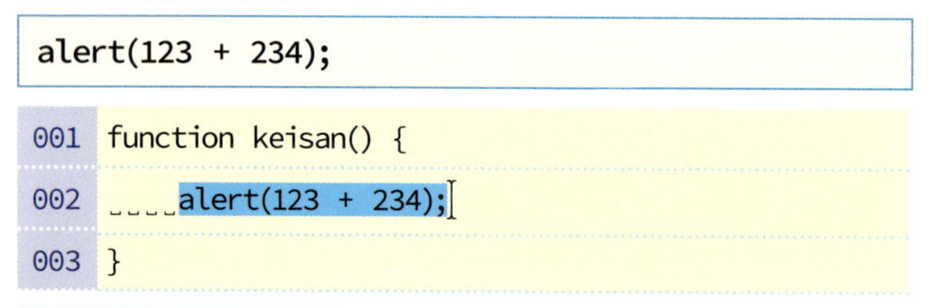

```
001 function keisan() {
002     alert(123 + 234);
003 }
```

2 Ctrlキーを押しながらSキーを押す

保存される

5 HTMLファイルを開く

レッスン❾を参考にindex.htmlをGoogle Chromeで開いておく

1 「クリックしてね」をクリック

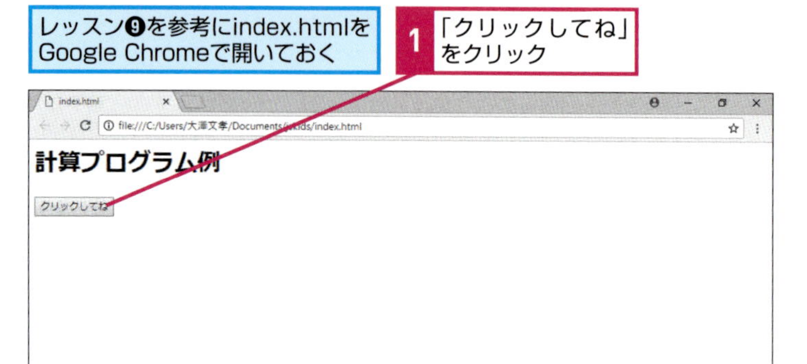

「123 + 234」の計算結果が表示された

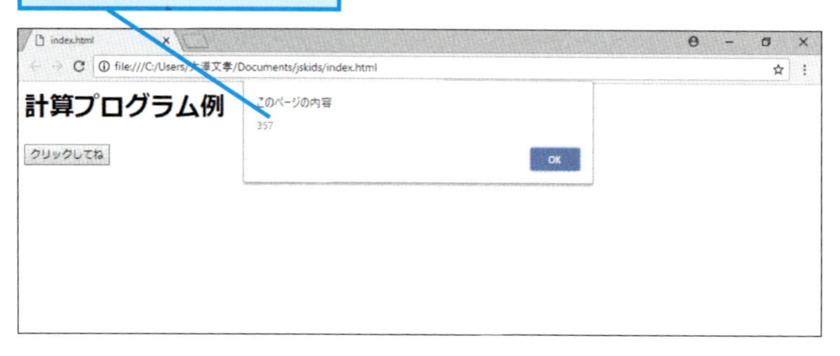

計算式を書く

ここではalertのなかに「123 + 234」を指定しています。実行すれば、その計算結果「357」がポップアップウィンドウにが表示されます。

HINT! 引き算などもためしてみよう

「123 + 234」で結果を確認したら、「234 - 123」など、他の式に変えてみて、別の計算もできることもためしてみましょう。整数だけでなく、小数での計算も可能です。

HINT! 計算順序に気をつけよう

JavaScriptでの式は、複数ある場合は前から順に計算されますが、掛け算と割り算は優先されます。計算順序は、算数と同じです。

3つ以上の数字の計算をする

1 計算式を入力する

JS

レッスン⓫を参考に、「program.js」を開いておく

ここでは「123 + 234」を「1 + 2 + 3 * 4 / 2」に変更する

1 ここをクリック

2 ここまでドラッグ

```
001 function keisan() {
002 ␣␣␣␣alert(123 + 234);
003 }
```

3 Deleteキーを押す

4 以下の内容を入力

```
1 + 2 + 3 * 4 / 2
```

```
001 function keisan() {
002 ␣␣␣␣alert(1 + 2 + 3 * 4 / 2);
003 }
```

5 Ctrlキーを押しながらSキーを押す

保存される

2 HTMLファイルを開く

レッスン❾を参考にindex.htmlをGoogle Chromeで開いておく

1 「クリックしてね」をクリック

計算プログラム例

クリックしてね

「1 + 2 + 3 * 4 / 2」の計算結果が表示された

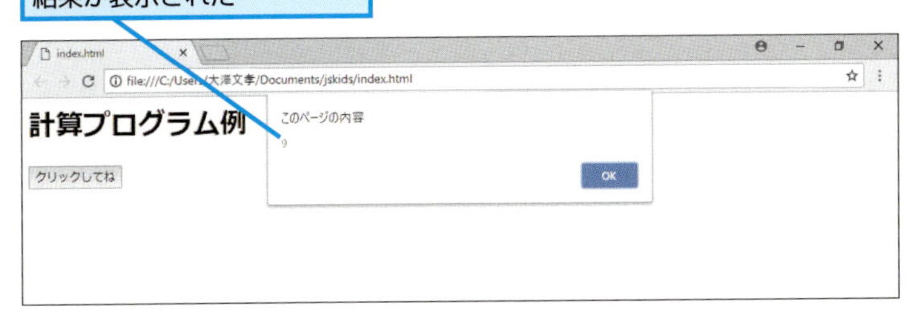

HINT! 計算の順序を変えたいときは

手順1の計算式は1+2+3×4÷2を意味しています。入力した式は、掛け算と割り算が優先されるので、先に「3 * 4 / 2」が計算されて6。つまり、「1 + 2 + 6」となり、結果は9になります。先に「1 + 2 + 3」を計算して、そのあとに「* 4 / 2」を計算したいのであれば、「(1 + 2 + 3) * 4 / 2」と入力します。この場合、「6 * 4 / 2」になるので、結果は12となります。この考え方は基本的に算数と同じです。

HINT! 演算子の前後の空白はなくてもいい

演算子の前後には、式を見やすくするための空白を入力することが多いのですが、プログラムとしては入力しなくても同じ結果となります。

Point いろんな計算をしてみよう

このレッスンでは「alert」のなかに計算式を書くことで計算する方法を説明しました。「+」「-」「*」「/」の記号を使って、さまざまな計算ができます。また「( )」を使って計算順序を変えることもできます。いろんな式を書いて、計算してみましょう。

テーマ 計算結果の表示

レッスン 19

入力した値の計算結果を表示しよう

今度はページにテキストボックスを2つ用意して、そこに入力した値を足し算した結果を表示しましょう。「parseInt」を使って、入力した値を数値に変換するのがポイントです。

レッスンで使う練習用フォルダー→L19

キーワード

演算子	p.247
タグ	p.248
変数	p.249
ボタン	p.249

2つのテキストボックスに入力した値を計算する

このレッスンでは2つのテキストボックスに入力した値を足し算し、その結果を表示します。それぞれのテキストボックスには「id="atai1"」「id="atai2"」という名前を付けます。JavaScriptのプログラムでは、それぞれ、「document.getElementById('atai1')」「document.getElementById('atai2')」として参照して「value」を使って入力した値を読み込みます。そしてその値を「+」で計算するのですが、そのままではレッスン⑯と同様に文字を連結してしまうので、「parseInt」を使って数値に変換します。

HINT!

数値に変換する

「document.getElementById('atai1').value」や「document.getElementById('atai2').value」として取得したテキストボックスの値は数値ではなく、文字として扱われます。このまま「+」に入れると文字の連結になってしまうので、「parseInt」を使って数値に変換してから計算します。

ここをチェック!

2つのテキストボックスの「id」は、それぞれ「atai1」、「atai2」とします。間違えないようにしましょう。

1 ボタンに表示するテキストを変更する HTML

レッスン⑩を参考に、「index.html」を開いておく

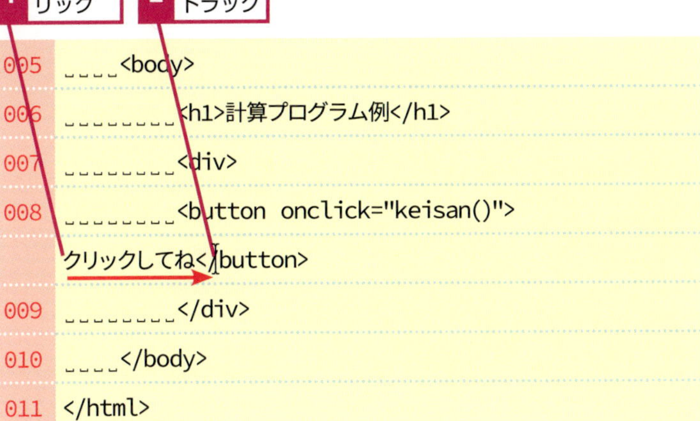

3 Deleteキーを押す

4 以下の内容を入力

足し算する

```
005 ␣␣␣␣<body>
006 ␣␣␣␣␣␣␣␣<h1>計算プログラム例</h1>
007 ␣␣␣␣␣␣␣␣<div>
008 ␣␣␣␣␣␣␣␣<button onclick="keisan()">
    足し算する</button>
009 ␣␣␣␣␣␣␣␣</div>
010 ␣␣␣␣</body>
011 </html>
```

ボタンの名前は変更しなくてもよい

この手順では、レッスン⑱まで使っていたHTMLファイルを元に、ボタンに表示される名前を「クリックしてね」から「足し算する」に変更しています。見栄えの違いだけなので、気にならないなら修正しなくてもかまいません。

次のページに続く

2 1つ目の値を入力する欄を記述する HTML

1 ここをクリック

2 Enterキーを押す

```
005     <body>
006         <h1>計算プログラム例</h1>
007         <div>
008         
009         <button onclick="keisan()">
        足し算する</button>
010         </div>
011     </body>
012 </html>
```

インデント付きの行が追加された

3 以下の内容を入力

```
1つ目の値<input type="text" id="atai1"><br>
```

```
005     body>
006         <h1>計算プログラム例</h1>
007         <div>
008         1つ目の値<input type="text"
        id="atai1"><br>
009         <button onclick="keisan()">
        足し算する</button>
010         </div>
011     </body>
012 </html>
```

4 Enterキーを押す

「keisan」関数の内容を変更する

前のレッスンでは、式の計算を表示するプログラムだったので、この部分を、2つのテキストボックスに入力された値を足し算するプログラムに変えていきます。

HINT!

1つ目のテキストボックスの名前は？

1つ目のテキストボックスには、「id="atari1"」という名前を付けます。008行目は折り返していますが、入力するときは改行せず、1行で入力してください。

手順2では、008行目と009行目が改行されているが、実際は改行されていない

```
(T) ヘルプ(H)
program.js   index.html ×
1  <html>
2      <head>
3          <script src="program.js"></script>
4      </head
5      <body>
6          <h1>計算プログラム例</h1>
7          <div>
8              1つ目の値<input type="text" id="text01"><br>
9              2つ目の値<input type="text" id="text02"><br>
10             <button onclick="keisan ()">足し算する</button>
11         </div>
12     </body>
13 </html>
14
```

第4章 計算と変数、条件判定の使い方を知ろう

3 2つ目の値を入力する欄を記述する HTML

インデント付きの行が追加された

1 以下の内容を入力

```
2つ目の値<input type="text" id="atai2"><br>
```

```
005 ␣␣␣␣<body>
006 ␣␣␣␣␣␣␣␣<h1>計算プログラム例</h1>
007 ␣␣␣␣␣␣␣␣<div>
008 ␣␣␣␣␣␣␣␣1つ目の値<input type="text"
    id="atai1"><br>
009 ␣␣␣␣␣␣␣␣2つ目の値<input type="text"
    id="atai2"><br>
010 ␣␣␣␣␣␣␣␣<button onclick="keisan()">
    足し算する</button>
011 ␣␣␣␣␣␣␣␣</div>
012 ␣␣␣␣</body>
013 </html>
```

2 Ctrlキーを押しながらSキーを押す

保存される

4 行の内容を削除する JS

レッスン⓫を参考に、「program.js」を開いておく

1 ここをクリック

2 ここまでドラッグ

```
001 function keisan() {
002 ␣␣␣␣alert(1 + 2 + 3 * 4 / 2);
003 }
```

3 Deleteキーを押す

2つ目のテキストボックスは？

2つ目のテキストボックスには、「id="atai2"」という名前を付けます。009行目も同様に、改行せずに1行で入力してください。

「
タグ」って何？

「br」は、改行するためのタグです。2つのテキストボックスを横並びにするのではなくて改行して縦に並べて表示したいので「br」を使っています。

タグによって改行されて表示されている

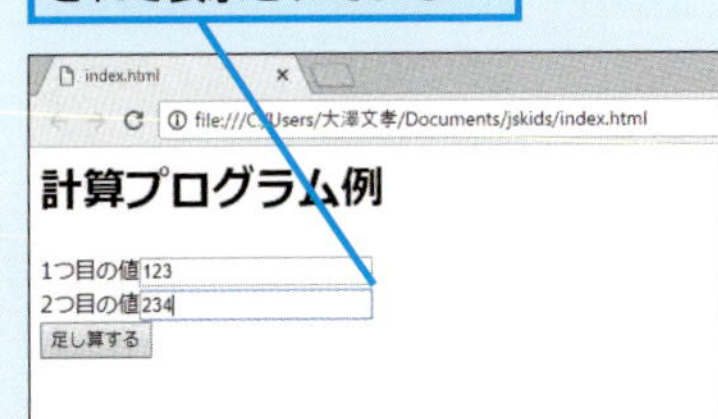

次のページに続く

5 入力された値を変数に代入する JS

1 以下の内容を入力

```
text01 = document.getElementById('atai1');
```

```
001 function keisan() {
002 ␣␣␣␣text01 = document.getElementById('atai1');
003 }
```

2 Enterキーを押す

インデント付きの行が追加された

3 以下の内容を入力

```
text02 = document.getElementById('atai2');
```

```
001 function keisan() {
002 ␣␣␣␣text01 = document.getElementById('atai1');
003 ␣␣␣␣text02 = document.getElementById('atai2');
004 }
```

4 Enterキーを2回押す

```
001 function keisan() {
002 ␣␣␣␣text01 = document.getElementById('atai1');
003 ␣␣␣␣text02 = document.getElementById('atai2');
004 ␣␣␣␣
005 ␣␣␣␣
006 }
```

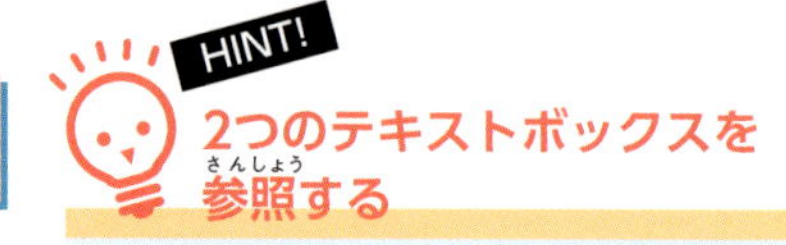

2つのテキストボックスを参照する

「document.getElementById」を使って、配置した2つのテキストボックスを参照し、そこに入力された文字をそれぞれ「text01」「text02」という変数に保存しています。

ここをチェック！

「document.getElementById」で指定する「'atai1'」や「'atai2'」の入力を間違えないようにしましょう。「'」と「a」の間などに空白を入れないようにしてください。

第4章 計算と変数、条件判定の使い方を知ろう

6 変数を整数に変換する JS

1 以下の内容を入力

```
x = parseInt(text01.value);
```

```
001 function keisan() {
002     text01 = document.getElementById('atai1');
003     text02 = document.getElementById('atai2');
004     
005     x = parseInt(text01.value);
006 }
```

2 Enterキーを押す

3 以下の内容を入力

```
y = parseInt(text02.value);
```

```
001 function keisan() {
002     text01 = document.getElementById('atai1');
003     text02 = document.getElementById('atai2');
004     
005     x = parseInt(text01.value);
006     y = parseInt(text02.value);
007 }
```

4 Enterキーを2回押す

```
001 function keisan() {
002     text01 = document.getElementById('atai1');
003     text02 = document.getElementById('atai2');
004     
005     x = parseInt(text01.value);
006     y = parseInt(text02.value);
007     
008     
009 }
```

HINT! 3つの変数を使って計算する

計算には「x」、「y」、「z」の3つの変数を使っています。「x」には1つ目のテキストボックス「(id="atai1")」に入力された内容を数値に変換したもの、「y」には2つ目のテキストボックス「(id="atai2")」に入力された内容を数値に変換したものを、それぞれ設定します。x、y、zというアルファベットを使っていますが、中学校で教わる「方程式」とは関係がありませんので、好きな3種類のアルファベットを使っても構いません。

HINT! 整数に変換して計算する

「parseInt」を使って整数に変換することで、テキストボックスに入力した数字を足し算できるようになります。ちなみに「value」とは「値」を意味する英単語です。

ここをチェック！

「.value」は空白を入れずに「text01.value」「text02.value」と入力してください。

次のページに続く

7 変数を整数に変換する JS

1 以下の内容を入力

```
z = x + y;
```

```
001 function keisan() {
002     text01 = document.getElementById('atai1');
003     text02 = document.getElementById('atai2');
004     
005     x = parseInt(text01.value);
006     y = parseInt(text02.value);
007     
008     z = x + y;
009 }
```

2 Enterキーを押す

3 以下の内容を入力

```
alert(z);
```

```
001 function keisan() {
002     text01 = document.getElementById('atai1');
003     text02 = document.getElementById('atai2');
004     
005     x = parseInt(text01.value);
006     y = parseInt(text02.value);
007     
008     z = x + y;
009     alert(z);
010 }
```

4 Ctrlキーを押しながらSキーを押す

保存される

HINT! 「x」と「y」を足した結果を「z」にする

手順7では「z = x + y ;」という命令を入力して、「x」と「y」を足し算した結果を「z」に設定します。「alert」を使って、この「z」を表示することで、足し算した結果を表示します。

HINT! テキストボックスが未入力だったときは

プログラムを実行したときテキストボックスのどちらか、または両方とも未入力であると、その計算結果は「NaN」と表示されます。「NaN」とは「Not a Number」の省略語で、「数ではない」という意味の特別な値です。

HINT! 引き算などもできる

手順7では足し算するため「+」の記号で2つの値を足しています。ここを「-」にかえれば引き算に、「*」にかえればかけ算に、「/」にかえればかけ算に、それぞれ変更することもできます。

HINT! 数字以外を入力したときは

数字以外の文字を入力したときも、「parseInt」が数値に変換できないため、同じように「NaN」という表記になります。

8 HTMLファイルを実行する

レッスン❻を参考にindex.htmlをGoogle Chromeで開いておく

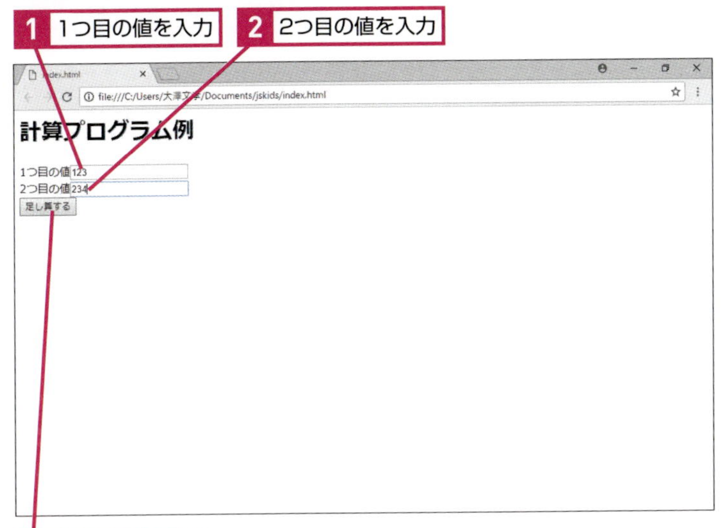

入力した2つの値の計算結果が表示された

HINT! 小数の計算ができるようにするには

「parseInt」を使うと整数に変換するので、小数以下が含まれません。小数を含む計算をしたいときは、「parseInt」の代わりに「parseFloat」を使ってください。

ここをチェック！

テキストボックスに入力する数値は半角文字で入力してください。全角文字で入力した場合は、数字であっても文字と認識されてNaNと表示されます。

Point 数値に変換するには「parseInt」を使おう

テキストボックスに入力された値は文字列です。足し算などの計算をしたいときは、「parseInt」を使ってその文字列を数値に変換してから計算しなければなりません。なお「parseInt」で変換できるのは数値だけです。記号は変換できません。たとえばテキストボックスに「8 + 2」のような記号を含む式を入力すると、結果は「NaN」となってしまうので注意してください。

レッスン 20

テーマ エラーメッセージの表示

未入力だったときにエラーを表示するには

レッスンで使う練習用フォルダー→L20

キーワード

インデント	p.246
演算子	p.247
条件分岐	p.248
タグ	p.248
変数	p.249

テキストボックスが未入力のときに、「未入力です」というメッセージを表示してみましょう。テキストボックスは2つあるので、この処理はそれぞれに書きます。

条件を判定する仕組み

このレッスンでは2つのテキストボックスが未入力であるかどうかを判定し、1つ目が未入力のときは「1つ目の数値が入力されていません」、2つ目が未入力のときは「2つ目の数値が入力されていません」というメッセージを表示します。どちらかが未入力のときは足し算をしても意味がないのでそのまま関数を終了するようにします。入力されたかどうかは「''」と比較します。「''」は「'」と「'」の間に（空白でさえも）何も書かずに並べたもので、「空文字」と言います。何も入力されていないときは、これと合致します。合致するかどうかは「=」を2つ並べて「==」という記号で調べます。

HINT!

等しくないかどうかを調べるには

等しいかどうかを調べるには「==」を使いますが、等しくないかどうかを調べるには「!=」という記号を使います。79ページの表を確認しておきましょう。

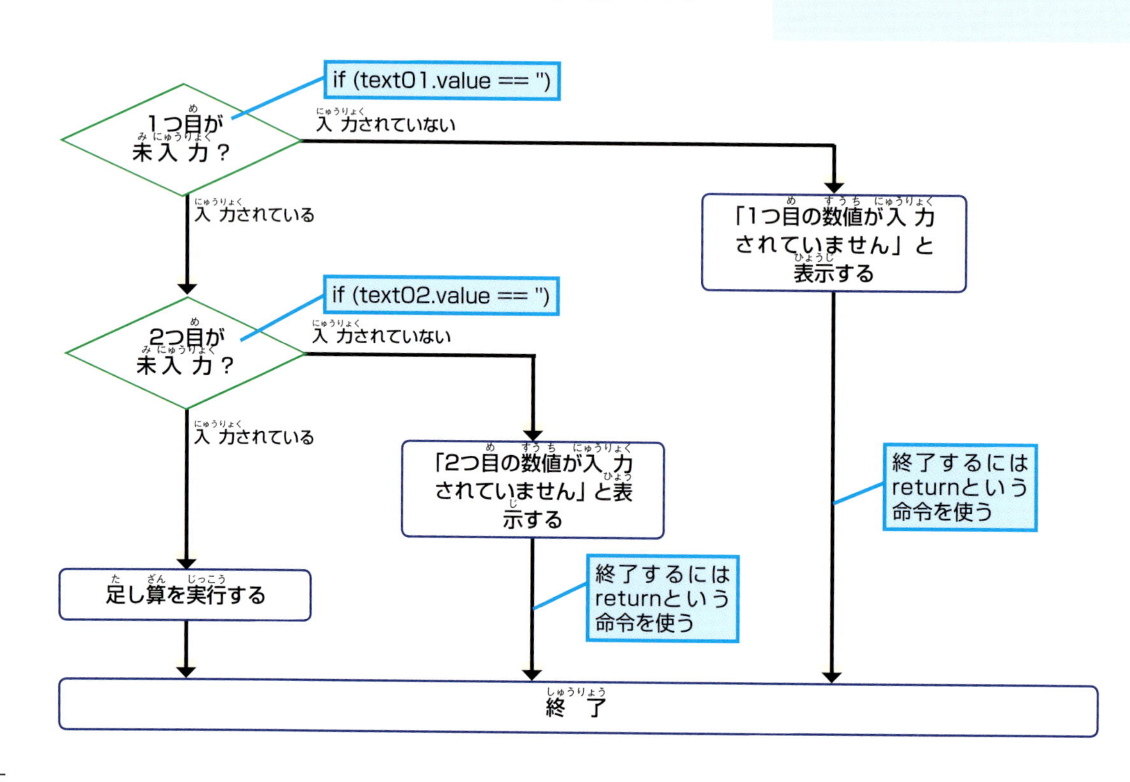

未入力だったときのエラーを表示する

1 1つ目のテキストボックスが空かを調べる条件を入力する JS

レッスン⓫を参考に、「program.js」を開いておく

1 ここをクリック　2 Enterキーを押す

```
001 function keisan() {
002 ␣␣␣␣text01 = document.getElementById('atai1');
003 ␣␣␣␣text02 = document.getElementById('atai2');
004 ␣␣␣␣
005 ␣␣␣␣x = parseInt(text01.value);
006 ␣␣␣␣y = parseInt(text02.value);
007 ␣␣␣␣
008 ␣␣␣␣z = x + y;
009 ␣␣␣␣alert(z);
010 }
```

インデント付きの行が追加された

3 以下の内容を入力

```
if (text01.value == '') {
```

```
001 function keisan() {
002 ␣␣␣␣text01 = document.getElementById('atai1');
003 ␣␣␣␣text02 = document.getElementById('atai2');
004 ␣␣␣␣
005 ␣␣␣␣x = parseInt(text01.value);
006 ␣␣␣␣y = parseInt(text02.value);
007 ␣␣␣␣
008 ␣␣␣␣if (text01.value == '') {}
009 ␣␣␣␣z = x + y;
010 ␣␣␣␣alert(z);
011 }
```

「}」が補完された

4 Enterキーを押す

HINT! ''（空文字）と比較する

「text01.value==''」という条件は、「text01」が参照しているテキストボックスの値が空欄であるかどうかを示す条件です。

HINT! 条件の前後の空白はなくてもいい

「text01.value == ''」のように「==」の前後には見やすくするために空白を入れることが多いですが、入れなくても動きます。

ここをチェック！

操作3の「''」は「'」（シングルクォーテーション）を2文字続けて書きます。「"」（ダブルクォーテーション）の1文字ではないので間違えないようにしましょう。「'」と「'」の間には空白を入れず、詰めて書きます。もし空白を入れてしまうと、「入力された文字が空白である」という別の意味になってしまいます。

次のページに続く

2 未入力のときにメッセージ表示する JS

1 以下の内容を入力

```
alert('1つ目の数値が入力されていません');
```

```
005     x = parseInt(text01.value);
006     y = parseInt(text02.value);
007     
008     if (text01.value == '') {
009         alert('1つ目の数値が入力されていません');
010     }
011     z = x + y;
012     alert(z);
013 }
```

2 ここをクリック

3 以下の内容を入力

```
return;
```

```
005     x = parseInt(text01.value);
006     y = parseInt(text02.value);
007     
008     if (text01.value == '') {
009         alert('1つ目の数値が入力されていません');
010     return;}
011     z = x + y;
012     alert(z);
013 }
```

4 Enter キーを押す

インデント付きの行が追加される

HINT! 「alert」でエラーを表示する

if( )で設定した条件が成り立つときはif直後の「{」と「}」の中身が実行されます。ここでは「何も入力されていない」という条件が成り立ったときに「alert」を使ってエラーメッセージを表示するようにしています。

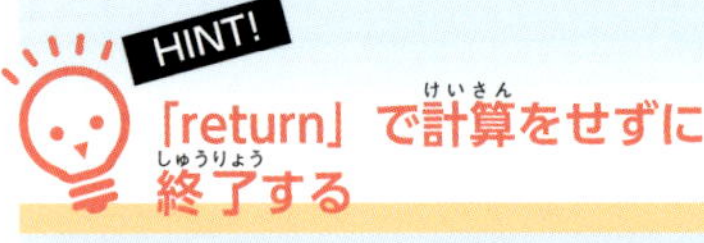

HINT! 「return」で計算をせずに終了する

「return」は、そこで関数の処理を終わらせる命令です。これより後ろに記述したプログラムは実行されません。この例では、「alert」でエラーメッセージを表示したあと、「return」で実際の計算をせずに終了します。

3 2つ目の条件式とエラーメッセージを記述する JS

手順1 ～ 2を参考に2つ目の数値が入力されていないときに表示するエラーを記述する

1 以下の内容を入力

```
if (text02.value == '') {
........alert('2つ目の数値が入力されていません');
........return;
```

```
011 ␣␣␣␣}
012 ␣␣␣␣if (text02.value == '') {
013 ␣␣␣␣␣␣␣␣alert('2つ目の数値が入力されていません');
014 ␣␣␣␣␣␣␣␣return;
015 ␣␣␣␣}
016 ␣␣␣␣z = x + y;
017 ␣␣␣␣alert(z);
018 }
```

Enterキーを押して改行しておく

「}」は自動的に補完される

2 Ctrlキーを押しながらSキーを押す

保存される

4 HTMLファイルを開く

レッスン❾を参考にindex.htmlをGoogle Chromeで開いておく

「2つ目の値」にだけ値を入力する

1 ここに値を入力

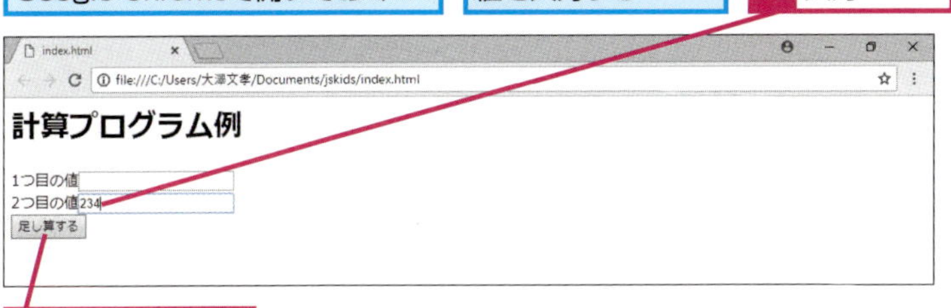

2 「足し算する」をクリック

「1つ目の数値が入力されていません」と表示された

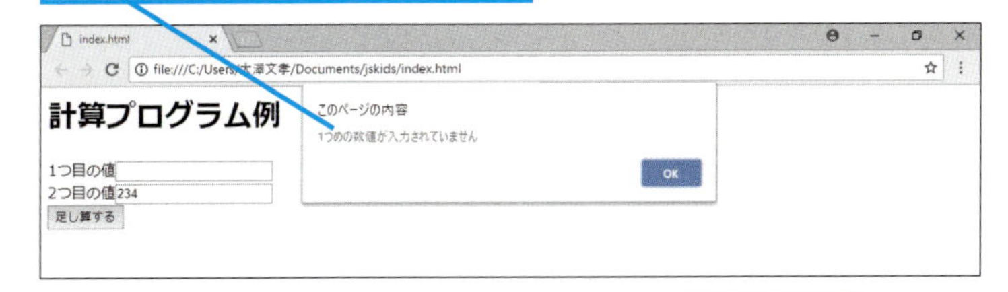

同様に「1つ目の値」にだけ値を入力して「足し算する」をクリックすると、「2つ目の数値が入力されていません」と表示される

HINT! 2つ目のテキストボックスも同じ

2つ目のテキストボックスも同じように未入力かどうかをチェックします。「text01」となっている部分が「text02」になるだけで、「''」（空文字）と比較するなどのやり方は1つ目のテキストボックスと同じです。

HINT! 数値以外を入力したときは

ここで指定している条件は「空欄かどうか」を判定しているだけです。数値以外の文字を入力したときは正しくはありませんが、ifで指定している「==''」という条件は成り立たないため、「数値が入力されていません」というメッセージは表示されません。もし数値以外が入力されたときにもエラーメッセージを表示したい場合は、「NaN」と比較するための構文である「isNaN」を使い、「if (text01.value == '')」の代わりに「if (isNan(x))」と記述します。

Point 未入力かどうかをチェックしよう

入力欄を空欄のままにするのは、よくあることです。そのような場合に備えて、このレッスンで紹介したように、値が入力されているかどうかを「if」で調べるようにしましょう。正しくないときは、エラーメッセージを表示するのはもちろんですが、それ以上、処理を進めないようにすることも大事です。エラーがあるときに計算などを進めると、予想外の結果を起こす可能性があり、危険だからです。

テーマ 色の変更

計算結果で文字の色を変更するには

条件判定の応用として、計算結果の大小によって、文字の色を赤や緑に変えるプログラムを作ってみましょう。文字色はstyle.colorで設定できます。

レッスンで使う練習用フォルダー → L21

キーワード

演算子	p.247
条件分岐	p.248
タグ	p.248
変数	p.249
補完機能	p.249

色を変える仕組み

足し算の結果が100を超えたときは赤い文字で、そうでなければ緑の文字で答えを表示するプログラムを作ります。値が100を超えたかどうかは「if」の条件で判定します。色付きで表示するには、HTMLに、あらかじめ答えを表示する場所を用意しておき、idで名前を付けます。ここでは<span id="kekka"></span>という場所を用意しておきます。レッスン⑮で説明したように、この場所はgetElementById('kekka')で取得でき、innerHTMLに計算結果を設定すれば、それが表示されます。色を変えるには、このタグの「style.color」を変更します。

「span」って何？

「span」は行内の文字を示すタグです。「div」と似ていますが高さが1行分しかありません。行内の一部の文字の色を変えたり太文字にしたりしたいときなどに、よく使われます。

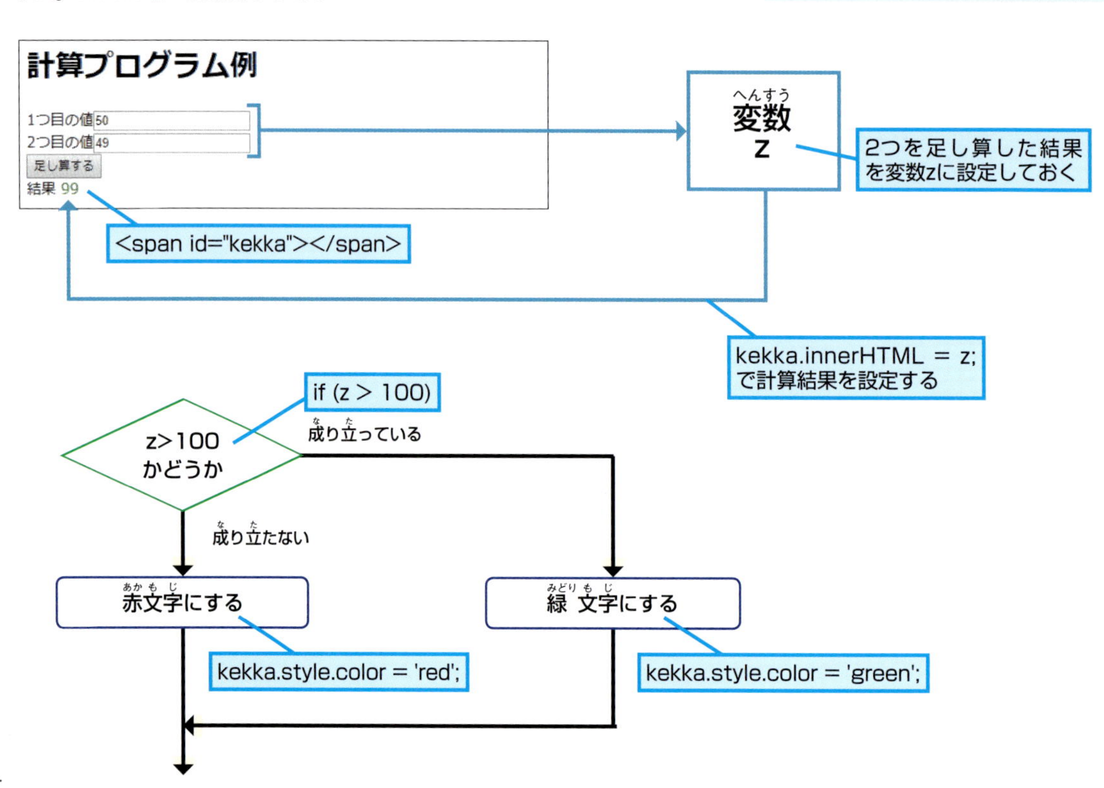

100を超えるかどうかで文字の色を変更する

1 表示場所を用意する HTML

レッスン⑩を参考に、「index.html」を開いておく

010行の末尾にマウスカーソルを移動しておく

1 Enterキーを押す

空白行が追加される

2 以下の内容を入力

```
<br>
```

```
009         2つ目の値<input type="text"
            id="atai2"><br>
010         <button onclick="keisan()">足し算する
            </button>
011         <br>
012         </div>
013     </body>
014 </html>
```

3 Enterキーを押す

インデント付きの行が追加される

4 以下の内容を入力

```
<span id="kekka"></span>
```

```
009         2つ目の値<input type="text"
            id="atai2"><br>
010         <button onclick="keisan()">足し算する
            </button>
011         <br>
012         <span id="kekka"></span>
013         </div>
014     </body>
015 </html>
```

5 Ctrlキーを押しながらSキーを押す

保存される

HINT! 「span」で結果を表示するための場所を用意する

計算結果を差し込む場所として<span id="kekka"></span>をHTMLファイルに記述しています。ここでは「body」の後ろに入力していますが、どこに入力してもかまいません。入れた場所に計算結果が表示されます。

HINT! 「div」と「span」の違いについて知ろう

ここでは結果を表示するための場所を「span」として用意しましたが「div」でもかまいません。ただし、「div」として用意した場合は、その前後で改行されるという違いがあります。

「div」を使うと改行が入る

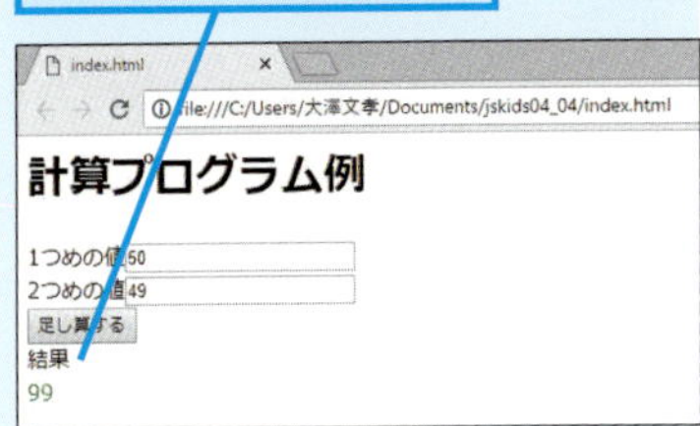

次のページに続く

2 表示先の要素を取得する JS

レッスン⓫を参考に、「program.js」を開いておく

1 ここをクリック　2 ここまでドラッグ　3 Deleteキーを押す

```
008     if (text01.value == '') {
009         alert('1つ目の数値が入力されていません');}
010         return;
011     }
012     if (text02.value == '') {
013         alert('2つ目の数値が入力されていません');
014         return;
015     }
016     z = x + y;
017     alert(z);
018 }
```

4 以下の内容を入力

```
kekka =  document.getElementById('kekka');
```

```
008     if (text01.value == '') {
009         alert('1つ目の数値が入力されていません');}
010         return;
011     }
012     if (text02.value == '') {
013         alert('2つ目の数値が入力されていません');
014         return;
015     }
016     z = x + y;
017     kekka =  document.getElementById('kekka');
018 }
```

5 Enterキーを押す

インデント付きの行が追加される

HINT!

結果を「alert」ではなく画面のなかに表示する

前のレッスンまでは「alert」を使って計算結果を表示してきましたが、手順1で用意した「span」に表示するように修正します。「alert」を使った表示では、文字に色を付けることができないからです。

HINT!

「kekka」変数を新しく作る

足し算の結果を「kekka」変数に入れるため、「document.getElementById」を使って変数を設定します。「kekka」変数の内容は次の手順で設定します。

第4章 計算と変数、条件判定の使い方を知ろう

3 計算結果をページ内に表示する JS

1 以下の内容を入力

```
kekka.innerHTML = z;
```

```
012     if (text02.value == '') {
013         alert('2つ目の数値が入力されていません');
014         return;
015     }
016     z = x + y;
017     kekka =  document.getElementById('kekka');
018     kekka.innerHTML = z;
019 }
```

HINT! 足し算の結果をページの中に表示する

手順2で設定した「kekka」変数の内容を、足し算の結果に設定します。「innerHTML」を使うことで、計算結果がページの中に表示されるようにします。

4 「100を超える」という条件を記述する JS

018行の末尾にマウスカーソルを移動しておく

1 Enter キーを2回押す

2 以下の内容を入力

```
if (z > 100) {
```

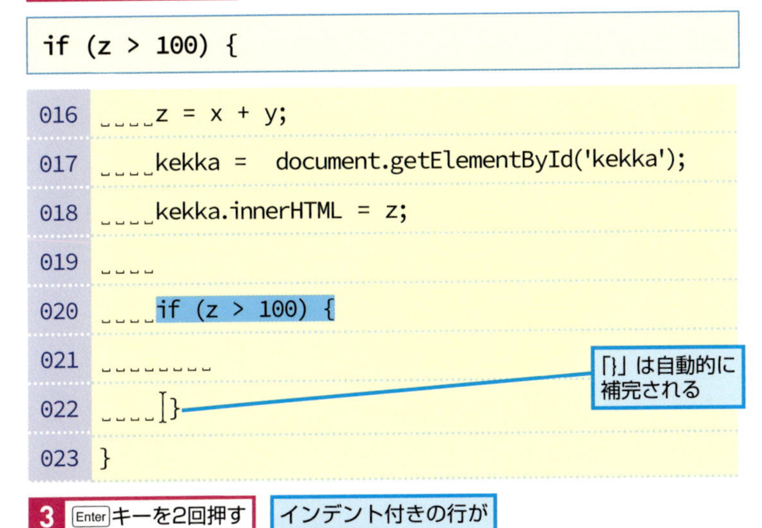

```
016     z = x + y;
017     kekka =  document.getElementById('kekka');
018     kekka.innerHTML = z;
019     
020     if (z > 100) {
021         
022     }
023 }
```


3 Enter キーを2回押す

インデント付きの行が追加される

HINT! 計算結果の比較

ここでは足し算した結果が変数「z」に格納されているので、この「z」が100を超えるかどうかを判定します。

HINT! 超えるかどうかの判断

超えるかどうかを調べるには大小を比較するときに使う「>」という比較演算子を使います。83ページを参照してください。

次のページに続く

5 赤い文字で表示する JS

021行の末尾にマウスカーソルを移動しておく

1 以下の内容を入力

```
kekka.style.color = 'red';
```

```
016     z = x + y;
017     kekka =  document.getElementById('kekka');
018     kekka.innerHTML = z;
019     
020     if (z > 100) {
021         kekka.style.color = 'red';
022     }
023 }
```

6 「そうでなければ」という条件を記述する JS

022行の末尾にマウスカーソルを移動しておく

1 以下の内容を入力

```
else {
```

```
016     z = x + y;
017     kekka =  document.getElementById('kekka');
018     kekka.innerHTML = z;
019     
020     if (z > 100) {
021         kekka.style.color = 'red';
022     }else {
023         
024     }
025 }
```

「}」は自動的に補完される

2 Enterキーを押す

インデント付きの行が追加される

色を赤や緑にする

文字の色は、「style.color」で指定します。redにすれば赤、greenにすれば緑となります。

「red」を指定すると、文字が赤色で表示される

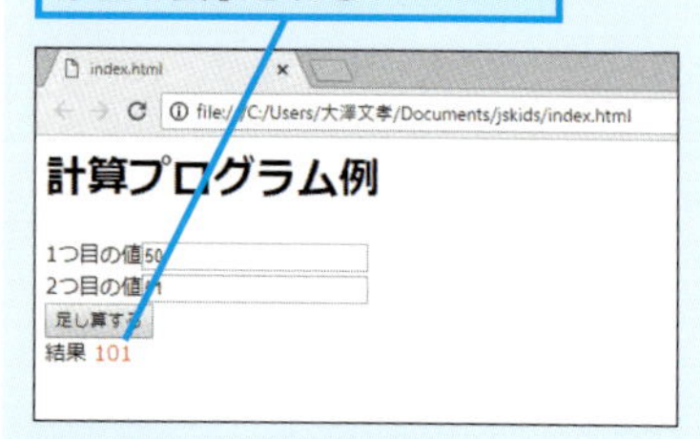

「green」を指定すると、文字が緑色で表示される

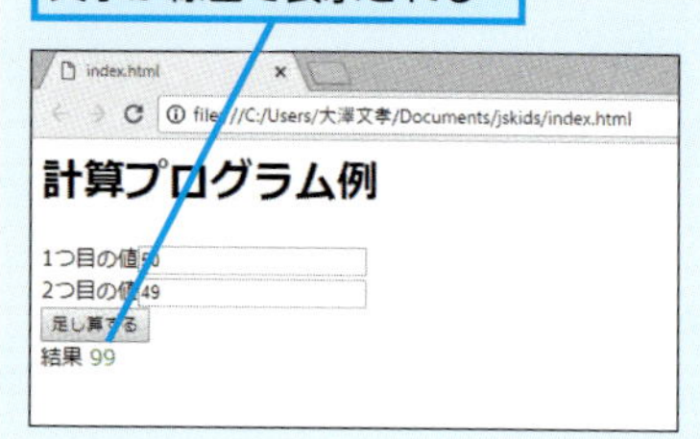

好きな色を指定する

redやgreen以外にも、blue（青）やyellow（黄色）などを指定できます。好きな色を指定したいときは「'#112233'」のように指定することもできます。これは先頭から2文字ずつ、青、緑、赤の濃さを指定するものです。濃さは「00」～「FF」で指定し、「00」が最もその色が薄くなります。たとえば黒は「#000000」、白は「#FFFFFF」です。

7 文字の色を緑に指定する JS

023行の末尾にマウスカーソルを移動しておく

1 以下の内容を入力

```
kekka.style.color = 'green';
```

```
016 ␣␣␣␣z = x + y;
017 ␣␣␣␣kekka =  document.getElementById('kekka');
018 ␣␣␣␣kekka.innerHTML = z;
019 ␣␣␣␣
020 ␣␣␣␣if (z > 100) {
021 ␣␣␣␣␣␣␣␣kekka.style.color = 'red';
022 ␣␣␣␣}else {
023 ␣␣␣␣␣␣␣␣kekka.style.color = 'green';
024 ␣␣␣␣}
025 }
```

2 Ctrl キーを押しながら S キーを押す

保存される

8 HTMLファイルを開く

レッスン❼を参考にindex.htmlをGoogle Chromeで開いておく

計算結果が100未満になるように値を入力する

1 「50」と入力

2 「49」と入力

3 「足し算する」をクリック

文字が緑色で表示された

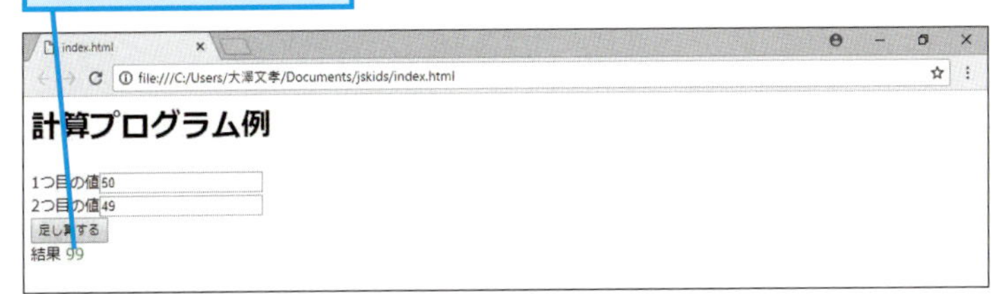

同様に計算結果が100を超える数値を入力して「足し算する」をクリックすると、文字が赤で表示される

HINT!

「else」って何？

「else {}」の部分は、条件が成り立たなかったときに実行されます。ここでは条件に「z > 100」を指定しているので、それが成り立たないということは「z」が100以下のときです。このときには「style.color」に「'green'」を設定して文字を緑色にします。

ここをチェック！

「style.color」には「red」や「green」などの色を設定します。色は大文字・小文字の区別はなく「RED」や「GREEN」と書いても同じですが、混ぜるとわかりにくいので、この本では小文字で統一します。

Point

「else」も使って判定する

条件が成り立つときと成り立たないときの両方のプログラムを書きたいときは、「else」を使って記述します。そうすれば成り立っているときはifの直後の「{}」の中身、そうでなければ「else {}」の中身が、それぞれ実行されるようになります。

この章のまとめ

条件判定しよう

プログラムは上から下に向かって1行ずつ実行されますが、ほとんどの場合、それだけでは十分ではありません。この章で学んできたように、「if」構文を使って条件を判定し、その条件に応じてプログラムの流れを分岐し、実行する命令を変える操作は必須です。この機能を使わないと、条件に応じて結果を変えるプログラムは作れません。

条件判定は、さまざまなところで使われます。ここではテキストボックスへの入力や計算結果を条件にしましたが、それ以外にも、「今日が月末のときだけ実行する」というように日時で処理するかどうかを決めたり、「マウスが右の方向に動いていたら、ゲームのキャラクターを右に動かす」というようにユーザーの操作で処理するかどうかを決めたりできます。また、「天気予報をインターネットで検索して雨のときは自動的にメールを出す」というような、インターネットの検索結果も条件にできるなど、使われるところはたくさんあります。ここでしっかりとその書き方や意味を理解しておきましょう。

条件判定の書き方を覚える

「if{ }～else{ }」の構文を使うと、条件判定が簡単に作れる。条件が成り立ったときは「{}」が、成り立たなかったときは「else{}」が実行される。

```
20        if (z > 100) {
21            kekka.style.color = 'red';
22        }else{
23            kekka.style.color = 'green';
24        }
25    }
```

第5章

繰り返し操作の基本を知ろう

プログラムでは同じ命令を何度でも繰り返し実行できます。この章で学ぶ繰り返しと、前の章で学んだ条件判定を組み合わせることで、複雑な処理を短いプログラムで実現できます。

この章の内容

㉒ 同じメッセージを3回表示してみよう ……………110
㉓ 1から100まで順番に足してみよう ……………114
㉔ 入力された文字の桁数を求めよう ……………118

プログラムならたくさん
計算してもへっちゃらだもん！

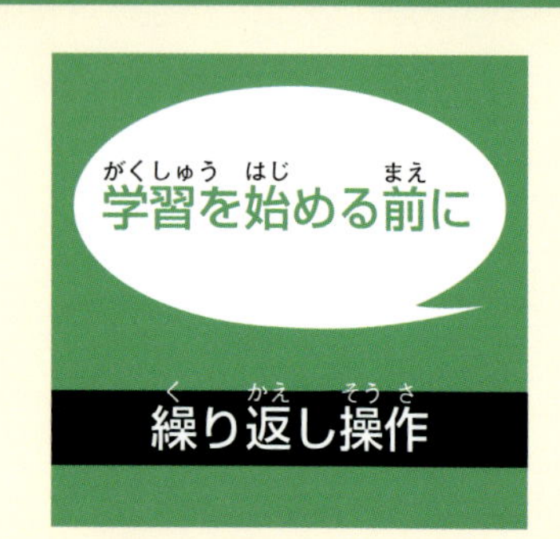

繰り返しの基本

この章では繰り返しの基本を紹介します。繰り返しには（1）条件が成り立っている間繰り返す、（2）指定した回数だけ繰り返す、という2通りの方法があります。ループと呼ばれることもあります。

条件が成り立っている間、繰り返す

何度も同じ命令を実行したいとき、数個なら命令をコピー＆ペーストできますが、100回、1000回も同じ命令を実行するとなると大変です。そうしたときに、もっと簡単にプログラミングするやり方があります。それが繰り返しです。繰り返し操作は、条件判定と分岐で記述できます。例えば「alert('こんにちは');」を3回実行するプログラムは、次のように書けます。

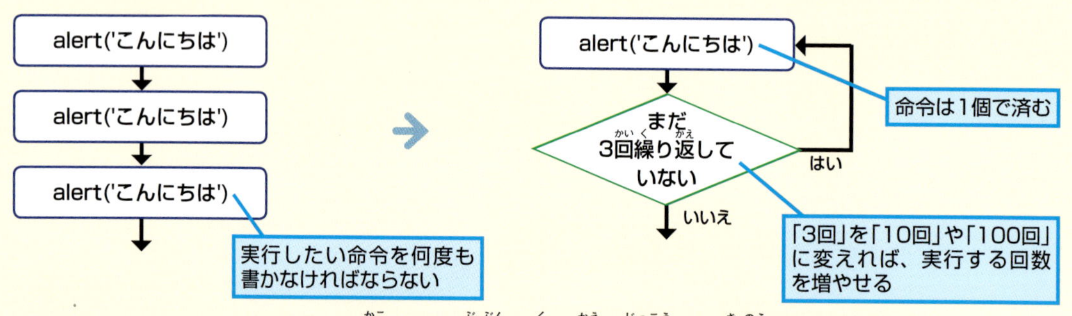

JavaScriptには、「{」と「}」で囲まれた部分を繰り返し実行する機能があります。その構文はいくつかありますが、単純に書けるのが「do ～ while」という構文です。「while」の後ろに繰り返す条件を書き、この条件が成り立っている間、操作が繰り返されます。「3回繰り返す」とは命令できないので、「繰り返された数を数えて、その数が3を超えないとき」という指定をします。図では変数としてiを使っています。これは回数を数えるときによく使われる変数の名前です。

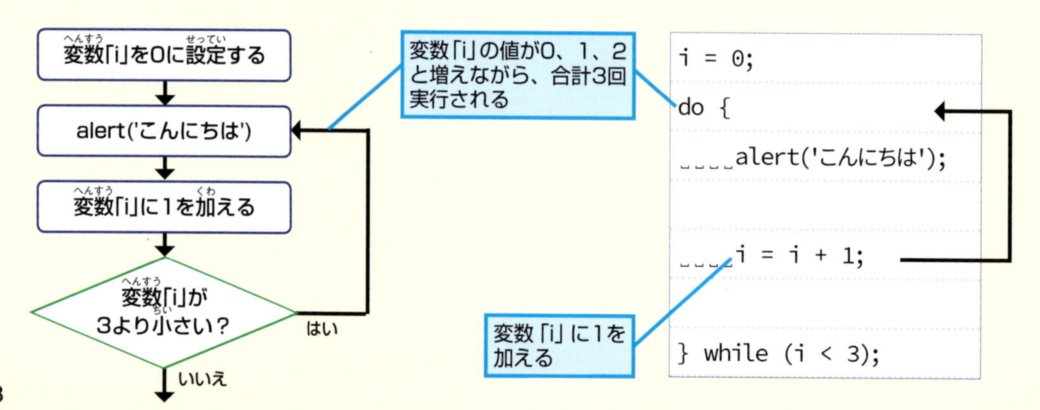

変数に1を加える

変数「i」に「1」を加えるときは、「i = i + 1;」のように書きます。これは図のように、「i」の値を1回取り出して、それに1を足して、その値を戻すという意味です。変数に1を足す操作はよく使われるので、「i++;」という短い書き方もあります。「++」は、「+」と「+」の間に空白を入れず、続けて書きます。

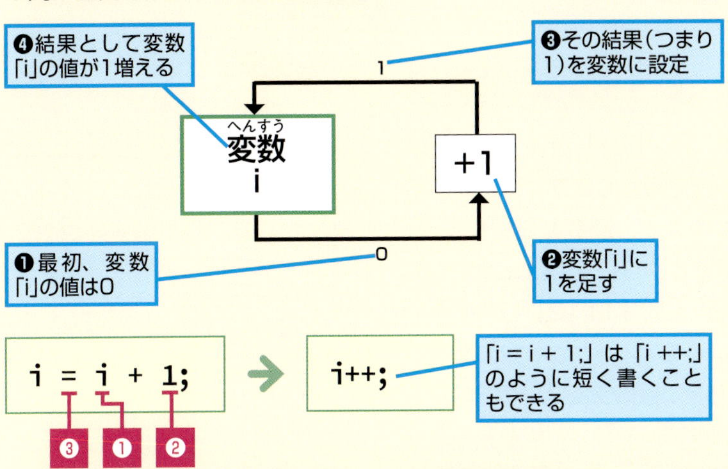

指定した回数だけ繰り返すfor

指定した回数だけ繰り返す操作は、もっと書きやすい「for」を使った構文があります。下図のように書くとiの値が0から2まで繰り返し実行されます。forは、3つの項目を「;」で区切ったもので、先頭から「最初に設定する値」「最後の値」「変数を足すか減らすか」を指定して、最初の値が最後の値になるまで繰り返せます。

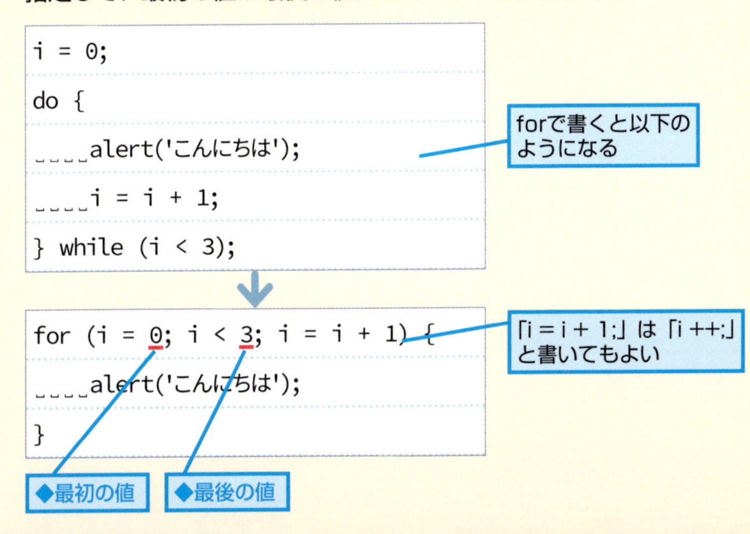

変数から1を引く

変数から1を引く操作も、よく実行されます。これは「i = i - 1;」と書きますが、「i--;」という短い書き方もできます。

for構文の高度な使い方

for構文の「;」で区切られた部分には、変数の値を増やしたり、繰り返し回数を比較したりする以外の条件を指定することもできます。そうした書き方をすると、単純に、何回繰り返すという以外の動作にもできます。しかしそうした書き方をすることはあまりなく、ほとんどはここで説明したように、変数の値を増やしながら指定した回数だけ繰り返す使い方が多いです。

Point

繰り返し操作を使ってプログラムを短くしよう

コンピューターは単純な繰り返しが得意です。同じことを100回やるときに、100個命令を書かなくても、100回繰り返すという書き方をすればその通りに動いてくれます。同じ命令を何度も書くのは大変なので、積極的に繰り返しの書き方を使いましょう。繰り返し操作は、繰り返された数を数えて、条件判定で繰り返す数を超えていないかを調べるというのが基本です。条件判定については第4章で説明しているので、分からなければもう一度、確認してみましょう。

テーマ for構文

同じメッセージを3回表示してみよう

レッスンで使う
練習用フォルダー ➡ L22

キーワード

イベント	p.246
繰り返し	p.247
タグ	p.248
変数	p.249

繰り返し操作の手始めとして、同じメッセージを3回表示するプログラムを作りましょう。ボタンがクリックされたら「こんにちは」と3回表示します。

指定した回数繰り返す

操作を指定した回数だけ繰り返すには、「for構文」を使うのが簡単です。for構文は「;」で区切って3つの文を指定します。最初の文では変数を0に設定します。次の文では繰り返し回数を設定します。そして最後の文で「++」を使って1増やすようにすれば、指定した回数だけ実行されます。このとき変数は「0」「1」「2」と順に大きくなります。最初に「0」を指定しているので「1」から始まるわけではないので注意しましょう。ここでは2つ目の文で「i < 3」を設定していますが、もし100回繰り返したいなら「i < 100」のように変更するだけです。このようにfor構文を使えば、繰り返す回数を簡単に変更できます。

●繰り返ししないプログラム

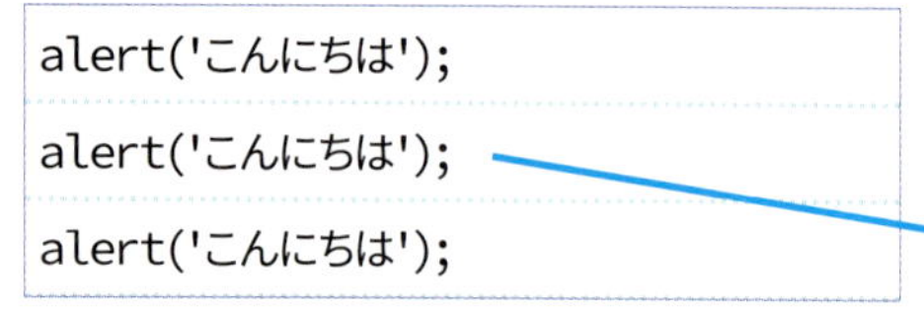

```
alert('こんにちは');
alert('こんにちは');
alert('こんにちは');
```

同じ命令を何度も書かなければならない

●for構文を使ったプログラム

0を設定する

繰り返す数を書く

```
for (i = 0; i < 3; i++) {
alert('こんにちは');
}
```

変数「i」を1ずつ増やすために「i++」と書く

命令が3回実行される

HINT!

「i」でなくてもよい

ここでは繰り返しの変数名として「i」を使いましたが、「for (t = 0; t < 3; t++)」のように、「t」など別の名前でもかまいません。「ab」のような2文字以上の名前も使えます。

ここをチェック！

「++」は、空白を入れずに「+」の記号を続けて書きます。また「for (i = 0; i < 3; i++)」の最後の「i++」の後ろには「;」はありませんので注意しましょう。

1 ボタンを用意する HTML

6ページを参考に練習用ファイルを上書きしておく

レッスン⑩を参考に、「index.html」ファイルを開いておく

008行の末尾にマウスカーソルを移動しておく

1 以下の内容を入力

```
<button onclick="kurikaeshi()">クリックしてね
```

```
001 <html>
002     <head>
003         <script src="program.js"></script>
004     </head>
005     <body>
006         <h1>繰り返しのプログラム例</h1>
007         <div>
008             <button onclick="kurikaeshi()">クリック
    してね</button>
009         </div>
010     </body>
011 </html>
```

対になるタグが補完された

2 Ctrlキーを押しながらSキーを押す

保存される

2 プログラムを書く JS

レッスン⑪を参考に、「program.js」という名前で新しいファイルを作成しておく

1 以下の内容を入力

```
function kurikaeshi() {
```

2 Enterキーを押す

```
001 function kurikaeshi() {
002     
003 }
```

HINT! ボタンがクリックされたとき

このレッスンで作っているHTMLファイルはレッスン⑬で説明した「ボタンがクリックされたときに『こんにちは』と表示する」のとほとんど同じです。違いは、「onclickで指定する関数の名前」と「3回表示する」というところだけです。ここで指定している「kurikaeshi」関数には、次の手順から、「こんにちは」と3回表示する命令を記述していきます。

次のページに続く

3 3回繰り返す操作を作る JS

1 以下の内容を入力

```
for (i = 0; i < 3; i++) {
```

2 Enterキーを押す

```
001 function kurikaeshi() {
002     for (i = 0; i < 3; i++) {
003         
004     }
005 }
```

インデント付きの行が追加された

HINT! 0、1、2と繰り返される

「for (i = 0; i < 3; i++)」では、最初に変数「i」を「0」に設定します。そして「i++」で1だけ増やして「1」、さらに繰り返され1だけ増やして「2」となります。iが「3」になると「i < 3」の条件が成り立たなくなるので、そこで繰り返しが終わります。つまり、iの値が「0」「1」「2」と変化して、合計3回、繰り返されます。

4 メッセージを表示する処理を作る JS

1 以下の内容を入力

```
alert('こんにちは');
```

```
001 function kurikaeshi() {
002     for (i = 0; i < 3; i++) {
003         alert('こんにちは');
004     }
005 }
```

HINT! 次のように書くのと同じ

「for」は繰り返しの命令です。ここでは3回繰り返しているので、次のように「alert」を3つ続けて書くのと、実行される結果は同じです。手順5で問題なく動くことを確認したら、このコードも試してみましょう。

```
alert('こんにちは');
alert('こんにちは');
alert('こんにちは');
```

5 HTMLファイルを開く

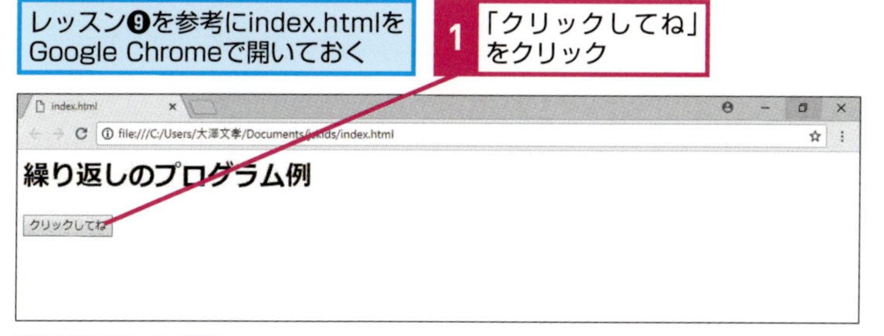

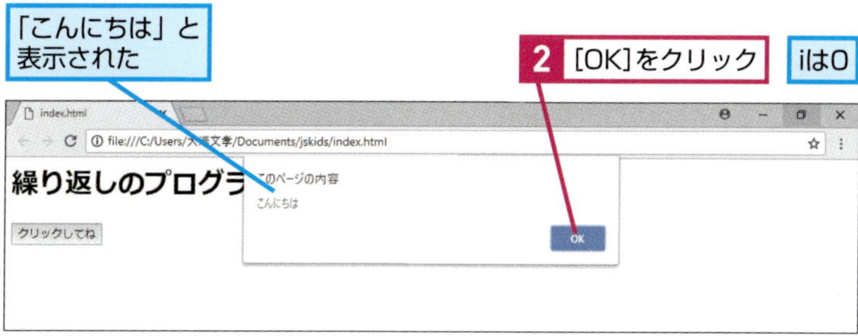

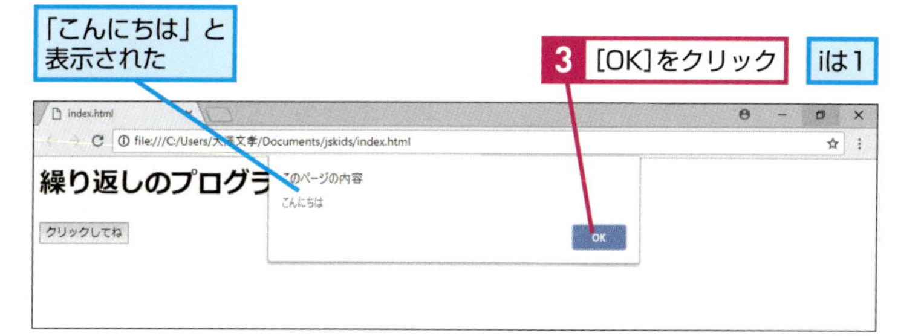

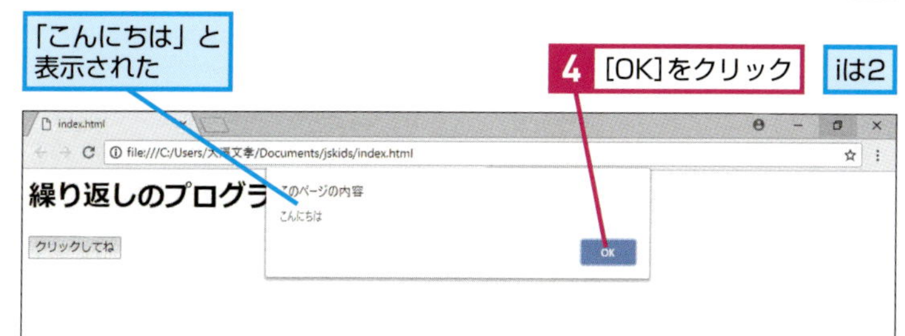

たくさん「alert」を出し過ぎない

実行するとわかりますが、「alert」は実行するたびにポップアップウィンドウが表示され、[OK] ボタンをクリックしないと、次に進みません。操作しにくいので、あまりにたくさん繰り返さないほうがいいでしょう。

Point

「for構文」で繰り返す

「for構文」は「for (i = 0; i < 3; i++)」のように（　）のなかに3つも文があって複雑に見えますが、このレッスンで説明したように、ほとんどは、指定した回数（この例では3回）だけ繰り返すときに使います。その場合はいつも「for (変数名 = 0; 変数名 < 繰り返し回数; 変数名++)」です。指定した回数だけ繰り返したいときの基本的な構文として丸暗記してしまいましょう。

テーマ 計算の繰り返し

1から100まで順番に足してみよう

レッスンで使う
練習用フォルダー ➡ L23

キーワード

イベント	p.246
繰り返し	p.247
初期化	p.248
タグ	p.248
変数	p.249

こんどは繰り返し操作を使って計算してみます。「1 ＋ 2 ＋ 3 ＋ … ＋ 100」までの計算をしてみましょう。変数の値を増やしながら、値を足すことで計算できます。

繰り返し操作で足し算を書く

このレッスンでは、「1 ＋ 2 ＋ 3 ＋ … ＋ 100」のように、1から100まで足し算した結果を計算します。もちろん、数式として「alert(1 ＋ 2 ＋ 3 ＋ …略… ＋ 100);」と書くこともできますが、これは大変なので繰り返しを使います。繰り返し操作では、変数を用意して、その変数の値を1から100まで変化させます。そしてその値を、結果を格納する別の変数に足していきます。

結果を保存する変数　変数「i」は1からスタート　100まで繰り返す

```
kekka = 0;
for (i = 1; i <= 100; i++) {
kekka = kekka + i
}
```

変数「i」を1ずつ増やす

変数「i」の値が1から100まで繰り返し実行される

●変数「kekka」と変数「i」の変化

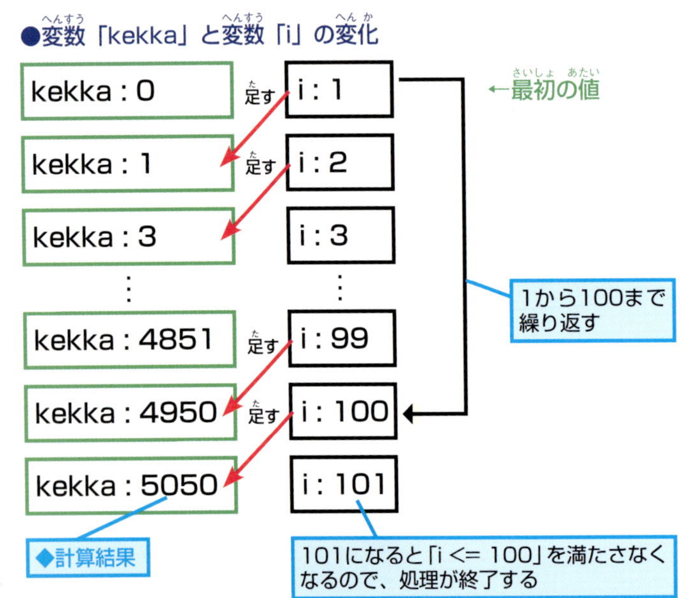

HINT!

最初に0を設定しておく

計算結果を保存する変数（ここでは「kekka」）は最初に0を設定しておき、そこに1から100まで増えていく値を足していきます。

HINT!

「i」の値に注意しよう

前のレッスンでは「for (i = 0; i < 3; i++)」のように「i」を0から始めましたが、ここでは、「for (i = 1; i <= 100; i++)」のように「i」を1から始めていること、そして「<」ではなく「<=」を使っていることに注意してください。前のレッスンでは「i」の値は0から「0」「1」「2」と、指定した数よりひとつ少ない値まで繰り返すのに対して、このレッスンでは「1」「2」…「100」のように1から始まり、その数で終わります。間違えて「for (i = 0; i < 100; i++)」としてしまうと、「0」「1」…「99」のようになり、1から100ではなくて0から99を足した計算結果になってしまうので注意してください。

1から順番に100まで数値を足していく

1 プログラムを書く JS

6ページを参考に練習用ファイルを上書きしておく

レッスン⓫を参考に「program.js」を開いておく

1 以下の内容を入力

```
function kurikaeshi() {
```

2 Enterキーを押す

```
001 function kurikaeshi() {
002 ␣␣␣␣
003 }
```

インデント付きの行が追加された

2 計算結果を保存する変数を用意する JS

1 以下の内容を入力

```
kekka = 0;
```

2 Enterキーを押す

```
001 function kurikaeshi() {
002 ␣␣␣␣kekka = 0;
003 ␣␣␣␣
004 }
```

インデント付きの行が追加された

このレッスンでは何を変更するの？

前のレッスンでは「alert」を使って3回メッセージを表示する処理を「kurikaeshi」関数に記述しました。この部分を1から100までの合計を計算する動きになるように変更していきます。

HINT!

「kekka」という変数に計算結果を保存する

「kekka」という変数に計算結果を保存するようにします。最初に0を設定します。

23 計算の繰り返し

次のページに続く

3 1から100まで繰り返す変数を設定する JS

1 以下の内容を入力

```
for (i = 1; i <= 100; i++) {
```

2 Enterキーを押す

```
001 function kurikaeshi() {
002     kekka = 0;
003     for (i = 1; i <= 100; i++) {
004     
005     }
006 }
```

インデント付きの行が追加された

4 足し算する処理を書く JS

1 Tabキーを押す

インデントが挿入される

2 以下の内容を入力

```
kekka = kekka + i;
```

```
001 function kurikaeshi() {
002     kekka = 0;
003     for (i = 1; i <= 100; i++) {
004         kekka = kekka + i;
005     }
006 }
```

「i」の値を増やしながら足す

「for」のループのなかでは、変数「i」が1から100まで変化しながら繰り返し実行されます。この値を都度、「kekka」という変数に足しているので、最終的に1から100まで足した結果を求めることができます。

ここをチェック！

ここでは「i = 1」で「i <= 100」としているため、iは1から100まで増え続けます。「for (i = 0; i <= 100; i++)」としたときは、0から始まるので、繰り返し回数は101回となります。最初に余計に0を足しているだけなので、これでも最終的な計算結果は同じです。ただし、プログラムの意図としては間違っているので注意しましょう。

5 計算結果を表示する JS

005行の末尾にマウスカーソルを移動しておく

1 Enterキーを押す

インデント付きの行が追加される

2 以下の内容を入力

```
alert(kekka);
```

```
001 function kurikaeshi() {
002     kekka = 0;
003     for (i = 1; i <= 100; i++) {
004         kekka = kekka + i;
005     }
006     alert(kekka);
007 }
```

3 Ctrlキーを押しながらSキーを押す

保存される

6 HTMLファイルを開く

レッスン❾を参考にindex.htmlをGoogle Chromeで開いておく

1 「クリックしてね」をクリック

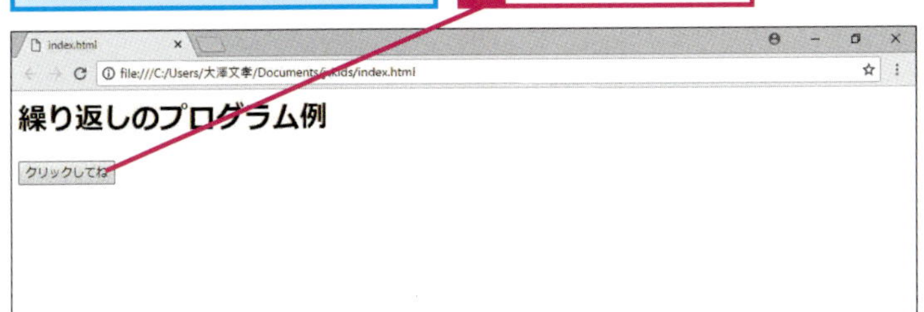

1から100まで順番に足した計算結果が表示された

計算結果は5050となる

1から100までを足した結果は5050です。もし間違っているときは「for」に指定した条件を確認してください。たとえば「i <= 100」と書くべきところを「i < 100」と書いてしまうと、最後の100が足されないので、結果は4950となってしまいます。

Point

繰り返し回数の変更は簡単

繰り返し回数は簡単に変更できます。例えば、「for (i = 1; i <=100; i++)」としている部分を「for (i = 1; i <= 1000; i++)」とすれば、1から1000までの合計を計算できます。また1以外の数字から計算を始めることもできます。「for (i = 123; i <= 456; i++)」とすれば、123から456までの合計を計算できます。「for構文」はプログラムを短くするだけでなく、このように繰り返しの範囲を簡単に変えられます。

テーマ 桁数の表示

入力された文字の桁数を求めよう

条件が成り立つ間繰り返す例として、入力された文字の桁数を表示するプログラムを作りましょう。たとえば「12345」と入力したときは5桁なので「5」と表示するようにします。

レッスンで使う
練習用フォルダー ➡ L24

キーワード

イベント	p.246
繰り返し	p.247
条件分岐	p.248
タグ	p.248
変数	p.249

桁数を求める仕組み

桁数は10で割っていき、その結果が0になるまで繰り返すことで求められます。割り算するときは、小数以下を切り捨てます。切り捨てるときは「Math.floor」という命令を使います。

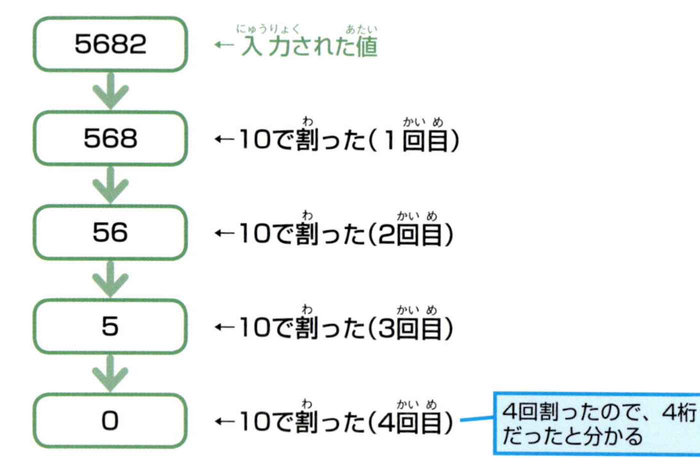

入力された値をxとして、その値を10で割って0になるまで繰り返すことで桁数を求めます。ここでは「do～while」構文を使って記述します。次の例では、繰り返した回数を「ketasuu」という変数でカウントしています。繰り返しが終わったときの回数が桁数として求められます。

```
ketasuu = 0;
do {
␣␣␣␣x = x / 10;
␣␣␣␣x = Math.floor(x);

␣␣␣␣ketasuu = ketasuu + 1;
} while (x != 0);
```

割り算の余りを切り捨てる

割り算の「余り」を切り捨てるには、「Math.floor」を使います。この命令を実行すると、割り算の結果（商）のみを整数で求めることができます。この処理を忘れると、10000や1000といったきっちりした数でない限りは小数が残ってしまい、割り算を永遠に繰り返してしまいます。

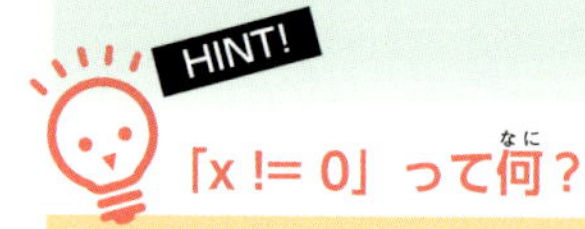

「x != 0」って何？

「!=」は、その値ではないという意味の比較演算子です。ここでは「x !=0」としているので「xが0ではない」という意味になります。「!」と「=」は空白を入れずに詰めて書きます。空白を入れて「!　=」のように書くとエラーになります。

第5章 繰り返し操作の基本を知ろう

入力された文字の桁数を求める

1 入力欄を用意する

HTML

6ページを参考に練習用ファイルを上書きしておく

レッスン⓫を参考に、「index.html」ファイルを開いておく

008行の末尾にマウスカーソルを移動しておく

1 以下の内容を入力

```
<input type="text" id="text01"><br>
```

2 Enter キーを押す

```
001 <html>
002     <head>
003         <script src="program.js"></script>
004     </head>
005     <body>
006     <body>
007         <h1>桁数を求める例</h1>
008         <div>
009         <input type="text" id="text01"><br>
010         
011         </div>
012     </body>
013 </html>
```

インデント付きの行が追加された

HINT!

このレッスンで使うHTML

このレッスンで使うHTMLファイルは、この本全般で使う、ひな形です。大見出しとして「<h1>桁数を求める例</h1>」としました。

HINT!

数値を入力するテキストボックス

ここでは「id="text01"」という名前を付けたテキストボックスを用意しています。末尾の
は改行です。次の手順で入力するボタンを、次の行に表示したいので改行を入れています。
を入れないと、右に続けてボタンが表示されますが、動作は変わりません。

次のページに続く

2 ボタンを用意する HTML

1 以下の内容を入力

```
<button onclick="keisan()">クリックしてね
```

```
005     <body>
006         <h1>桁数を求める例</h1>
007         <div>
008         <input type="text" id="text01"><br>
009         <button onclick="keisan()">クリックしてね
010 </button>
011         </div>
012     </body>
013 </html>
```

対になるタグが補完された

2 Ctrlキーを押しながらSキーを押す

保存される

3 プログラムを書く JS

レッスン⓫を参考に、「program.js」を開いておく

1 以下の内容を入力

```
function keisan() {
```

2 Enterキーを押す

```
001 function keisan() {
002     
003 }
```

インデント付きの行が追加された

ボタンがクリックされたとき

このレッスンで作っているHTMLファイルはレッスン㉒と同様に、「ボタンがクリックされたときに『こんにちは』と表示する」のとほとんど同じです。ここで指定している「keisan」関数には、次のステップから、入力された数値の桁数を計算する命令を記述していきます。

4 入力された値を読み取る JS

1 以下の内容を入力

```
kekka = 0;
text01 = document.getElementById('text01');
x = parseInt(text01.value);
```

2 Enterキーを2回押す

```
001 function keisan() {
002 ␣␣␣␣kekka = 0;
003 ␣␣␣␣text01 = document.getElementById('text01');
004 ␣␣␣␣x = parseInt(text01.value);
005 ␣␣␣␣
006 ␣␣␣␣
007 }
```

インデント付きの行が追加された

数値に変換する

テキストボックスに入力された値は文字列なので「parseInt」を使って数値に変換します。これはレッスン⑳で説明した操作と同じです。

5 桁数を保存する変数を作り0にする JS

1 以下の内容を入力

```
ketasuu = 0;
```

2 Enterキーを2回押す

```
001 function keisan() {
002 ␣␣␣␣kekka = 0;
003 ␣␣␣␣text01 = document.getElementById('text01');
004 ␣␣␣␣x = parseInt(text01.value);
005 ␣␣␣␣
006 ␣␣␣␣ketasuu = 0;
007 ␣␣␣␣
008 ␣␣␣␣
009 }
```

インデント付きの行が追加された

桁数を求める変数を作る

テキストボックスに入力した数を10で割って、結果が0になるまで繰り返した回数が桁数となります。繰り返した回数を記録するために、「ketasuu」という変数を用意して値を0に設定しています。繰り返し処理の中で、この値を1ずつ増やします。

次のページに続く

6 10で割る JS

1 以下の内容を入力

```
x = x / 10;
```

2 Enterキーを押す

```
001 function keisan() {
002 ␣␣␣␣kekka = 0;
003 ␣␣␣␣text01 = document.getElementById('text01');
004 ␣␣␣␣x = parseInt(text01.value);
005 ␣␣␣␣
006 ␣␣␣␣ketasuu = 0;
007 ␣␣␣␣
008 ␣␣␣␣x = x / 10;
009 ␣␣␣␣
010 }
```

インデント付きの行が追加された

7 小数点以下を切り捨てる JS

1 以下の内容を入力

```
x = Math.floor(x);
```

2 Enterキーを2回押す

```
004 ␣␣␣␣x = parseInt(text01.value);
005 ␣␣␣␣
006 ␣␣␣␣ketasuu = 0;
007 ␣␣␣␣
008 ␣␣␣␣x = x / 10;
009 ␣␣␣␣x = Math.floor(x);
010 ␣␣␣␣
011 ␣␣␣␣
012 }
```

インデント付きの行が追加された

切り捨てるには

「Math.floor」を使うと小数以下が切り捨てられます。たとえば「x」の値が「1234.5」である場合、「Math.floor(x)」は「1234」となります。

HINT!

ループ構文を書いてからあとでコードを移動する

このレッスンでは、先に「do～while」の中身を書いてから「do～while」を書き、そのなかに移動するという手順で作っていますが、理解しやすい順序で作ってかまいません。このレッスンでの流れのように、ひとまず中身を書いておいてあとで繰り返しにするという操作は実際のプログラミングではよく行われます。繰り返しも想定して上から作っていくと、ごちゃごちゃして分かりにくくなるからです。「書きたいところ」「分かっているところ」から書いて、後で調整した方が、すっきりします。

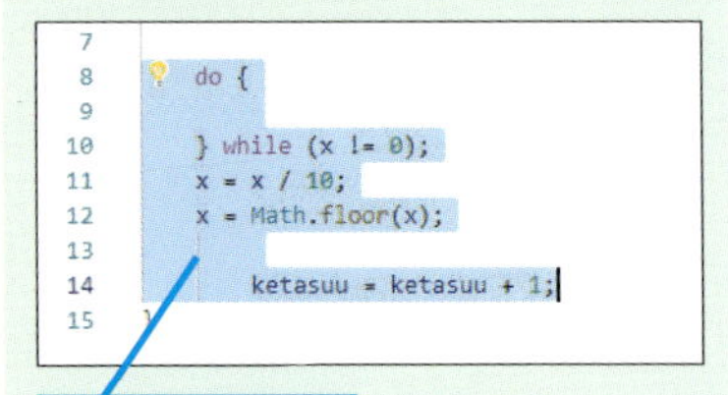

この部分を後で移動する

8 桁数の数を増やす JS

1 以下の内容を入力

```
ketasuu = ketasuu + 1;
```

```
009 ␣␣␣␣x = Math.floor(x);
010 ␣␣␣␣
011 ␣␣␣␣ketasuu = ketasuu + 1;
012 }
```

9 10で割った結果が0になるまで繰り返す JS

007行の末尾にマウスカーソルを移動しておく

1 Enter キーを押す　**2** 以下の内容を入力

```
do {} while (x != 0);
```

```
006 ␣␣␣␣ketasuu = 0;
007 ␣␣␣␣
008 ␣␣␣␣do {} while (x != 0);
009 ␣␣␣␣x = x / 10;
010 ␣␣␣␣x = Math.floor(x);
011 ␣␣␣␣
012 ␣␣␣␣ketasuu = ketasuu + 1;
013 }
```

3 ここをクリック　**4** Enter キーを押す

```
006 ␣␣␣␣ketasuu = 0;
007 ␣␣␣␣
008 ␣␣␣␣do {
009 ␣␣␣␣
010 ␣␣␣␣} while (x != 0);
011 ␣␣␣␣x = x / 10;
012 ␣␣␣␣x = Math.floor(x);
013 ␣␣␣␣
014 ␣␣␣␣ketasuu = ketasuu + 1;
015 }
```

インデント付きの行が追加された

HINT! 結果が0でない間、繰り返す

「do ～ while」の構文を使って、xを10で割った結果が0でない間、繰り返します。「x」が12345である場合、ループのたびに「x」は、「1234」「123」「12」「1」「0」と10で割った値に次々と変わっていきます。この場合、0になるまでに5回繰り返しているので5桁が結果です。

余りを求めるには

このレッスンでは使いませんが、「%」という演算子を使うと、余りを求められます。たとえば、「12345 % 10」は、12345を10で割った余りである5を求められます。

次のページに続く

10 コードの位置を移動する JS

ここでは11行目～14行目を切り取って8行目に移動する

1 ここをクリック

```
004     x = parseInt(text01.value);
005     
006     ketasuu = 0;
007     
008     do {
009         
010     } while (x != 0);
011         x = x / 10;
012         x = Math.floor(x);
013         
014         ketasuu = ketasuu + 1;
015 }
```

2 ここまでドラッグ

3 Ctrlキーを押しながらXキーを押す

選択した範囲が切り取られる

4 ここをクリック

```
004     x = parseInt(text01.value);
005     
006     ketasuu = 0;
007     
008     do {
009         x = x / 10;
010         x = Math.floor(x);
011         
012         ketasuu = ketasuu + 1;
013     } while (x != 0);
014 }
015 
```

5 Ctrlキーを押しながらVキーを押す

選択した範囲が貼り付けられた

HINT! 条件が成り立っている間、繰り返す

「while」や「do～while」構文は、条件が成り立っている間だけ繰り返す構文です。このレッスンの例のように、何回繰り返すか分からない繰り返しをするときに使います。他の利用例としては「続けますか？[はい]／[いいえ]」のようなメッセージを表示して、[はい]がクリックされている間は繰り返すというように、回答に応じて、もう一回、同じ処理を繰り返すときなどにも使われます。

「while」構文って何？

「do～while」構文と似たものとして「while」構文があり、以下のように書きます。「do～while」と「while」との違いは、条件を最初に判定するか、最後に判定するかです。「do～while」の場合は108ページの図に示したように、実行された後に判定されます。しかし「while」構文では、先に判定されるので、一度も実行されないこともあります。

```
while (条件) {
    …ここに命令を書く…
}
```

11 結果を表示する JS

013行の末尾にマウスカーソルを移動しておく

1 Enterキーを2回押す

インデント付きの行が追加される

2 以下の内容を入力

```
alert(ketasuu);
```

```
008 ␣␣␣␣do {
009 ␣␣␣␣␣␣␣␣x = x / 10;
010 ␣␣␣␣␣␣␣␣x = Math.floor(x);
011 ␣␣␣␣␣␣␣␣
012 ␣␣␣␣␣␣␣␣ketasuu = ketasuu + 1;
013 ␣␣␣␣} while (x != 0);
014 
015 ␣␣␣␣alert(ketasuu);
016 }
```

3 Ctrlキーを押しながらSキーを押す

保存される

12 HTMLファイルを開く

レッスン❾を参考にindex.htmlをGoogle Chromeで開いておく

ここでは4桁の数字を入力する

1 「5682」と入力

2 「クリックしてね」をクリック

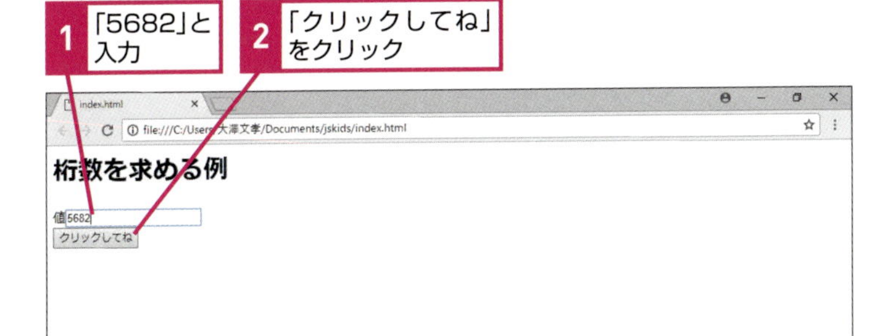

桁数が表示された

HINT!

未入力や数字以外の場合は

このプログラムでは、未入力かどうかや数字かどうかの判断をしていません。未入力や数字でない場合は、「parseInt」で変換するときに「NaN」という値になります。その「NaN」を処理するので、10で割った結果が0になることはなく、永遠に繰り返してしまいます。そのようなときはブラウザを閉じて、強制終了してください。

1 ここをクリック

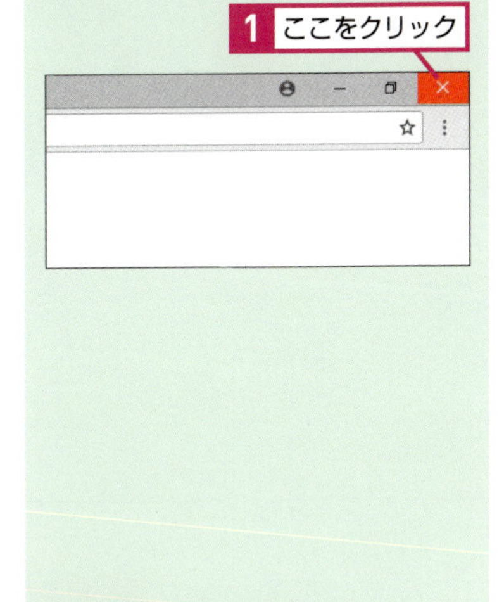

Point

回数がわからない繰り返し

回数がわからない繰り返しでは、このレッスンで説明したdo～whileなどを使います。このレッスンでは計算結果の判定に使いましたが、実際のプログラミングでは、「データがある限り、全部読み込む」とか「ゲームのキャラクターが画面の右端にぶつからない限り移動する」など、条件を満たしている間、ずっと繰り返すときに、とてもよく使われます。注意点は繰り返しが終了する条件を間違えないようにすることです。間違えると、永遠に繰り返してプログラムの実行が終わらなくなることがあります（これを「無限ループ」と呼ぶことがあります）。もしそうなったときはブラウザーを閉じてください。

この章のまとめ

繰り返しを活用しよう

コンピュータは繰り返し処理が得意です。「for」や「do～while」などの構文を使えば、好きなだけ同じ命令を繰り返し実行できます。うまく使えばプログラムを短く書くことができます。日常生活なら自分の手で繰り返さなければならないこともプログラムならあっという間です。例えばブロック塀を積み重ねる場合、人間がやると、1段1段ブロックを手で積み上げていくしかありません。しかしプログラムの世界なら、「1個積む」という命令を書き、あとはその命令を左右、上下の方向に繰り返すだけで、あっという間に壁を作れます（実際、次の章には、それに似たレッスンがあります）。効率よくプログラムを作るには、やりたいことが繰り返しで実現できないかというところから考えてみましょう。

繰り返しの書き方を覚える

「for構文」や「do～while構文」を使って()の中に繰り返し回数や繰り返す条件を指定する。繰り返すための条件を間違えると永遠に繰り返してしまうので注意。

```
6      ketasuu = 0;
7
8      do {
9          x = x / 10;
10         x = Math.floor(x);
11
12         ketasuu = ketasuu + 1;
13     } while (x != 0);
14
```

```
1  function kurikaeshi(){
2      kekka = 0;
3      for (i = 1; i <= 100; i++) {
4          kekka = kekka + i;
5      }
6      alert(kekka);
7  }
```

第6章

落ち物パズルを作ろう

この章からは、これまで学習したプログラミングを応用して、ゲームを作っていきましょう。ブロック画面の上から落ちてきて、すき間なく並べると消える落ち物パズルを作っていきます。

この章の内容

㉕ 音声ファイルを準備しよう……130
㉖ 効果音を付けよう……132
㉗ ゲーム画面を作ろう……138
㉘ 壁を描こう……142
㉙ ブロックを描画しよう……152
㉚ ブロックを描く処理を関数にしよう……160
㉛ ブロックを左右に動かそう……166
㉜ ブロックを回転させよう……174

本格的なゲーム作りに
挑戦するもん。
わくわくするもーん！

落ち物パズルの基本

この章と次の章ではブロックを落として揃ったラインを消す、「落ち物パズル」を作っていきます。まずは、作るゲームの動きやルールについて説明します。

落ち物パズルのルール

落ち物パズルとは、画面の上からランダムなブロックが落ちてきて、それを回転させてすき間なく埋めるゲームです。横に1ラインそろえると、そのラインが消え、得点が入ります。ブロックを消すことができず、上まで積み上がってしまったらゲームオーバーです。ゲームが続くとだんだんと落ちる速度が速くなってきます。ある程度、速くなると、また元の速度に戻ります。この章では、ブロックを左右に動かしたり回転したりできるようにする基礎的な部分までを作ります。残りの部分は次の章で作成します。

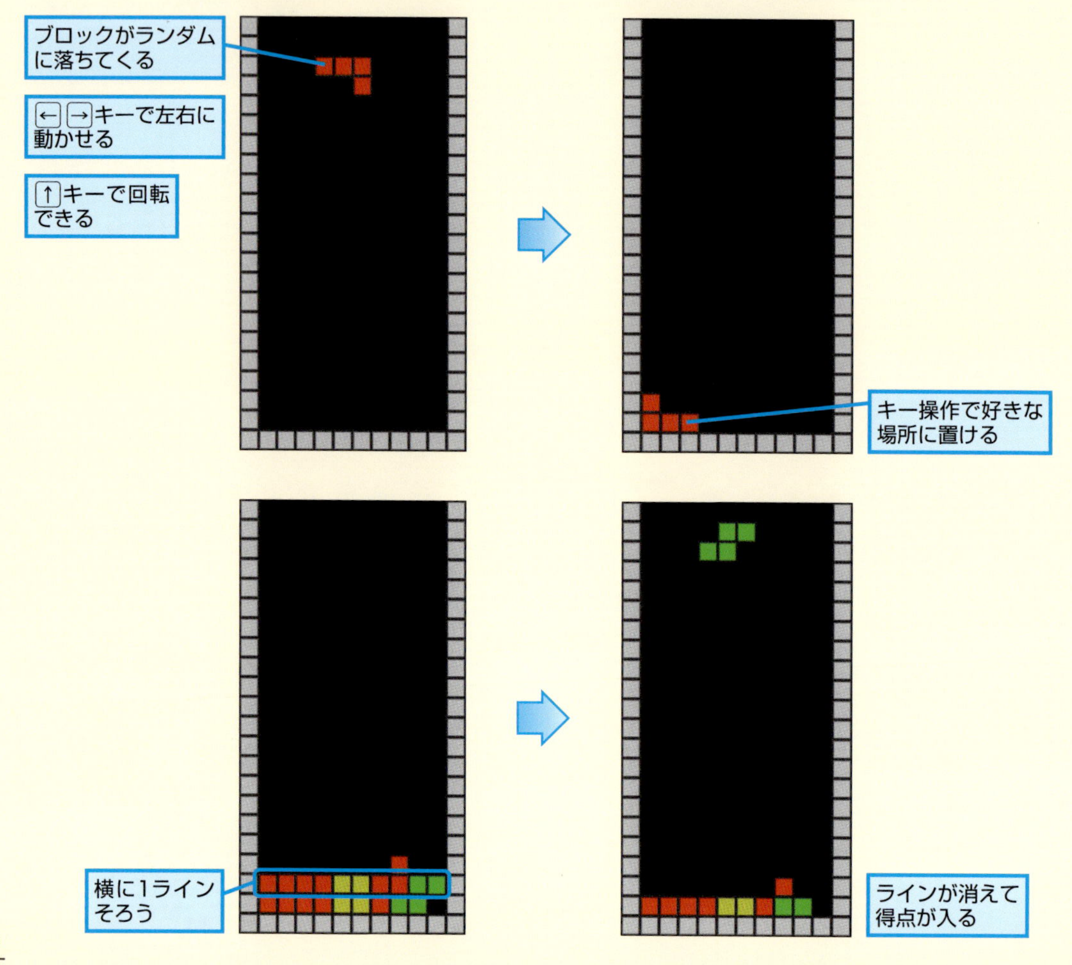

ブロックの動き

ゲームをプレイする部分は10×20マスとします。ブロックを表示する場所は左上を基準にして決めます。プレイする部分の外側1マスには壁を描きます。落ちてくるブロックは、最初、(4, 0)の位置に表示され、←キーや→キーを押すと左右に動くようにします。ブロックは自動的に下に落ちて、↓キーを押しても下に動くようにします。ブロックの一番下がゲーム画面の下の壁か、動きを止めたブロックに触れるとその場所に固定され、新しいブロックが落ちてくるようにします。

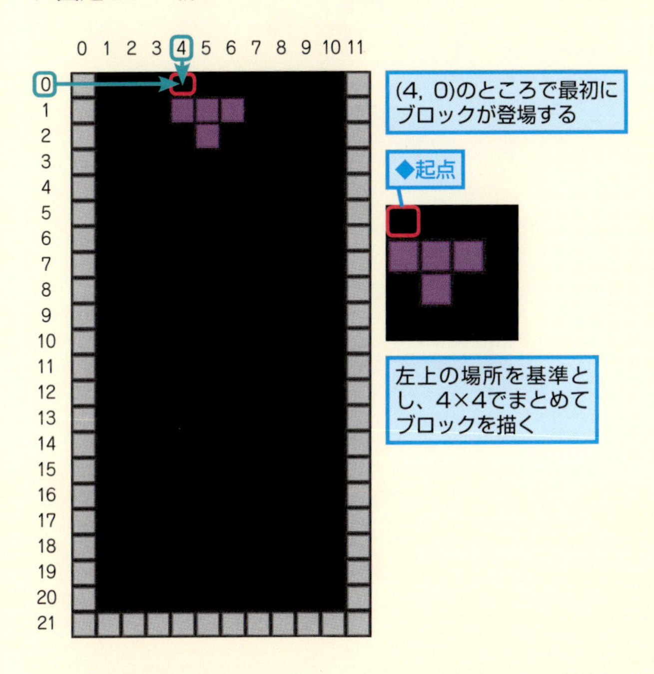

ブロックの種類と回転

ブロックは↑キーを押すと反時計回りに90度ずつ回転するようにします。全部で7種類のブロックがありますが、この章では基本的なT字のブロックだけを扱い、それ以外のブロックについては、次の章で作ります。

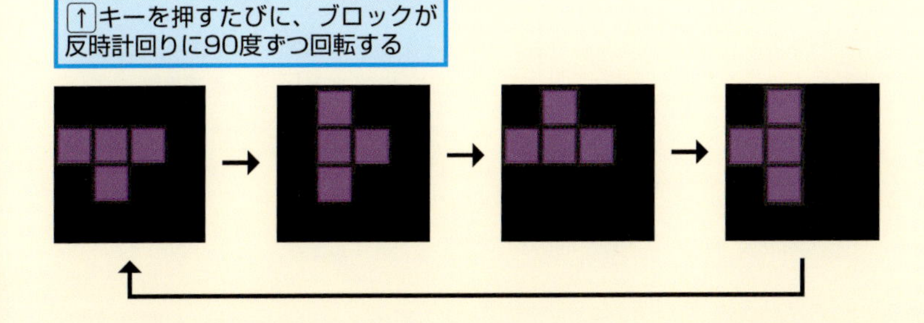

テーマ 音声ファイルの準備

音声ファイルを準備しよう

レッスンで使う
練習用フォルダー ➡ L25

キーワード

Visual Studio Code	p.246
エクスプローラー	p.246
拡張子	p.247
フォルダー	p.249

ブロックが落ちているときなどに効果音を鳴らすと、ゲームらしくなります。鳴らしたい効果音を音声ファイルとして用意し、Visual Studio Codeに登録しておきましょう。

1 新しいフォルダーを作成する

レッスン❺を参考に、「jskids」フォルダーを開いておく

1 ここにマウスポインターを合わせる

2 ここをクリック

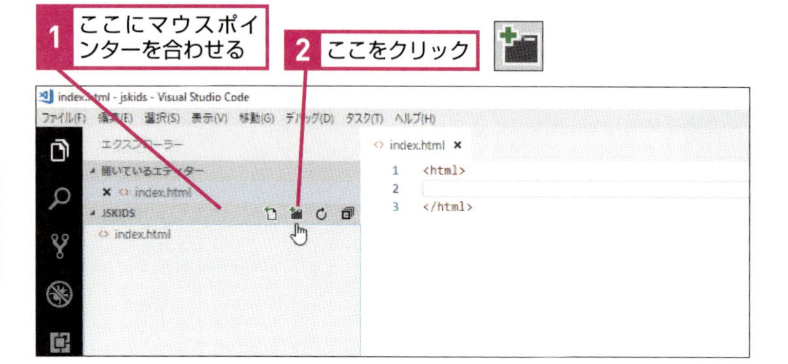

2 フォルダーに名前を付ける

ここでは「oto」という名前を付ける

1 「oto」と入力

2 Enterキーを押す

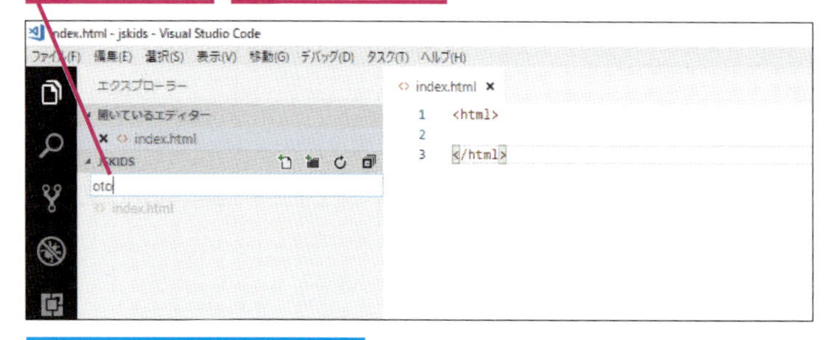

「jskids」フォルダーに、「oto」フォルダーが作成される

HINT!

Webブラウザーで使える音声ファイル形式は？

MP3以外にOGG、WAV、MP4、WebM形式などを使えますが、何に対応するかはWebブラウザーの種類によります。多くのWebブラウザーで使えるのはMP3形式です。

ここをチェック！

フォルダー名やファイル名は大文字・小文字を区別します。間違えないようにしましょう。ここではすべて小文字です。

第6章 落ち物パズルを作ろう

3 音声ファイルをコピーする

手順2で作成した［oto］フォルダーを開いておく

音声ファイルが保存されているフォルダーを開いておく

コピーする音声ファイルを選択しておく

1 Ctrlキーを押しながら［oto］フォルダーまでドラッグ

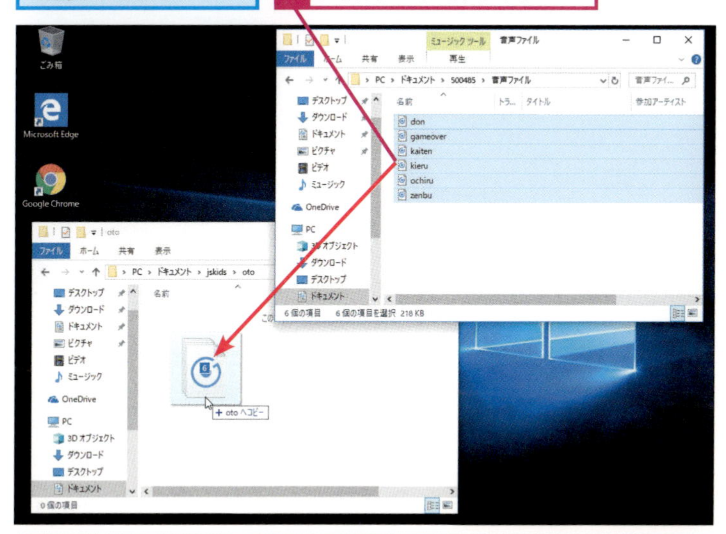

4 フォルダーの内容を表示する

［oto］フォルダーが追加された

1 ［oto］のここをクリック

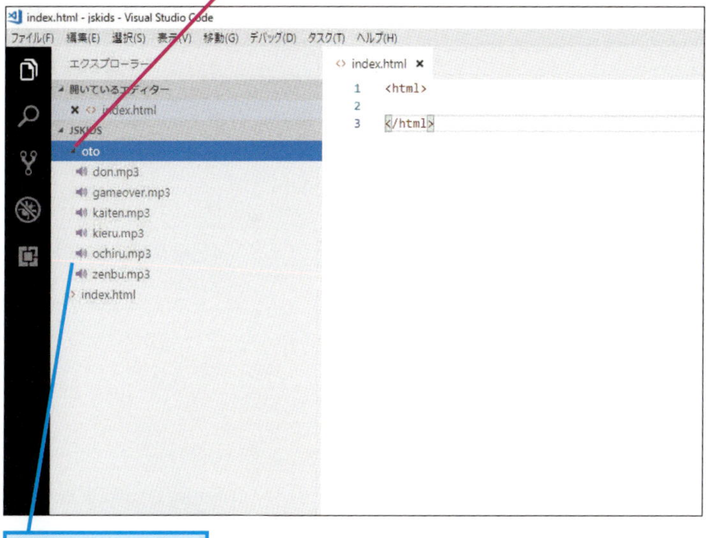

フォルダーの内容が表示された

HINT! エクスプローラーを開く

手順2で作成した［oto］フォルダーを開くには、Visual Studio Codeでフォルダー名を右クリックして、［エクスプローラーで表示］を選択します。するとプロジェクトのフォルダーが開くので、［oto］フォルダーをダブルクリックして開きます。

1 フォルダー名を右クリック

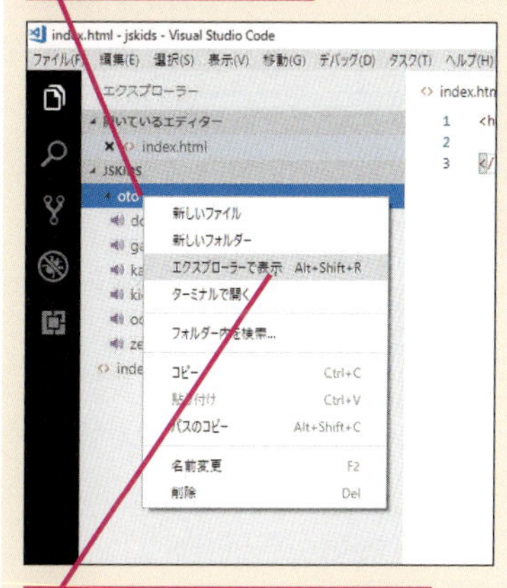

2 ［エクスプローラで表示］をクリック

Point 音声ファイルをあらかじめ登録しておく

音声ファイルは、あらかじめひとつのフォルダーにまとめておき、あとでそのファイルを読み込んで使います。それぞれ分かりやすいファイル名をつけておきましょう。この本では使いませんが、画像を使うときも同じように、同様の手順でフォルダーにまとめて登録しておくようにしましょう。

レッスン 26

テーマ 効果音

効果音を付けよう

効果音を鳴らせるようにするには、HTMLでその音声ファイルを読み込み、idで名前を付けておきます。音があると、ゲームらしくなり臨場感もまるで違います。

レッスンで使う 練習用フォルダー➡L26

キーワード

HTML	p.246
JavaScript	p.246
イベント	p.246
タグ	p.248
フォルダー	p.249

1 ブロックが回転するときの音声ファイルを読み込む HTML

レッスン⑩を参考に、「index.html」を開いておく

1 以下の内容を入力

```
<head>
␣␣␣␣<script src="program.js"></script>
␣␣␣␣<audio id="kaiten" preload="auto">
␣␣␣␣␣␣␣␣<source src="oto/kaiten.mp3" type="audio/mp3">
␣␣␣␣</audio>
</head>
```

```
001 <html>
002 ␣␣␣␣<head>
003 ␣␣␣␣␣␣␣␣<script src="program.js"></script>
004 ␣␣␣␣␣␣␣␣<audio id="kaiten" preload="auto">
005 ␣␣␣␣␣␣␣␣<source src="oto/kaiten.mp3" type=
    "audio/mp3">
006 ␣␣␣␣␣␣␣␣</audio>
007 ␣␣␣␣</head>
008 </html>
```

HINT! 音声ファイルの用途を確認しよう

この本では、次の音を使います。プログラムから鳴らせるよう、idでファイル名と同じ名前を付けます。いくつかの音は、この章ではなく次の章で使うものもあります。ちなみにすべてMP3形式です。

●音の名前と用途

音	用途
kaiten	ブロックを移動したり回転したりするときの音
ochiru	ひとつ下に落ちるときの音
don	底に付いたときの音
kieru	揃って消えるときの音
zenbu	4列揃ったときのボーナス音
gameover	ゲームオーバーの音

ここをチェック！

4行目の「preload="auto"」を忘れないようにしましょう。これは音声をあらかじめ読み込んでおく指定です。忘れると、初めて音が出るときに少し遅れます。

第6章 落ち物パズルを作ろう

2 ブロックが落ちるときの音声ファイルを読み込む

HTML

1 以下の内容を入力

```
<audio id="ochiru" preload="auto">
    <source src="oto/ochiru.mp3" type="audio/
mp3">
</audio>
```

```
001 <html>
002     <head>
003         <script src="program.js"></script>
004         <audio id="kaiten" preload="auto">
005             <source src="oto/kaiten.mp3" type=
    "audio/mp3">
006         </audio>
007         <audio id="ochiru" preload="auto">
008             <source src="oto/ochiru.mp3" type=
    "audio/mp3">
009         </audio>
010     </head>
011 </html>
```

「audio」タグで読み込む

音は「audio」タグを使って読み込みます。音の数だけ「audio」タグを書く必要があります。それぞれの「audio」タグには「id」で名前を付け、プログラムからは、その名前を指定して音を出すようにします。

読み込み順序は違ってもよい

「audio」タグで音声ファイルを読み込む順序は違っても構いません。ここではゲームの流れに合わせて「kaiten.mp3」「ochiru.mp3」…の順で読み込んでいますが、どのような順序で読み込んでも同じです。

次のページに続く

3 ブロックが底に付くときの音声ファイルを読み込む HTML

1 以下の内容を入力

```
<audio id="don" preload="auto">
␣␣␣␣<source src="oto/don.mp3" type="audio/
mp3">
</audio>
```

```
007 ␣␣␣␣␣␣␣␣<audio id="ochiru" preload="auto">
008 ␣␣␣␣␣␣␣␣␣␣␣␣<source src="oto/ochiru.mp3" type=
    "audio/mp3">
009 ␣␣␣␣␣␣␣␣</audio>
010 ␣␣␣␣␣␣␣␣<audio id="don" preload="auto">
011 ␣␣␣␣␣␣␣␣␣␣␣␣<source src="oto/don.mp3"
    type="audio/mp3">
012 ␣␣␣␣␣␣␣␣</audio>
013 ␣␣␣␣</head>
```

「audio」タグをすばやく入力するには

「audio」タグは、「id」と「src」が違うだけでどれも同じです。前の行をコピーして貼り付けて、「id」と「src」を変えても大丈夫です。

4 ブロックが揃って消えるときの音声ファイルを読み込む HTML

1 以下の内容を入力

```
<audio id="kieru" preload="auto">
␣␣␣␣<source src="oto/kieru.mp3" type="audio/
mp3">
</audio>
```

```
010 ␣␣␣␣␣␣␣␣<audio id="don" preload="auto">
011 ␣␣␣␣␣␣␣␣␣␣␣␣<source src="oto/don.mp3"
    type="audio/mp3">
012 ␣␣␣␣␣␣␣␣</audio>
013 ␣␣␣␣␣␣␣␣<audio id="kieru" preload="auto">
014 ␣␣␣␣␣␣␣␣␣␣␣␣<source src="oto/kieru.mp3" type=
    "audio/mp3">␣␣␣␣␣␣␣␣</audio>
015 ␣␣␣␣</head>
016 
```

HINT!

よく使うコードはメモ帳に書いておこう

このレッスンで入力する「audio」タグのように、同じようなコードを何度も入力するときは、それをメモ帳などのテキストエディターに書いておき、HTMLファイルにコピー&ペーストすると効率よく入力できます。

5 ブロックが縦に4列そろって消えるときの音声ファイルを読み込む HTML

1 以下の内容を入力

```
<audio id="zenbu" preload="auto">
    <source src="oto/zenbu.mp3" type="audio/
mp3">
</audio>
```

```
013         <audio id="kieru" preload="auto">
014             <source src="oto/kieru.mp3" type=
    "audio/mp3">
015         </audio>
016         <audio id="zenbu" preload="auto">
017             <source src="oto/zenbu.mp3" type=
    "audio/mp3">
018         </audio>
019     </head>
```

6 ゲームオーバーのときの音声ファイルを読み込む HTML

1 以下の内容を入力

```
<audio id="gameover" preload="auto">
    <source src="oto/gameover.mp3" type=
"audio/mp3">
</audio>
```

```
017             <source src="oto/zenbu.mp3" type=
    "audio/mp3">
018         </audio>
019         <audio id="gameover" preload="auto">
020             <source src="oto/gameover.mp3"
    type="audio/mp3">
021         </audio>
022     </head>
```

2 Ctrlキーを押しながらSキーを押す → 保存される

好きな音を鳴らそう

ほかの音声ファイルを用意すれば、好きな音を鳴らせます。インターネットで検索すると効果音のファイルをダウンロードできるサイトなどが見つかります。そこで見つかったファイルに置き換えてみるのもよいでしょう。ダウンロードするときは、利用条件をよく読みましょう。利用条件が明確でないものを勝手に使ってはいけません。

Point

音は読み込んで登録する

JavaScriptから音を出すためには、「audio」タグを使って、あらかじめ音ファイルを読み込んでおきます。このとき「id」には名前を付けておきます。例えば、「id」に「kaiten」という名前を付けた場合は、JavaScriptから「document.getElementById('kaiten').play();」とすると、その音が鳴ります。練習用ファイル以外の音声ファイルを使う場合は、用途に応じてこの本と同じファイル名とidを付けるといいでしょう。

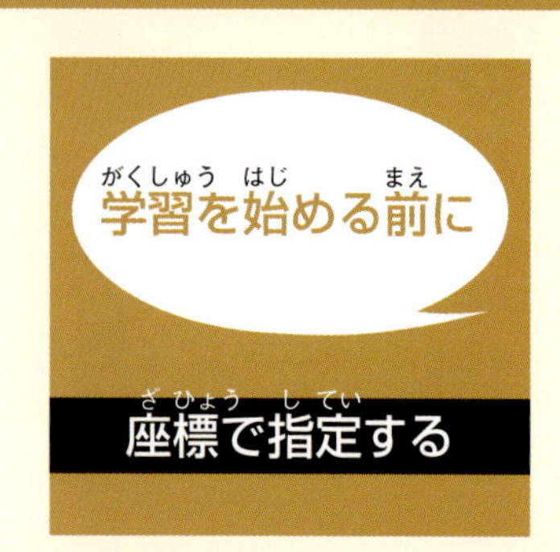

ゲーム画面を作るには

レッスン㉗とレッスン㉘ではゲーム画面を作ります。ゲーム画面はJavaScriptから操作できるように「id」を付けてHTMLファイルとして作ります。座標を指定すると正確な場所に配置できます。

座標で場所を指定する

落ち物パズルはブロックをぴったりと並べるため、正確な場所に配置する必要があります。そこで場所を指定するために、座標という概念を使います。座標は場所を数字で指定する方法で、このプログラムではページの左上を基準として、そこから左にいくつ、下にいくつ移動した場所なのかを示します。
HTMLやJavaScriptでは、基準からどれだけ移動したかを「1つの点」で示します。この点を「ピクセル」といい、「px」と表記します。この「px」を単位として、HTMLファイルの「style」属性を使って座標を指定します。また、基準をどこかに決めている場合は「position:absolute」と記述します。これは座標で指定するときに書かなければならない決まり文句です。
具体的な書き方としては、左からの位置を「left」、上からの位置を「top」に続けて書きます。例えば、左から20px、上から10pxの位置に「落ち物パズル」という文字を表 示するには、以下のように書きます。ちなみに「left:20px、top:10px」と書くと長いので、「(20, 10)」と書くことにします。これは左から20ピクセル、上から10ピクセルの位置という意味です。

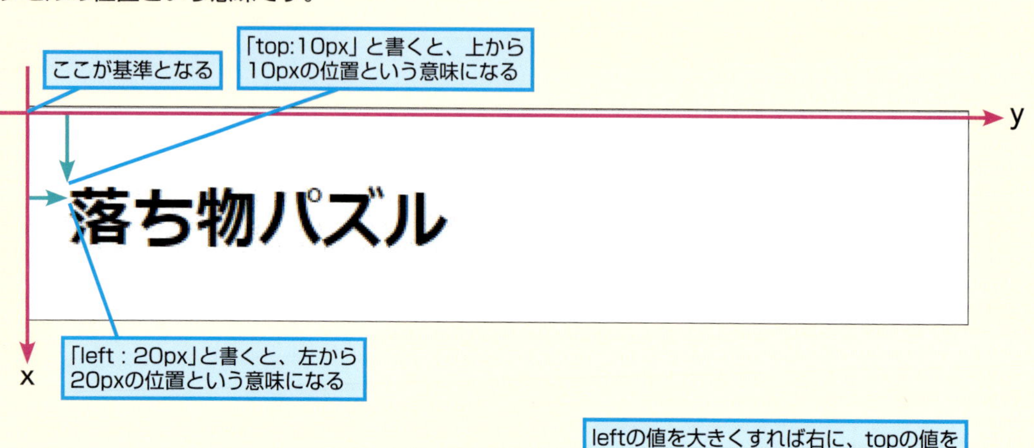

leftの値を大きくすれば右に、topの値を大きくすれば下に表示されるようになる

```
          <div style="position:absolute; left:20px; top:10px">
                <h1>落ち物パズル</h1>
          </div>
```

ゲーム画面を作る

ゲームのプレイ画面は「Canvas」という部品で作ります。129ページで説明した10×20のマスを、1マスあたり幅20px、高さ20pxで表現することにし、幅が240px、高さが440pxの大きさとします。幅と高さは、それぞれ「width」と「height」で指定します。

この本で作る落ち物パズルでは、「Canvas」を2つ重ねて使います。後ろは背景用のもので、黒く塗りつぶして壁のブロックだけを描きます。手前は背景を透明にして、落ちてくるブロックを描くのに使います。もし1つの「Canvas」で作ると、ブロックを消したときに背景が消えてしまい、もう一度背景も描き直す必要があります。背景はHTMLファイル上で「backround-color」で設定します。黒なら「black」、透明なら「transparent」を設定します。

```
<canvas id="back" width="240" height="440"
style="position:absolute; left:20px; top:150px; background-
color: black"></canvas>
```

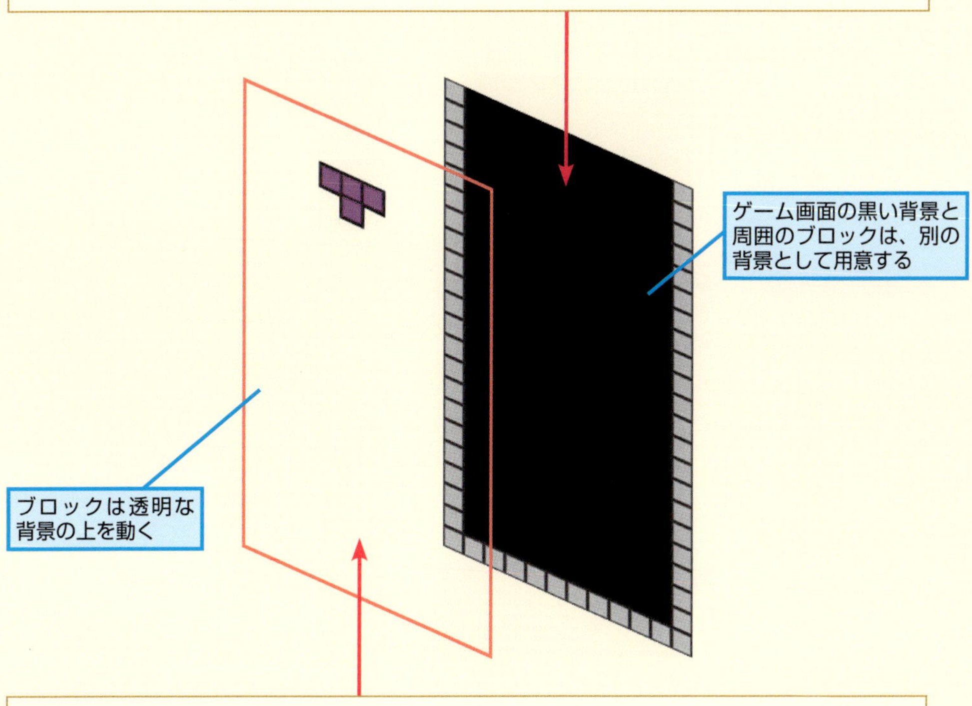


```
<canvas id="game" width="240" height="440"
style="position:absolute; left:20px; top: 150px; background-
color: transparent"></canvas>
```

transparentにすると透明になる

テーマ ゲーム画面の設計

レッスン 27 ゲーム画面を作ろう

音を読み込んだHTMLファイルを作成したところで、ゲーム画面を作っていきましょう。タイトルやスコアを表示する場所やブロックを描く場所などを作ります。

レッスンで使う
練習用フォルダー→L27

キーワード

HTML	p.246
インデント	p.246
座標	p.247
タグ	p.248
変数	p.249

1 タイトルとスコアを表示する場所を作る HTML

レッスン⑩を参考に、「index.html」を開いておく

1 以下の内容を入力

```
<body>
    <div style="position:absolute; left:20px;
top:10px">
        <h1>落ち物パズル</h1>
    </div>
</body>
```

```
019         <audio id="gameover" preload="auto">
020             <source src="oto/gameover.mp3"
        type="audio/mp3">
021         </audio>
022     </head>
023     <body>
024         <div style="position:absolute;
        left:20px; top:10px">
025             <h1>落ち物パズル</h1>
026         </div>
027     </body>
028 </html>
```

HINT!

ここで使うプログラムについて知ろう

このレッスンは前のレッスンの続きです。音声ファイルを読み込んだHTMLにコードを追加していきます。

座標で指定する

136ページで説明したように、画面の左上を基準に座標を指定して、位置を決めます。左から20ピクセル、上から10ピクセルの位置です。

ここをチェック!

「style=""」は改行せずに1行で入力します。024行目は改行せずに、つなげて入力してください。

第6章 落ち物パズルを作ろう

2 スコアの表示部分を作る HTML

1 以下の内容を入力

```
<div style="width:380px;">
␣␣␣␣スコア：<span id="tokuten">0</span>
</div>
```

```
025 ␣␣␣␣␣␣␣␣␣␣␣␣<h1>落ち物パズル</h1>
026 ␣␣␣␣␣␣␣␣␣␣␣␣<div style="width:380px;">
027 ␣␣␣␣␣␣␣␣␣␣␣␣␣␣␣␣スコア：<span id="tokuten">0</
    span>
028 ␣␣␣␣␣␣␣␣␣␣␣␣</div>
029 ␣␣␣␣␣␣␣␣</div>
030 ␣␣␣␣</body>
031 </html>
```

3 ゲームの背景部分を作る HTML

1 以下の内容を入力

```
<canvas id="back" width="240" height="440"
␣␣␣␣style="position:absolute; left:20px; top:
150px; background-color: black"></canvas>
```

```
025 ␣␣␣␣␣␣␣␣␣␣␣␣<h1>落ち物パズル</h1>
026 ␣␣␣␣␣␣␣␣␣␣␣␣<div style="width:380px;">
027 ␣␣␣␣␣␣␣␣␣␣␣␣␣␣␣␣スコア：<span id="tokuten">0</
    span>
028 ␣␣␣␣␣␣␣␣␣␣␣␣</div>
029 ␣␣␣␣␣␣␣␣</div>
030 ␣␣␣␣␣␣␣␣<canvas id="back" width="240"
    height="440"
031 ␣␣␣␣␣␣␣␣␣␣␣␣style="position:absolute;
    left:20px; top:150px; background-color:
    black"></canvas>
032 ␣␣␣␣</body>
```

HINT!

スコア部分はどうするの？

スコア部分の幅は380pxで用意します。「id」には「tokuten」という名前を付けて、プログラムから、得点をこの場所に表示できるようにします。得点を計算するプログラムは、次の章のレッスン㊲で作ります。

HINT!

ゲームの背景について知ろう

137ページで説明したように、ゲーム画面は「黒い背景」と「透明な背景」を重ねています。手順3では背景を作っており、「background-color」をblackにすることで黒色にしています。

透明な背景と黒い背景を重ねている

次のページに続く

4 ゲームのブロックを動かす画面を作る HTML

1 以下の内容を入力

```
<canvas id="game" width="240" height="440"
␣␣␣␣style="position:absolute; left:20px; top:
150px; background-color: transparent"></
canvas>
```

```
031 ␣␣␣␣␣␣␣␣␣␣␣␣style="position:absolute;
    left:20px; top:150px; background-color:
    black"></canvas>
032 ␣␣␣␣␣␣␣␣<canvas id="game" width="240"
    height="440"
033 ␣␣␣␣␣␣␣␣␣␣␣␣style="position:absolute;
    left:20px; top:150px; background-color:
    transparent;"></canvas>
034 ␣␣␣␣</body>
```

ブロックを動かす画面は背景に重ねる

ブロックを動かすための画面は、背景とまったく同じ場所に重ねて作ります。「id」には「game」という名前を付けています。「background-color」を「transparent」に設定して透明色にしてるので、背景色の黒がそのまま見えます。

5 次のブロックを表示する場所を作る HTML

1 以下の内容を入力

```
<canvas id="tsugi" width="80" height="80"
␣␣␣␣style="position:absolute; left:300px; top:
150px; background-color: black"></canvas>
```

```
033 ␣␣␣␣␣␣␣␣␣␣␣␣style="position:absolute;
    left:20px; top:150px; background-color:
    transparent;"></canvas>
034 ␣␣␣␣␣␣␣␣<canvas id="tsugi" width="80"
    height="80"
035 ␣␣␣␣␣␣␣␣␣␣␣␣style="position:absolute;
    left:300px; top:150px; background-color:
    black"></canvas>
036 ␣␣␣␣</body>
037 </html>
```

次のブロックを表示する

落ち物パズルで重要な、次に、どのようなブロックが落ちてくるのかを表示する場所です。(300, 150)の位置に、幅80、高さ80として配置しています。「id」には「tsugi」という名前を指定しています。

6 ゲームスタートのボタンを付ける HTML

1 以下の内容を入力

```
<button id="kaishibtn"
␣␣␣␣style="position: absolute; left:300px;
top:300px; width:80px; height:50px">
␣␣␣␣ゲーム<br>スタート
</button>
```

```
035 ␣␣␣␣␣␣␣␣␣␣␣␣style="position:absolute;
    left:300px;
     top:150px; background-color: black"></canvas>
036 ␣␣␣␣␣␣␣␣<button id="kaishibtn"
037 ␣␣␣␣␣␣␣␣␣␣␣␣style="position: absolute;
    left:300px; top:300px; width:80px;
    height:50px;"">
038 ␣␣␣␣␣␣␣␣␣␣␣␣ゲーム<br>スタート
039 ␣␣␣␣␣␣␣␣</button>
040 ␣␣␣␣</body>
```

2 Ctrlキーを押しながらSキーを押す　保存される

7 HTMLファイルを実行する

レッスン❾を参考にindex.htmlをGoogle Chromeで開いておく

タイトルが表示された

スコアが表示された

次のブロックを表示する場所が表示された

ゲームスタートのボタンが表示された

背景とブロックを配置する画面が表示された

ゲームスタートボタンを配置する

ゲームスタートボタンは、(300, 300)の位置に、幅80、高さ50として配置しています。idには「kaishibtn」という名前を付けました。

Point

座標で位置を指定する

HTMLファイルの「style」で「position:absolute」を指定すると、ページの好きな場所に好きな大きさで要素を配置できます。ゲームのように凝ったレイアウトにしたいときはこの方法がよく使われます。同じ位置に置いたときは、重ねて表示されます。ゲーム画面の透明な背景と黒い背景が、まったく同じ座標になっていることを確認しておきましょう。

テーマ 四角形の描画

レッスン 28

壁を描こう

ゲームの壁を描きましょう。ひとつのブロックは四角形として描き、繰り返し処理を使って左と右、下に3つの壁を作ります。ゲーム画面に重なっている背景が黒いところに描きます。

レッスンで使う練習用フォルダー ➡ L28

キーワード

HTML	p.246
繰り返し	p.247
コンテキスト	p.247
座標	p.247
変数	p.249

壁をひとつ描いてみる

1 ページが読み込まれたときに関数を実行する HTML

レッスン⑩を参考に、「index.html」を開いておく

1 「<body」に続けて以下の内容を入力

```
onload="hajime()"
```

```
022 ␣␣␣␣</head>
023 ␣␣␣␣<body onload="hajime()">
024 ␣␣␣␣␣␣␣␣<div style="position:absolute;
    left:20px; top:10px">
025 ␣␣␣␣␣␣␣␣<h1>ブロック落としゲーム</h1>
026 ␣␣␣␣␣␣␣␣␣␣␣␣<div style="width:380px;">
```

2 Ctrlキーを押しながらSキーを押す

保存される

2 hajime関数を作成する JS

レッスン⑪を参考に、「program.js」を開いておく

1 以下の内容を入力

```
function hajime() {
}
```

```
001 function hajime() {
002 }
```

HINT!

ページが読み込まれたときに壁を描く

「onload」はページが読み込まれたときに実行する関数を指定するものです。ここでは「hajime」という関数を実行するようにしています。「hajime」関数は壁を描く機能として、手順2以降で作ります。

ここをチェック！

「hajime」関数は「program.js」に記述します。ファイルの先頭に記述してください。

3 描画先のCanvasを取得する JS

1 以下の内容を入力

```
// 背景のCanvasを取得
backgamen = document.getElementById('back');
cb = backgamen.getContext('2d');
```

```
001 function hajime() {
002     // 背景のCanvasを取得
003     backgamen = document.
        getElementById('back');
004     cb = backgamen.getContext('2d');
005 }
```

4 塗りの色を設定する JS

1 以下の内容を入力

```
// 塗りを設定
cb.fillStyle = '#CCCCCC';
```

```
001 function hajime() {
002     // 背景のCanvasを取得
003     backgamen = document.
        getElementById('back');
004     cb = backgamen.getContext('2d');
005 
006     // 塗りを設定
007     cb.fillStyle = '#CCCCCC';
008 }
```

背景のCanvasに描く

HTMLには「back」という名前の背景用「Canvas」と「game」という名前のゲーム用の「Canvas」の2つを重ねています。ここでは背景の「back」のキャンバスに壁を描きます。なお、002行の「//」から始まる1行は「コメント」と呼ばれるもので、コードについてのメモを書き入れてあります。この1行はプログラムには影響を与えませんので、実際には入力しなくて大丈夫です。

2Dコンテキスト

絵を描くには、「getContext('2d')」として2Dコンテキストと呼ばれるものを取得して、それを何かの変数（ここでは「cb」）に保存し、その変数を使って描きます。

HINT!

塗る色を指定するには

塗る色は「filleStyle」で指定します。「'#CCCCCC'」は、少し薄めの白色です。ちなみに006行にあるコメントは007行に対するメモになっています。

次のページに続く

5 線の色と太さを設定する JS

1 以下の内容を入力

```
// 線を設定
cb.strokeStyle = '#333333';
cb.lineWidth = 3;
```

```
006     // 塗りを設定
007     cb.fillStyle = '#CCCCCC';
008
009     // 線を設定
010     cb.strokeStyle = '#333333';
011     cb.lineWidth = 3;
012 }
```

HINT!

線の色と幅を指定するには

線の色は「strokeStyle」で指定します。「'#333333'」は暗めの灰色です。幅は「lineWidth」で指定します。

6 四角形を塗る JS

1 以下の内容を入力

```
// 四角形を塗る
cb.fillRect(0, 0, 20, 20);
```

```
009     // 線を設定
010     cb.strokeStyle = '#333333';
011     cb.lineWidth = 3;
012
013     // 四角形を塗る
014     cb.fillRect(0, 0, 20, 20);
015 }
```

先に色を塗る

「fillRect」で先に塗りつぶした四角形を描きます。ここでは(0, 0, 20, 20)を指定しています。最初の2つの(0, 0)が左上の座標です。3つ目が幅、4つ目が高さです。ですから左上に幅20、高さ20の四角形が描かれます。

7 四角形の枠線を描く JS

1 以下の内容を入力

```
// 四角形の枠線を描く
cb.strokeRect(0, 0, 20, 20);
```

```
013 ␣␣␣␣// 四角形を塗る
014 ␣␣␣␣cb.fillRect(0, 0, 20, 20);
015
016 ␣␣␣␣// 四角形の枠線を描く
017 ␣␣␣␣cb.strokeRect(0, 0, 20, 20);
018 }
```

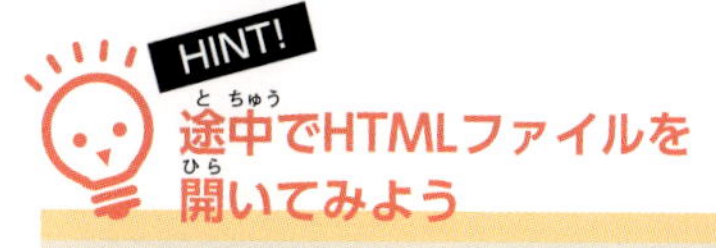

途中でHTMLファイルを開いてみよう

手順7まで入力したら、HTMLファイルを開いて確認してみましょう。左上にひとつ壁が描かれます。手順8からは、この壁を縦方向や横方向に繰り返し並べて左と右、下の壁を作ります。

手順7まで入力したら、Ctrlキーを押しながらSキーを押して保存しておく

レッスン❼を参考にindex.htmlをGoogle Chromeで開いておく

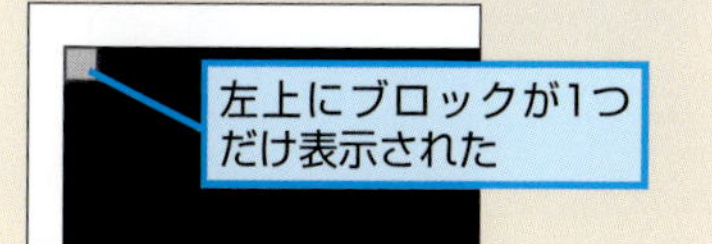

左の壁を描画する

8 x座標とy座標の開始点を左上に設定する JS

1 以下の内容を入力

```
// 左壁を描く
x = 0;
y = 0;
```

```
016 ␣␣␣␣// 四角形の枠線を描く
017 ␣␣␣␣cb.strokeRect(0, 0, 20, 20);
018
019 ␣␣␣␣// 左壁を描く
020 ␣␣␣␣x = 0;
021 ␣␣␣␣y = 0;
022 }
```

HINT!

左側の壁を作るには

左側の壁は縦方向に22個並べて作ります。まずは、左上の座標を保存する変数「x」と「y」を用意し、開始点となる左上の座標である(0, 0)に設定します。

手順10まで入力したら、Ctrlキーを押しながらSキーを押して保存しておく

レッスン❾を参考にindex.htmlをGoogle Chromeで開いておく

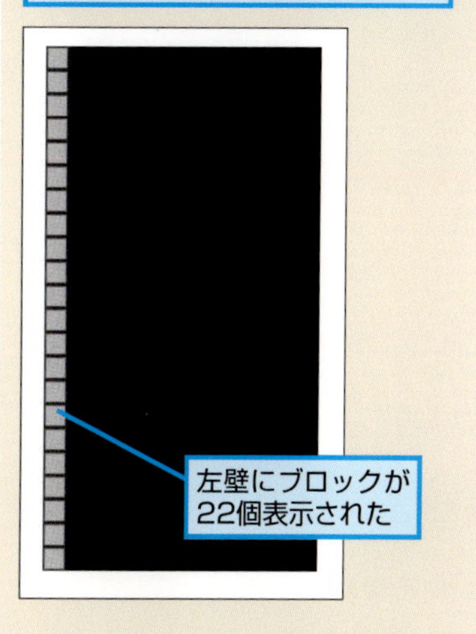

次のページに続く

9 22回縦に繰り返す JS

1 以下の内容を入力

```
for (i = 0; i < 22; i++) {
␣␣␣␣cb.fillRect(x, y, 20, 20);
␣␣␣␣cb.strokeRect(x, y, 20, 20);
}
```

```
019 ␣␣␣␣// 左壁を描く
020 ␣␣␣␣x = 0;
021 ␣␣␣␣y = 0;
022
023 ␣␣␣␣for (i = 0; i < 22; i++) {
024 ␣␣␣␣␣␣␣␣cb.fillRect(x, y, 20, 20);
025 ␣␣␣␣␣␣␣␣cb.strokeRect(x, y, 20, 20);
026 ␣␣␣␣}
027 }
```

HINT! 何度も同じ操作を繰り返すには

繰り返すには「for」を使います。ここでは変数「i」を使って22回繰り返しています。

10 繰り返しのなかでy座標を20ずつ増やす JS

1 以下の内容を入力

```
y = y + 20;
```

```
019 ␣␣␣␣// 左壁を描く
020 ␣␣␣␣x = 0;
021 ␣␣␣␣y = 0;
022
023 ␣␣␣␣for (i = 0; i < 22; i++) {
024 ␣␣␣␣␣␣␣␣cb.fillRect(x, y, 20, 20);
025 ␣␣␣␣␣␣␣␣cb.strokeRect(x, y, 20, 20);
026 ␣␣␣␣␣␣␣␣y = y + 20;
027 ␣␣␣␣}
028 }
```

HINT! 縦方向にずらすには

「for」構文の中で、1回実行するたびに「y」座標を20増やします。すると、「y」座標は、ループの中で、0、20、40、60、…20ずつ下に移動していくので、上から下に向けて、順に壁のブロックが並びます。

右の壁と下の壁を描画する

11 右壁を描画する JS

1 以下の内容を入力

```
// 右壁を描く
x = 220;
y = 0;

for (i = 0; i < 22; i++) {
␣␣␣␣cb.fillRect(x, y, 20, 20);
␣␣␣␣cb.strokeRect(x, y, 20, 20);
␣␣␣␣y = y + 20;
}
```

```
023 ␣␣␣␣for (i = 0; i < 22; i++) {
024 ␣␣␣␣␣␣␣␣cb.fillRect(x, y, 20, 20);
025 ␣␣␣␣␣␣␣␣cb.strokeRect(x, y, 20, 20);
026 ␣␣␣␣␣␣␣␣y = y + 20;
027 ␣␣␣␣}
028
029 ␣␣␣␣// 右壁を描く
030 ␣␣␣␣x = 220;
031 ␣␣␣␣y = 0;
032
033 ␣␣␣␣for (i = 0; i < 22; i++) {
034 ␣␣␣␣␣␣␣␣cb.fillRect(x, y, 20, 20);
035 ␣␣␣␣␣␣␣␣cb.strokeRect(x, y, 20, 20);
036 ␣␣␣␣␣␣␣␣y = y + 20;
037 ␣␣␣␣}
038 }
```

右側の壁を作るには

右側の壁はx座標が220という以外は左側の壁と同じです。同じように「for」を使って繰り返し描いて作ります。

手順10まで入力したら、Ctrlキーを押しながらSキーを押して保存しておく

レッスン❼を参考にindex.htmlをGoogle Chromeで開いておく

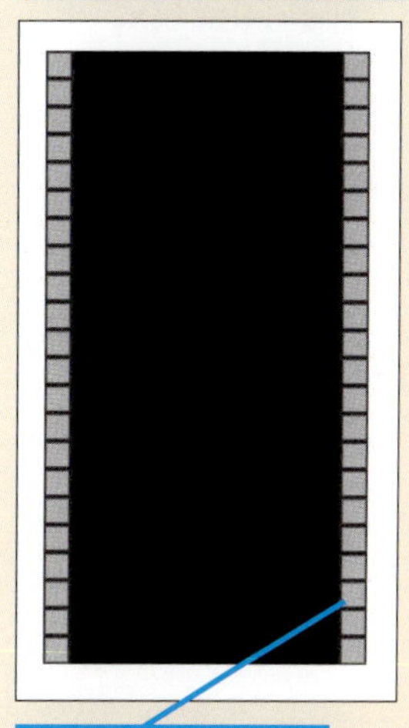

右壁にもブロックが22個表示された

次のページに続く

12 下壁を描画する JS

1 以下の内容を入力

```
// 下壁を描く
x = 0;
y = 420;

for (i = 0; i < 22; i++) {
    cb.fillRect(x, y, 20, 20);
    cb.strokeRect(x, y, 20, 20);
    x = x + 20;
}
```

```
029     // 右壁を描く
030     x = 220;
031     y = 0;
032
033     for (i = 0; i < 22; i++) {
034         cb.fillRect(x, y, 20, 20);
035         cb.strokeRect(x, y, 20, 20);
036         y = y + 20;
037     }
038
039     // 下壁を描く
040     x = 0;
041     y = 420;
042
043     for (i = 0; i < 22; i++) {
044         cb.fillRect(x, y, 20, 20);
045         cb.strokeRect(x, y, 20, 20);
046         x = x + 20;
047     }
048 }
```

2 Ctrlキーを押しながらSキーを押す　保存される

HINT!

下の壁を作るには

下の壁は横方向に並べて作ります。ループのなかでは「y」座標を増やすのではなく、「x」座標を増やして左から右方向に向けて並べます。

左下と右下は2回描かれる

横壁を作る処理ではi=0の部分からi=21の部分（「for構文」で指定している値よりもひとつ少ない値）までを描いていますが、この位置はすでに左壁と右壁を描いているので2回描くことになります。正確には、左端と右端を除外して、for (i = 1; i < 21; i++)だけ描けば足ります。

第6章 落ち物パズルを作ろう

テクニック 自分の好きな背景にするには

この本ではゲームの背景を黒色にしていますが、ここに自分の好きな画像を表示することもできます。好きな画像を表示したいときは、音声ファイルと同様に、画像ファイルをあらかじめフォルダーに用意しておきます。たとえば、「gazou」などのフォルダーを作って、そこに置きます。

そして「background:'black'」と書かれている部分を、次のように書き換えます。「background-repeat」は繰り返すかどうか、「background-size」は全体を拡大するかどうかの指定です。

```
<canvas id="back" width="240" height="440"
␣␣␣␣style="position:absolute; left:20px; top:150px;
 background-color: black"></canvas>
```

↓

```
<canvas id="back" width="240" height="440"
␣␣␣␣style="position:absolute; left:20px; top:150px;
 background: url('gazou/haikei.png');
 background-repeat: no-repeat;
 background-size: cover"></canvas>
```

13 HTMLファイルを実行する

レッスン❾を参考にindex.htmlをGoogle Chromeで開いておく

壁が描画された

Point
Canvasに描く

「Canvas」は図や絵などを描くときに使う部品です。「Canvas」に描くには、まず、「getElementById」で「Canvas」を取得して、それから「getContext('2d')」とします。こうして取得した変数の「drawRect」や「fillRect」を使って四角形を描きます。ほかにも点や直線、円を描いたり、画像を配置したりする機能もあり、ゲームを作るときによく使われます。

ブロックを描く

ブロックは四角形の組み合わせとして作ります。落ち物パズルでは全部で7種類のブロックがありますが、ここではT字のブロックを例にして説明します。描くときは左上を基点として描いていきます。

ブロックを描く位置

ブロックが落ちてくる部分は横10×縦20のマスです。どのマスを指しているのか分かりやすくするため、ここでは、左から0、1、…、11、上から0、1、…、21のように番号を割り当てます。実際に描くときは、1つのマスを幅20px、高さ20pxの大きさとします。T字のブロックは4つのブロックで作られています。それぞれの座標を計算すると、次のように描けます。

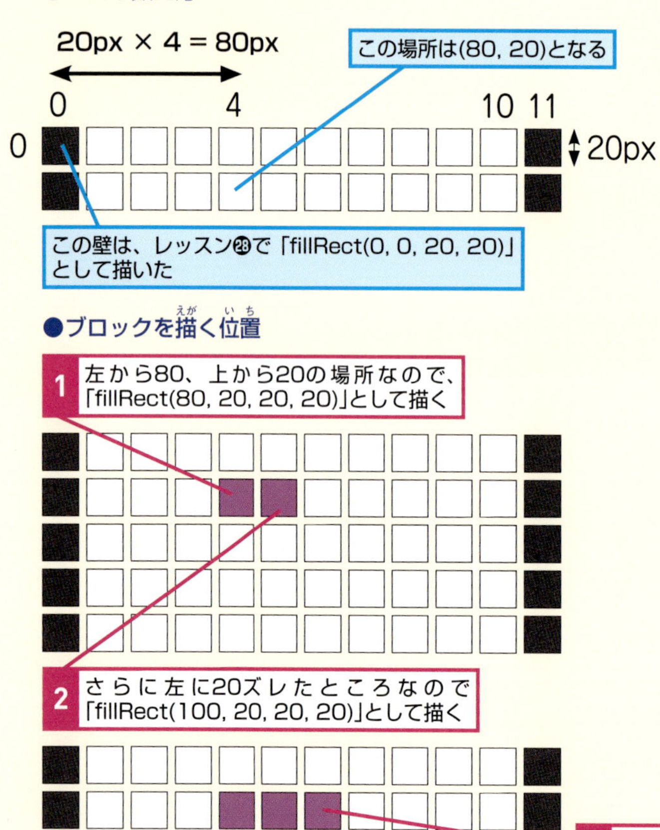

左上の座標を基点に描く

いつもブロックを決まった場所に描くのなら、このように座標を計算するのが分かりやすいですが、このゲームではブロックが動くので、そういうわけにもいきません。ブロックを動かすことを考えた場合、どこかを基点にして、その基点から座標を計算して描くようにします。この本ではブロックを4×4マスで管理し、左上の位置を変数で管理するようにします。変数の名前はix、iyとします。この変数の位置を基準に、描くべき座標を計算します。

●起点となる左上の座 標

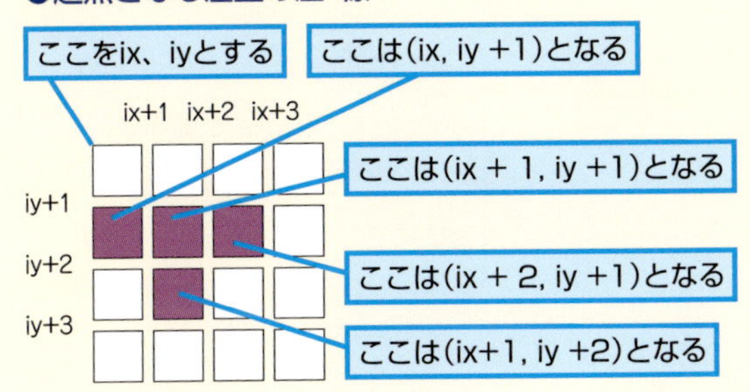

●ブロックが動いたときの座 標

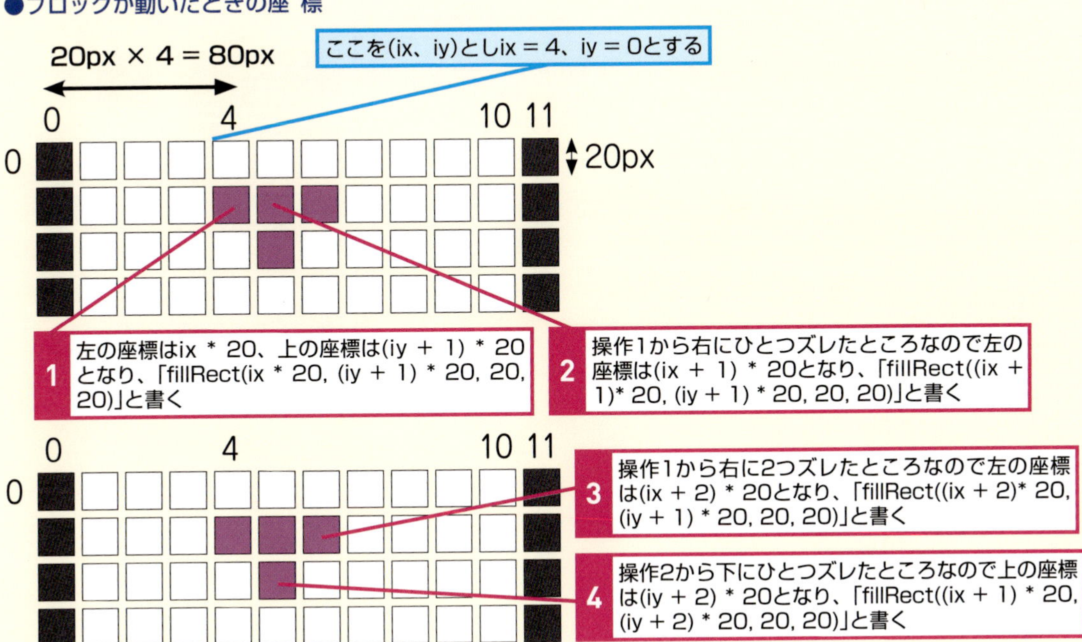

0 1 5 10 11

0

1

1つ右の場所に描けるようになりました。変数を使って計算しているので、これらの式を変更する必要はなく、ixを変えるだけでかまいません。ちなみに、iyを増やせば、下にも描けるので、ブロックを落とすことができます。

テーマ ブロックの描画

レッスン 29 ブロックを描画しよう

落ちてくるブロックを描画してみましょう。ここでは仮に、ゲーム画面の真ん中にT字のブロックを描いてみます。色がないと無機質なブロックになるので紫っぽい色も塗っています。

レッスンで使う練習用フォルダー ➡ L29

キーワード

HTML	p.246
繰り返し	p.247
コンテキスト	p.247
座標	p.247
変数	p.249

1 ゲームスタートボタンがクリックされたときに関数を実行する HTML

6ページを参考に練習用ファイルを上書きしておく

1 以下の内容を入力

```
onclick="gamekaishi()"
```

```
036 ________<button id="kaishibtn"
037 ____________style="position: absolute;
    left:300px; top:300px; width:80px;
    height:50px" onclick="gamekaishi()">
038 ________ゲーム<br>スタート
039 ________</button>
040 ____</body>
041 </html>
```

2 gamekaishi関数を作成する JS

レッスン⓫を参考に、「program.js」を開いておく

1 以下の内容を入力

```
function gamekaishi() {
}
```

```
001 function gamekaishi() {
002 }
003 
004 function hajime() {
```

HINT! ブロックを描く場所と種類を確認しよう

落ちてくるブロックはさまざまですが、ここでは次のようなT字のブロックを描くことにします。

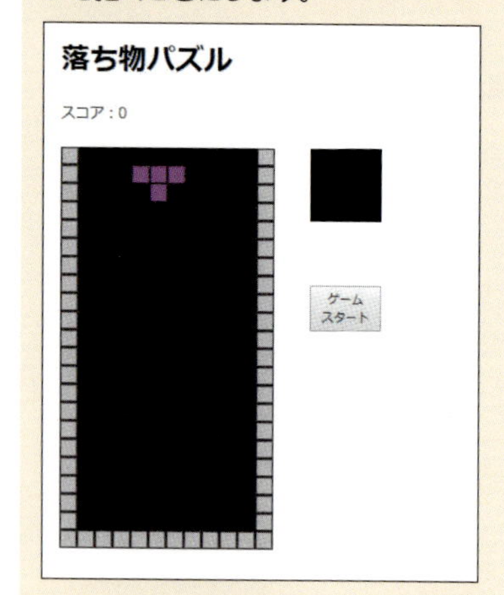

HINT! ゲームスタートボタンがクリックされたときは

［ゲームスタート］ボタンがクリックされたときにゲーム開始とします。「onclick="gamekaishi()"」として、クリックされたときには「gamekaishi」関数が実行されるようにします。この関数では実際にゲームを始めるプログラムを書くのですが、手始めに、T字のブロックを描く処理だけを作っていきます。

第6章 落ち物パズルを作ろう

3 描画先のCanvasを取得する JS

1 以下の内容を入力

```
gamegamen = document.getElementById('game');
cg = gamegamen.getContext('2d');
```

```
001 function gamekaishi() {
002 ␣␣␣␣gamegamen = document.
    getElementById('game');
003 ␣␣␣␣cg = gamegamen.getContext('2d');
004 }
005
006 function hajime() {
```

HINT! 関数を作る場所は

「gamenkaishi」関数を「program.js」の一番上から追加していくことにします。前のレッスンで作った「hajime」関数の前に書きます。

HINT! 改行しないように気をつけよう

002行目は折り返していますが、入力するときは改行せず、1行で入力してください。

4 描画先のCanvasを取得する JS

1 以下の内容を入力

```
// 画面を消す
cg.clearRect(0, 0, 239, 439);
```

```
001 function gamekaishi() {
002 ␣␣␣␣gamegamen = document.
    getElementById('game');
003 ␣␣␣␣cg = gamegamen.getContext('2d');
004
005 ␣␣␣␣// 画面を消す
006 ␣␣␣␣cg.clearRect(0, 0, 239, 439);
007 }
008
009 function hajime() {
```

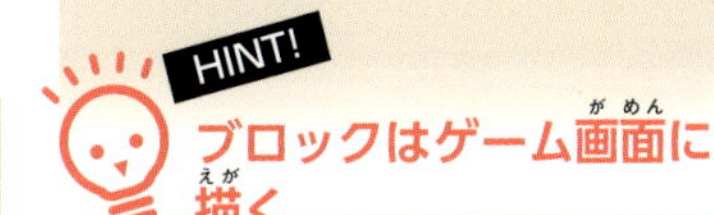

HINT! ブロックはゲーム画面に描く

T字のブロックは、重なっている「Canvas」の手前側の「game」という名前を付けたほうに描きます。

HINT! ゲームオーバーの画面は消しておく

[ゲームスタート] がクリックされたときは、ゲーム画面全体を消しましょう。そうしないと、ゲームをもう一度始めるときに、前にゲームオーバーとなった画面が残ってしまいます。

次のページに続く

5 描画先の左上の座標を設定する JS

1 以下の内容を入力

```
// 仮のT型のブロックを置く
// 左上の座標
ix = 4;
iy = 0;
```

```
006 ␣␣␣␣cg.clearRect(0, 0, 239, 439);
007
008 ␣␣␣␣// 仮のT型のブロックを置く
009 ␣␣␣␣// 左上の座標
010 ␣␣␣␣ix = 4;
011 ␣␣␣␣iy = 0;
012 }
013
014 function hajime() {
```

ブロックを描く場所は

150ページで説明したようにブロックの場所は横10×高さ20に区切って考えます。この場所を「ix」「iy」という名前の変数に設定します。

6 ブロックの色を設定する JS

1 以下の内容を入力

```
// ブロックの色
cg.fillStyle = '#CC00CC';
cg.strokeStyle = '#333333';
cg.lineWidth = 3;
```

```
011 ␣␣␣␣iy = 0;
012
013 ␣␣␣␣// ブロックの色
014 ␣␣␣␣cg.fillStyle = '#CC00CC';
015 ␣␣␣␣cg.strokeStyle = '#333333';
016 ␣␣␣␣cg.lineWidth = 3;
017 }
018
019 function hajime() {
```

「'#CC00CC'」を指定して、紫っぽい色にしています。

7 1つ目のブロックを描く JS

1 以下の内容を入力

```
// 1つ目
cg.fillRect(ix * 20, (iy + 1) * 20, 20, 20);
cg.strokeRect(ix * 20, (iy + 1) * 20, 20, 20);
```

```
016 ␣␣␣␣cg.lineWidth = 3;
017
018 ␣␣␣␣// 1つ目
019 ␣␣␣␣cg.fillRect(ix * 20, (iy + 1) * 20, 20,
     20);
020 ␣␣␣␣cg.strokeRect(ix * 20, (iy + 1) * 20, 20,
     20);
021 }
```

8 2つ目のブロックを描く JS

1 以下の内容を入力

```
// 2つ目
cg.fillRect((ix + 1) * 20, (iy + 1) * 20, 20,
20);
cg.strokeRect((ix + 1)* 20, (iy + 1) * 20, 20,
20);
```

```
020 ␣␣␣␣cg.strokeRect(ix * 20, (iy + 1) * 20, 20,
     20);
021
022 ␣␣␣␣// 2つ目
023 ␣␣␣␣cg.fillRect((ix + 1) * 20, (iy + 1) * 20,
    20, 20);
024 ␣␣␣␣cg.strokeRect((ix + 1)* 20, (iy + 1) * 20,
    20, 20);
025 }
```

HINT!

ブロックを描く場所を確認しよう

T字ブロックの左上は(ix +1, iy)から描き始めます。マスの大きさは20pxとして描くので、この値に20をかけた値が、描く左上の座標になります。

1つ目のブロック

下の場所にブロックを描いています。(ix, iy + 1)の場所です。

この位置にブロックを描いている

HINT!

2つ目のブロック

下の場所にブロックを描いています。(ix + 1, iy + 1)の場所です。

この位置にブロックを描いている

次のページに続く

9 3つ目と4つ目のブロックを描く

1 以下の内容を入力

```
// 3つ目
cg.fillRect((ix + 2) * 20, (iy + 1) * 20, 20,
20);
cg.strokeRect((ix + 2)* 20, (iy + 1) * 20, 20,
20);

// 4つ目
cg.fillRect((ix + 1) * 20, (iy + 2) * 20, 20,
20);
cg.strokeRect((ix + 1)* 20, (iy + 2) * 20, 20,
20);
```

```
024 ␣␣␣␣cg.strokeRect((ix + 1)* 20, (iy + 1) * 20,
    20, 20);
025
026 ␣␣␣␣// 3つ目
027 ␣␣␣␣cg.fillRect((ix + 2) * 20, (iy + 1) * 20,
    20, 20);
028 ␣␣␣␣cg.strokeRect((ix + 2)* 20, (iy + 1) * 20,
    20, 20);
029
030 ␣␣␣␣// 4つ目
031 ␣␣␣␣cg.fillRect((ix + 1) * 20, (iy + 2) * 20,
    20, 20);
032 ␣␣␣␣cg.strokeRect((ix + 1)* 20, (iy + 2) * 20,
    20, 20);
033 }
034
035 function hajime() {
```

2 Ctrlキーを押しながらSキーを押す

保存される

3つ目のブロック

下の場所にブロックを描いています。(ix + 2, iy + 1)の場所です。

この位置にブロックを描いている

4つ目のブロック

下の場所にブロックを描いています。(ix + 1, iy + 2)の場所です。

この位置にブロックを描いている

10 HTMLファイルを実行する

レッスン❾を参考にindex.htmlをGoogle Chromeで開いておく

1 [ゲームスタート]をクリック

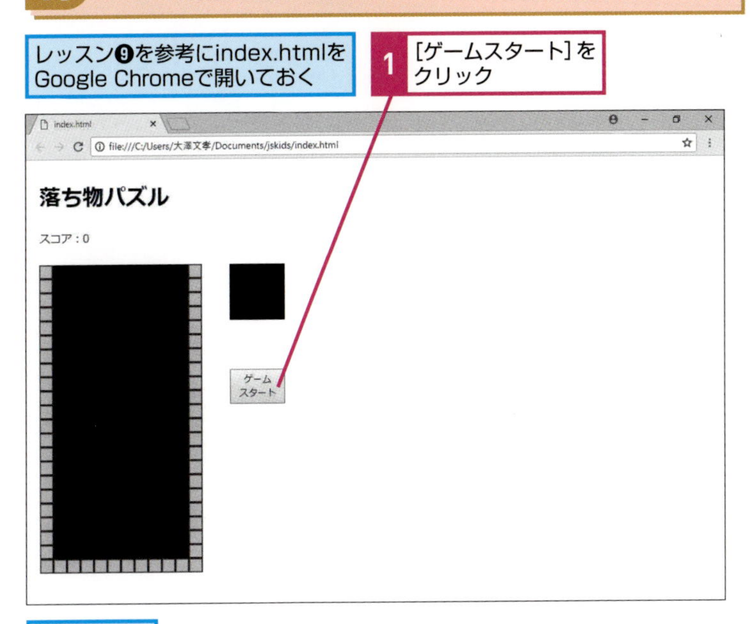

ブロックが表示された

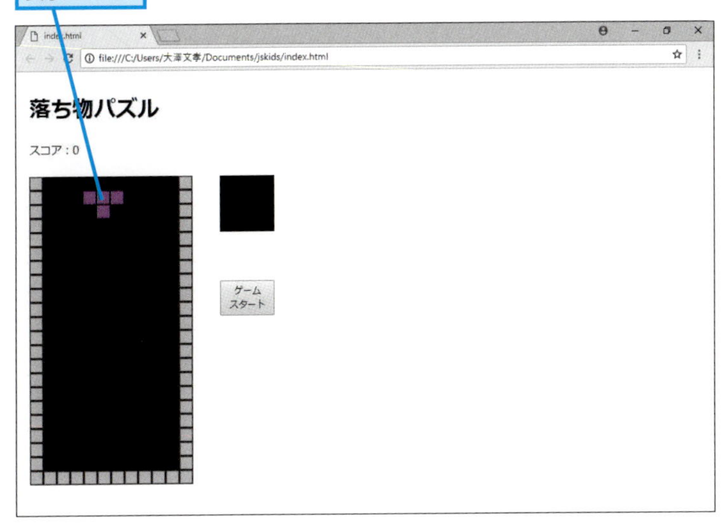

ゲームを開始するには

前のレッスンでは「onload」の処理で壁を描いたので、壁はHTMLファイルを開いたときに表示されます。このレッスンでT字のブロックを描く処理は[ゲームスタート]ボタンの「onclick」の処理で描いているので、このボタンがクリックされるまでは描かれません。

Point

四角形を組み合わせてブロックを描く

ブロックは4つの四角形を組み合わせて描きます。左上の座標を決めて、そこから、ズレている部分を計算して、そこに描きます。このようにしておくと、左上の座標を変えることで、好きな場所に描けます。たとえば「ix=4」の部分を「ix=5」とすれば、右に1つズレた場所に描けます。ここではT字のブロックだけを描いていますが、ほかの形のブロックも同じ方法で描きます。

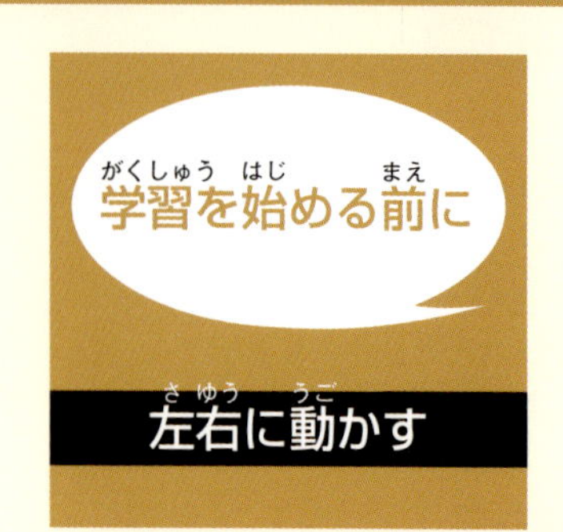

ブロックを左右に動かすには

レッスン㉚とレッスン㉛ではキーボード操作でブロックを左右に動かせるようにします。使うキーは←キーと→キーです。キーが押されたときに実行するプログラムを結び付けるには「onkeydown」を使います。

「動かす」ということ

ブロックを「動かす」という動作をプログラムとして考えると、現在のブロックを消して、ずらした新しい場所に描き直すことです。ここまでのレッスンでは描き始める場所の左上を変数「ix」と「iy」で示しています。ブロックを描く先は「ix」を1増やすと右に、1減らすと左にズレます。つまり←キーや→キーが押されたときに、「ix」の値を増やしたり減らしたりすることでブロックを動かすことができます。

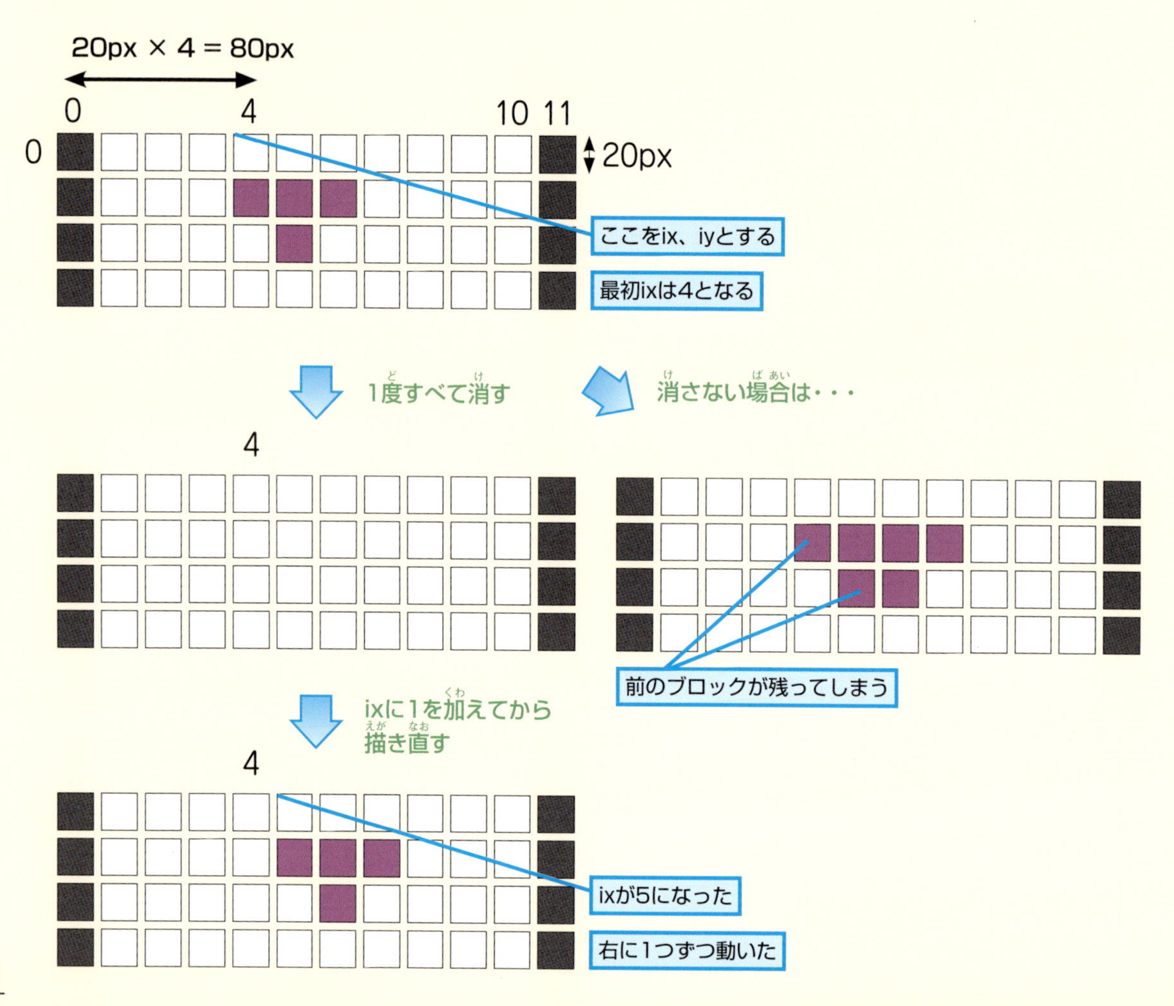

ブロックを消す

ブロックの残像が残らないようにするためには、ixの値を変える前に、今表示されているブロックを消さなければなりません。消し方はいくつかありますが、2Dキャンバスには「消しゴムのような機能」があり、「globalCompositeOperation」を「'destinatio-out'」に設定した後に描くと、描いたところが消えます。元に戻すには「'source-over'」を設定します。

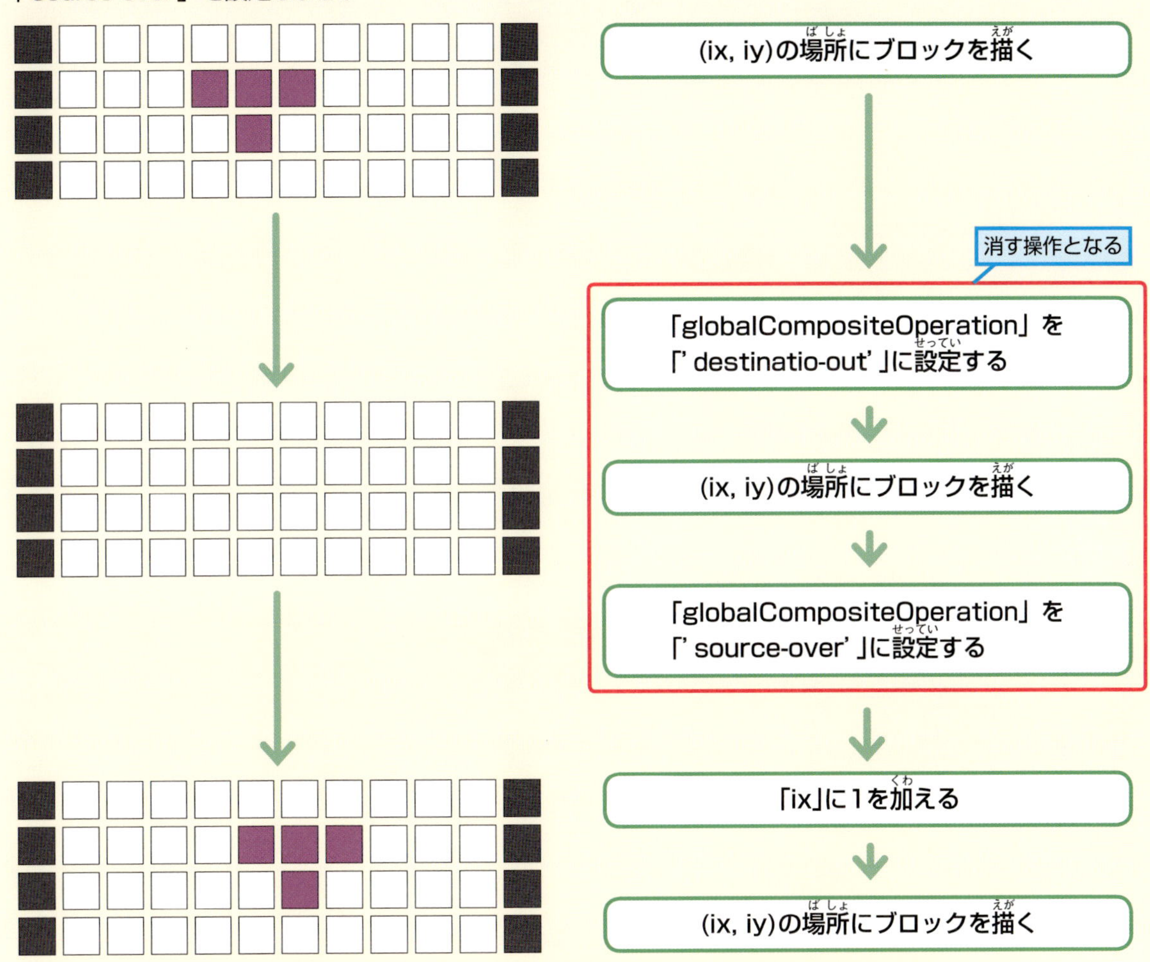

描く操作を関数にする

「globalCompositeOperation」を切り替えるだけで、描くときも消すときも同じ「(ix, iy)の場所に描く」という操作で実現できます。このような何度も使う操作は関数として作ります。関数に続けて（ ）を書くと、その中に値を渡せます。これを引数といいます。レッスン㉚では「kaku（描く）」という関数を作り、2Dコンテキスト、ix、iyを渡して、そこにT字のブロックを描くようにします。するとブロックを描きたいときは「kaku(2Dコンテキスト, ix ,iy);」と記述するだけで済むようになります。

テーマ 関数を作る

レッスン 30

ブロックを描く処理を関数にしよう

次のレッスンではブロックを左右に動かす機能を作ります。このレッスンでは、そのための準備として、「ブロックを描く機能」と「ブロックを消す機能」を関数として作ります。

レッスンで使う練習用フォルダー → L30

キーワード

Canvas	p.246
関数	p.247
コメント	p.247
座標	p.247
変数	p.249

1 ブロックを描く関数を作る JS

6ページを参考に、「program.js」を開いておく

1 以下の内容を入力

```
function kaku(c, bx, by) {
}
```

```
001 function kaku(c, bx, by) {
002 }
003 ␣␣␣␣
004 function gamekaishi() {
```

HINT!

ブロックを描く関数は

まずはブロックを描く関数を「kaku(c, bx, by)」として作ります。( ) のなかは関数に渡す値で「引数」と呼ばれます。引数は先頭から、「描画先の2Dコンテキスト」「描く先の左からの位置」「描く先の右からの位置」とします。

2 ブロックの色と線を設定する JS

1 以下の内容を入力

```
// ブロックの色と線
c.fillStyle = '#CC00CC';
c.strokeStyle = '#333333';
c.lineWidth = 3;
```

```
001 function kaku(c, bx, by) {
002 ␣␣␣␣// ブロックの色と線
003 ␣␣␣␣c.fillStyle = '#CC00CC';
004 ␣␣␣␣c.strokeStyle = '#333333';
005 ␣␣␣␣c.lineWidth = 3;
006 }
007 
008 function gamekaishi() {
```

ここをチェック！

「kaku」関数は「program.js」に記述します。ファイルの先頭に記述してください。すでに作成した「gamekaishi」関数の前に書くことになります。

第6章 落ち物パズルを作ろう

3 1つ目と2つ目のブロックを描く JS

1 以下の内容を入力

```
// ブロックを描く
// 1つ目
c.fillRect(bx * 20, (by + 1) * 20, 20, 20);
c.strokeRect(bx * 20, (by + 1) * 20, 20, 20);

// 2つ目
c.fillRect((bx + 1) * 20, (by + 1) * 20, 20,
20);
c.strokeRect((bx + 1)* 20, (by + 1) * 20, 20,
20);
```

```
001 function kaku(c, bx, by) {
002 ␣␣␣␣// ブロックの色と線
003 ␣␣␣␣c.fillStyle = '#CC00CC';
004 ␣␣␣␣c.strokeStyle = '#333333';
005 ␣␣␣␣c.lineWidth = 3;
006
007 ␣␣␣␣// ブロックを描く
008 ␣␣␣␣// 1つ目
009 ␣␣␣␣c.fillRect(bx * 20, (by + 1) * 20, 20, 20);
010 ␣␣␣␣c.strokeRect(bx * 20, (by + 1) * 20, 20,
    20);
011
012 ␣␣␣␣// 2つ目
013 ␣␣␣␣c.fillRect((bx + 1) * 20, (by + 1) * 20,
    20, 20);
014 ␣␣␣␣c.strokeRect((bx + 1)* 20, (by + 1) * 20,
    20, 20);
015 }
016
017 function gamekaishi() {
```

HINT! ブロックを描く位置は

「kaku」関数では、2Dコンテキストを「c」、描画する場所を「bx」、「by」で受け取っています。ですから、前のレッスンでcx、ix、iyとしていた部分を、それぞれ「c」、「bx」、「by」に置き換えて、その場所に描くようにします。

HINT! T字のブロックを描く

この関数では紫色でT字のブロックを描いています。やっていることはレッスン㉙と同じで、対象の変数名が違うだけです。

このような形のブロックを描く

次のページに続く

4 3つ目と4つ目のブロックを描く JS

1 以下の内容を入力

```
// 3つ目
c.fillRect((bx + 2) * 20, (by + 1) * 20, 20,
20);
c.strokeRect((bx + 2)* 20, (by + 1) * 20, 20,
20);

// 4つ目
c.fillRect((bx + 1) * 20, (by + 2) * 20, 20,
20);
c.strokeRect((bx + 1)* 20, (by + 2) * 20, 20,
20);
```

```
012     // 2つ目
013     c.fillRect((bx + 1) * 20, (by + 1) * 20,
    20, 20);
014     c.strokeRect((bx + 1)* 20, (by + 1) * 20,
    20, 20);
015
016     // 3つ目
017     c.fillRect((bx + 2) * 20, (by + 1) * 20,
    20, 20);
018     c.strokeRect((bx + 2)* 20, (by + 1) * 20,
    20, 20);
019
020     // 4つ目
021     c.fillRect((bx + 1) * 20, (by + 2) * 20,
    20, 20);
022    c.strokeRect((bx + 1)* 20, (by + 2) * 20,
    20, 20);
023 }
024
025 function gamekaishi() {
```

HINT! コピーと置換で簡単に作る

1つ目から4つ目のブロックを描く操作は、前のレッスンで行ったのと「cx→c」「ix→bx」「iy→by」と置き換わっただけです。Visual Studio Codeのコピー機能を使ってコピー&ペーストし、必要なところを変更すると、簡単に入力できます。

5 ブロックを消す関数を作る JS

1 以下の内容を入力

```
function kesu(c, bx, by) {
}
```

```
001 function kesu(c, bx, by) {
002 }
003
004 function kaku(c, bx, by) {
005 ␣␣␣␣// ブロックの色と線
006 ␣␣␣␣c.fillStyle = '#CC00CC';
007 ␣␣␣␣c.strokeStyle = '#333333';
008 ␣␣␣␣c.lineWidth = 3;
```

6 消す処理に変更する

1 以下の内容を入力

```
// 消す処理にする
c.globalCompositeOperation = 'destination-out';
```

```
001 function kesu(c, bx, by) {
002 ␣␣␣␣// 消す処理にする
003 ␣␣␣␣c.globalCompositeOperation =
    'destination-out';
004 }
005
006 function kaku(c, bx, by) {
007 ␣␣␣␣// ブロックの色と線
008 ␣␣␣␣c.fillStyle = '#CC00CC';
009 ␣␣␣␣c.strokeStyle = '#333333';
010 ␣␣␣␣c.lineWidth = 3;
```

HINT! ブロックを消す関数は

ブロックを消す関数は「kesu(c, bx, by)」として作ります。引数の意味は「kaku」関数と同じで、先頭から、「描画先の2Dコンテキスト」「消す先の左からの位置」「消す先の右からの位置」とします。

HINT! 消しゴムのようなモードに切り替える

消す処理では、「c.globalCompositeOperation='destination-out'」を設定します。そうすると2Dコンテキストが消しゴムのようなモードに切り替わり、描いた部分が消えるようになります。

次のページに続く

7 描画することで消す JS

1 以下の内容を入力

```
// 描く（実際は消える）
kaku(c, bx, by);
```

```
001 function kesu(c, bx, by) {
002     // 消す処理にする
003     c.globalCompositeOperation =
    'destination-out';
004     // 描く（実際は消える）
005     kaku(c, bx, by);
006 }
007 
008 function kaku(c, bx, by) {
```

HINT! ブロックを消すには

手順6で消しゴムのようなモードに切り替えているので、ここで「kaku(c, bx, by)」を実行してブロックを描くと、実際には描かれずに、描いた内容が消えます。

8 描画する処理に戻す JS

1 以下の内容を入力

```
// 元の描く処理に戻す
c.globalCompositeOperation = 'source-over';
```

```
001 function kesu(c, bx, by) {
002     // 消す処理にする
003     c.globalCompositeOperation =
    'destination-out';
004     // 描く（実際は消える）
005     kaku(c, bx, by);
006     // 元の描く処理に戻す
007     c.globalCompositeOperation = 'source-over';
008 }
009 
010 function kaku(c, bx, by) {
```

HINT! モードを戻すには

「c.globalCompositeOperation = 'source-over';」として、消しゴムのようなモードから、ふつうのモードに戻しておきます。これを忘れると、ブロックを描いても消えてしまいます。

9 関数を使って描画するようにする JS

右のHINT!を参考にコードを削除しておく

046行目に記述する

1 以下の内容を入力

```
kaku(cg, ix, iy);
```

```
034 function gamekaishi() {
035 ␣␣␣␣gamegamen = document.
    getElementById('game');
036 ␣␣␣␣cg = gamegamen.getContext('2d');
037 
038 ␣␣␣␣// 画面を消す
039 ␣␣␣␣cg.clearRect(0, 0, 239, 439);
040 ␣␣␣␣
041 ␣␣␣␣// 仮のT型のブロックを置く
042 ␣␣␣␣// 左上の座標
043 ␣␣␣␣ix = 4;
044 ␣␣␣␣iy = 0;
045 ␣␣␣␣
046 ␣␣␣␣kaku(cg, ix, iy);
047 }
```

2 Ctrl キーを押しながら S キーを押す

保存される

HINT! 重複しているコードを削除する

このレッスンではブロックを描く処理を「kaku」関数として作りました。前のレッスンでも、同じようにブロックを描く処理を「gamekaishi」関数のなかに作りました。同じ処理が2つあるのは無駄なので、手順9では、ブロックを描く処理を、このレッスンで作った「kaku」関数を実行する方法に置き換えます。そうすると「gamenkaishi」の中身がすっきりとします。

HINT! レッスン㉙で作ったコードを削除する

手順9で削除するコードは、レッスン㉙の手順6から手順9までで作った約20行分のコードです。他の行を消さないように注意しましょう。

```
// ブロックの色
～
cg.strokeRect((ix + 1)* 20, (iy + 2) * 20, 20, 20);
```

Point よく使う機能は関数としてまとめる

ブロックを描いたり消したりする操作は、このゲームでよく使われます。そこでこのレッスンでやったように「kaku」や「kesu」などの関数にしておきます。そうしておけば、たとえば、左から4番目、上から0番目のところにブロックを描きたいときは「kaku(cg, 4, 0)」のようすれば描けます。消したいときも「kesu(cg, 4, 0)」のようにすれば消せます。
まとまった処理は関数にしておいて、どこからでも簡単に実行できるようにするとプログラムが短く見通しがよくなります。

テーマ ブロックの動きと音を作る

ブロックを左右に動かそう

レッスンで使う練習用フォルダー ➡ L31

キーワード

Canvas	p.246
関数	p.247
コメント	p.247
座標	p.247
変数	p.249

キーボードの左右の矢印キーが押されたときにブロックが左右に動くようにしましょう。いまのブロックを消して、描画する場所を変えてから描き直すと動いているように見えます。

1 キーボードが押されたときに関数を実行する HTML

レッスン⑩を参考に、「index.html」を開いておく

1 以下の内容を入力

```
onkeydown="ugokasu(event)"
```

```
022 ␣␣␣␣</head>
023 ␣␣␣␣<body onload="hajime()"
    onkeydown="ugokasu(event)">
024 ␣␣␣␣<div style="position:absolute; left:20px;
    top:10px">
```

2 Ctrlキーを押しながらSキーを押す

保存される

2 キーが押されたときの関数を作成する JS

レッスン⑪を参考に、「program.js」を開いておく

1 以下の内容を入力

```
function ugokasu(e) {
}
```

```
001 function ugokasu(e) {
002 }
003 
004 function kesu(c, bx, by) {
```

HINT!

「onkeydown」って何？

「onkeydown」を指定すると、キーボードが押されたときに関数が実行されるように設定できます。ここでは「onkeydown="ugokasu(event)"」として、「ugokasu」関数を実行するようにしています。( )のなかに指定している「event」は、どのキーが押されたかを判断するのに使います。

HINT!

「ugokasu」関数の「e」は何？

「ugokasu」関数は、「ugokasu(e)」のようにしました。この「e」は、「onclick="ugokasu(event)"」で指定している「event」に相当するもので、この引数から、押されたキーを判断します。

ここをチェック！

「ugokasu」関数は「program.js」に記述します。ファイルの先頭に記述してください。すでに作成した「kesu」関数の前に書くことになります。

第6章 落ち物パズルを作ろう

3 Canvasと2Dコンテキストを取得する JS

1 以下の内容を入力

```
// 描く先のCanvasを取得
gamegamen = document.getElementById('game');
cg = gamegamen.getContext('2d');
```

```
001 function ugokasu(e) {
002     // 描く先のCanvasを取得
003     gamegamen = document.
    getElementById('game');
004     cg = gamegamen.getContext('2d');
005 }
```

ゲーム画面に描く

ブロックは、重なっている「Canvas」の手前側の「game」という名前を付けたほうを描きます。

改行に気をつけよう

003行目で折り返していますが、入力するときは改行せず、1行で入力してください。

4 今の場所を消す JS

1 以下の内容を入力

```
// いまのブロックを消す
kesu(cg, ix, iy);
```

```
001 function ugokasu(e) {
002     // 描く先のCanvasを取得
003     gamegamen = document.
    getElementById('game');
004     cg = gamegamen.getContext('2d');
005     
006     // いまのブロックを消す
007     kesu(cg, ix, iy);
008 }
```

ブロックを消す

動かすには、まず、現在のブロックを消します。前のレッスンで作った「kesu」関数を使います。

次のページに続く

5 右の矢印キーが押されたかどうかを判定する

1 以下の内容を入力

```
// [→] キーが押されたかどうか
if (e.keyCode == 39) {
}
```

```
004 ␣␣␣␣cg = gamegamen.getContext('2d');
005
006 ␣␣␣␣// いまのブロックを消す
007 ␣␣␣␣kesu(cg, ix, iy);
008
009 ␣␣␣␣// [→] キーが押されたかどうか
010 ␣␣␣␣if (e.keyCode == 39) {
011 ␣␣␣␣}
012 }
```

2 以下の内容を入力

```
// 右に移動
ix = ix + 1;
```

```
004 ␣␣␣␣cg = gamegamen.getContext('2d');
005
006 ␣␣␣␣// いまのブロックを消す
007 ␣␣␣␣kesu(cg, ix, iy);
008
009 ␣␣␣␣// [→] キーが押されたかどうか
010 ␣␣␣␣if (e.keyCode == 39) {
011 ␣␣␣␣␣␣␣␣// 右に移動
012 ␣␣␣␣␣␣␣␣ix = ix + 1;
013 ␣␣␣␣}
014 }
```

キーコードについて知ろう

押されたキーは「e.keyCode」に設定されています。「e」は「ugokasu」関数に渡された引数です。カーソルキーが押されたときには、下の表の値が設定されるので、これらと比較することで、どのキーが押されているのかを判断します。なお、本書では使いませんが、「a」や「b」などの文字キーが押されたかどうかを判断したいときは、「if (e.keyCode == 'a') {}」のようにします。

●キーとキーコード

キー	キーコード
←	37
↑	38
→	39
↓	40

右に移動する

ここでは右に移動するため「ix = ix + 1;」と記述していますが、レッスン㉒で説明したように、ある変数を1増やすには「++」とも書けます。つまり「ix++;」と書くこともできます。

6 音を鳴らす JS

1 以下の内容を入力

```
// 音を鳴らす
document.getElementById('kaiten').play();
```

```
001 function ugokasu(e) {
002 ␣␣␣␣// 描く先のCanvasを取得
003 ␣␣␣␣gamegamen = document.
    getElementById('game');
004 ␣␣␣␣cg = gamegamen.getContext('2d');
005 
006 ␣␣␣␣// いまのブロックを消す
007 ␣␣␣␣kesu(cg, ix, iy);
008 
009 ␣␣␣␣// [→] キーが押されたかどうか
010 ␣␣␣␣if (e.keyCode == 39) {
011 ␣␣␣␣␣␣␣␣// 右に移動
012 ␣␣␣␣␣␣␣␣ix = ix + 1;
013 ␣␣␣␣␣␣␣␣// 音を鳴らす
014 ␣␣␣␣␣␣␣␣document.getElementById('kaiten').
    play();
015 ␣␣␣␣}
016 }
```

音を鳴らす

音を鳴らすには、「play」を使います。あらかじめ「audio」タグで「id」を指定して音ファイルを読み込んでおきます。たとえば、「document.getElementById('kaiten').play();」とすれば、「audio」タグで「id」に「kaiten」という名前を指定した音が鳴ります。

ブロックを動かすたびに音が出るんだもん！

次のページに続く

7 左の矢印キーが押されたときに左に移動して音を鳴らす 

1 以下の内容を入力

```
// [←] キーが押されたかどうか
if (e.keyCode == 37) {
    // 左に移動
    ix = ix - 1;
    // 音を鳴らす
    document.getElementById('kaiten').play();
}
```

```
015     }
016 
017     // [←] キーが押されたかどうか
018     if (e.keyCode == 37) {
019         // 左に移動
020         ix = ix - 1;
021         // 音を鳴らす
022         document.getElementById('kaiten').
    play();
023     }
024 }
```

矢印の左キーが押されたとき

←キーが押されたときは、同様にして描画場所を左に1つずらします。つまり、「ix」の値をひとつ減らします。

8 新しい場所にブロックを描画する JS

1 以下の内容を入力

```
// 新しい場所にブロックを描く
kaku(cg, ix, iy);
```

```
023     }
024 
025     // 新しい場所にブロックを描く
026     kaku(cg, ix, iy);
027 }
```

2 Ctrlキーを押しながらSキーを押す → 保存される

新しい場所に描くには

ここまでの処理で、←キーや→キーが押されたときは、「ix」の値が変わり、新しい場所が設定されています。そこで、「kaku(cg, ix, iy)」として、新しい場所に描きます。すると動いたように見えます。

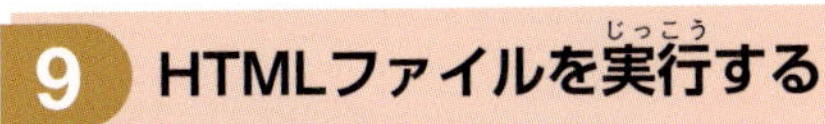

9 HTMLファイルを実行する

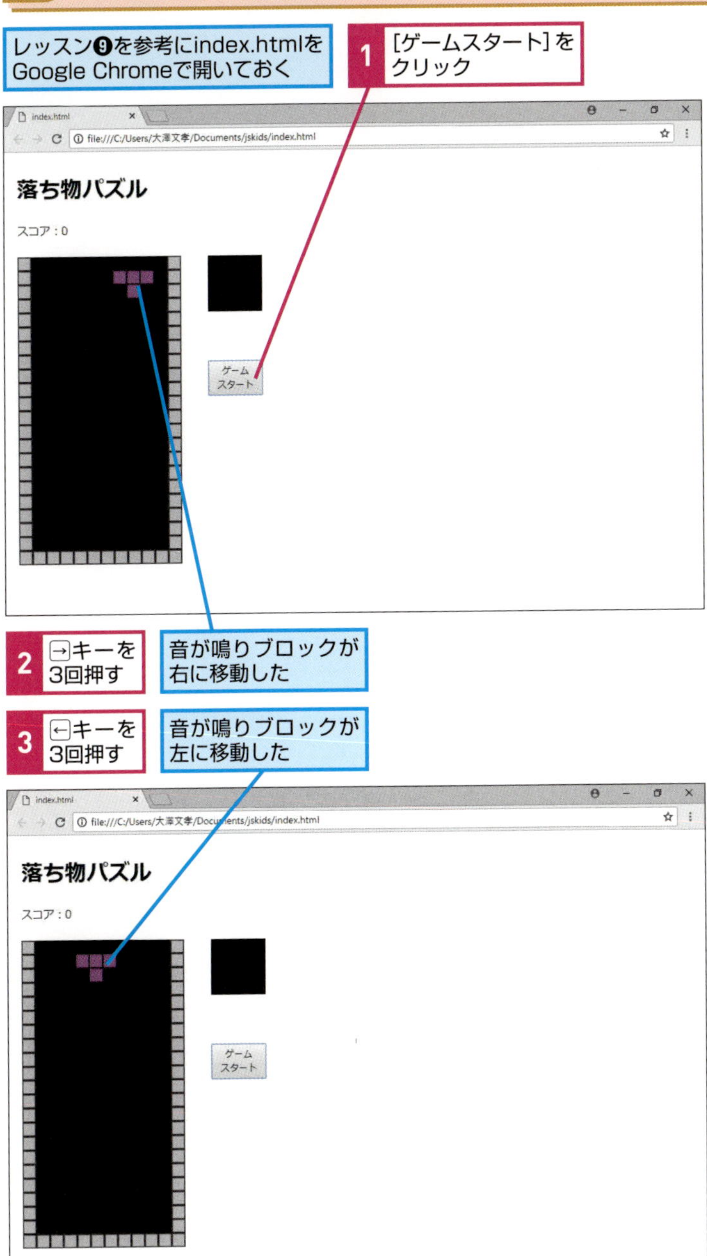

壁を貫通する

この段階では左右には動きますが、動かしてはいけない場所の判定などはしていないので、壁を貫通して動きます。貫通させないようにする方法については、次の章で説明します。

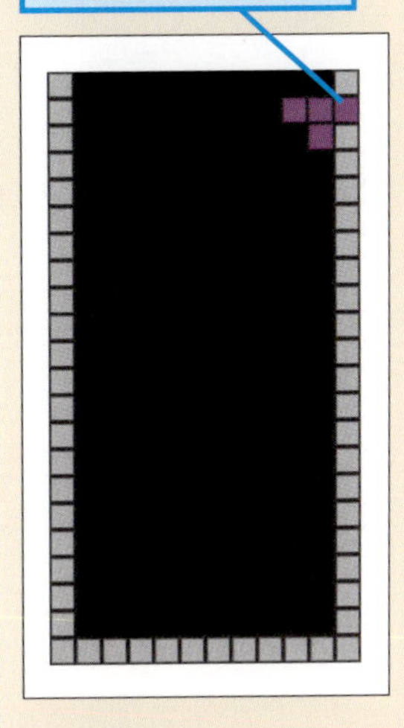

Point

座標を変えて描き直すと動く

モノを動かすには、このレッスンで説明したように、①消す②座標を変える③描く、を実行します。世の中には、たくさんのゲームがありますが、どれもこれと同じ仕組みです。座標を変えることで上下左右に自由に動かせます。アニメーションなども同じ仕組みで作られています。

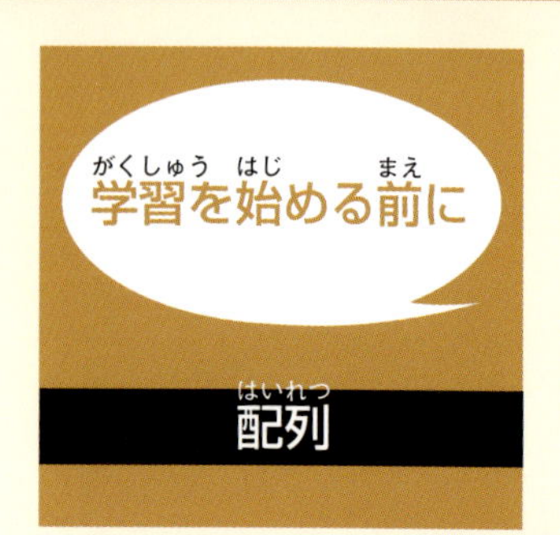

ブロックを回転させるには

次のレッスンではブロックが回転するようにします。回転は4パターンあるので、向きを考えて計算するのは大変です。そこで配列という仕組みを使ってパターンを決め、そのパターン通りに描くようにします。

配列とは

JavaScriptでは「配列」という仕組みで、データの並びを定義できます。配列は「[」と「]」で囲み、値を「,（カンマ）」で区切ったデータの並びのことです。データを取り出すときは「[」と「]」で囲んで、その位置を指定します。位置は左から「0」で始まります。これを添字やインデックスと呼びます。ここで示している「1」「3」「9」「4」は何も特別な意味はない値です。次のbも同様です。

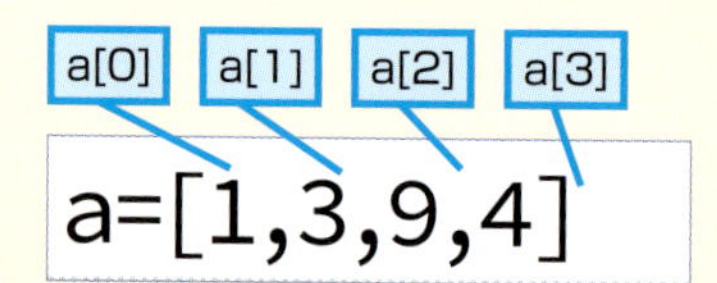

2次元の配列

[]は2つ付けることもできます。そうすると、上下左右に広がるデータを定義できます。1つ目の[ ]が上下方向、2つ目の[ ]が左右方向の位置をそれぞれ示します。この本では2つまでしか扱いませんが、もっとたくさん[ ]を付けて複雑なデータを扱うこともできます。

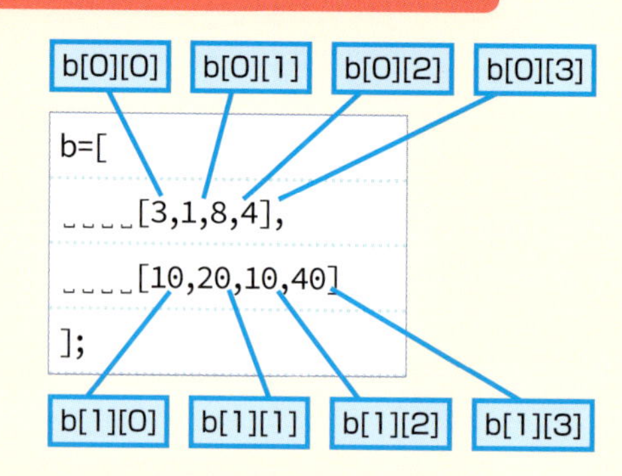

ブロックの形を配列で表現する

次のレッスンでは、この配列を使って、T字のブロックのパターンを決めます。「0」はブロックがないところ、「1」はブロックがあるところという意味とします。

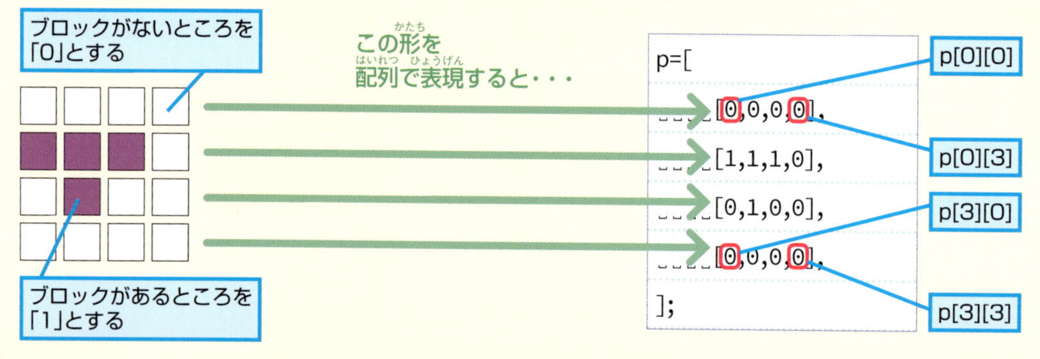

ブロックを繰り返し処理で描く

このような配列があるとき、この「p」の中身を左上から右下まで調べて「1」のところが描く、「0」のところは描かないというようにすれば、配列と同じ形状のブロックを描けます。

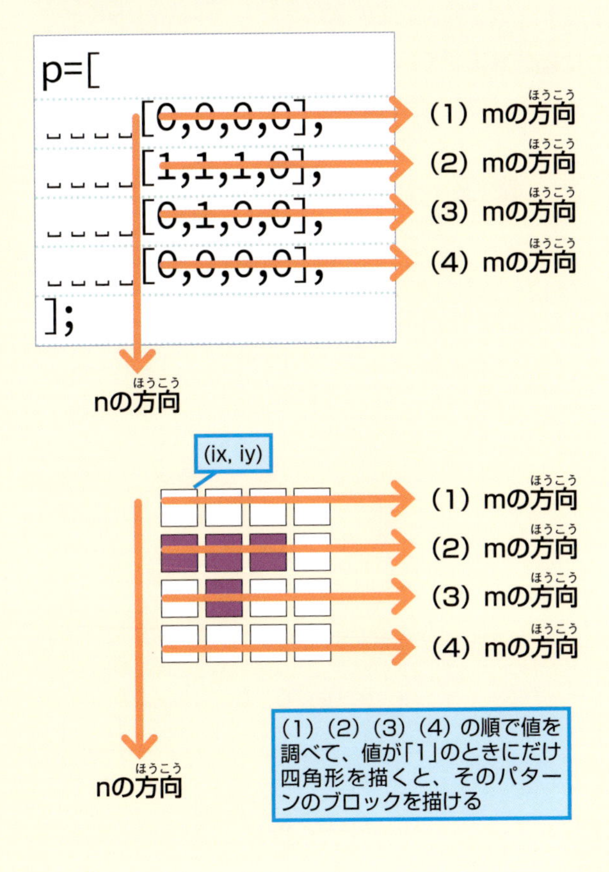

(1)(2)(3)(4)の順で値を調べて、値が「1」のときにだけ四角形を描くと、そのパターンのブロックを描ける

```
for (n = 0; n < 4; n++) {
    for (m = 0; m < 4; m++) {
        if (p[n][m] == 1) {
            ix + n、iy + mの場所に四角形を描く
        }
    }
}
```

回転パターンを切り替える

4種類のパターンを用意して、切り替えるようにします。そうすれば、その向きでブロックを描けるようになります。

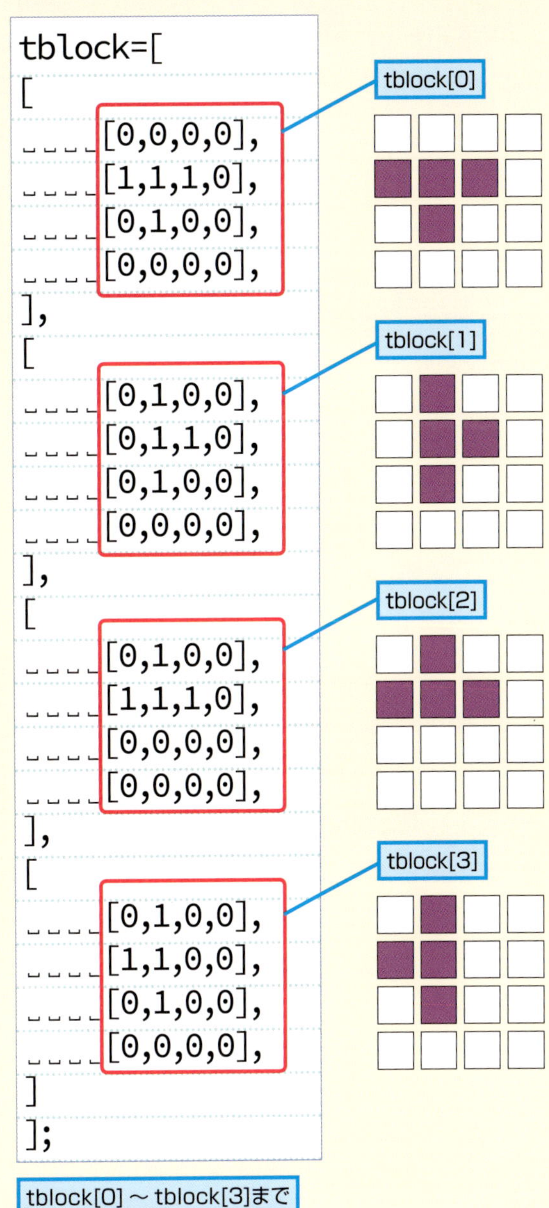

tblock[0]～tblock[3]までを切り替えれば、その向きでブロックを描ける

テーマ 回転のパターン

レッスン 32 ブロックを回転させよう

左右に動いたところでブロックを回転できるようにしましょう。矢印の上キーが押されたときに、ブロックが反時計回りに回転するようにします。

レッスンで使う練習用フォルダー ➡ L32

キーワード

Canvas	p.246
イベント	p.246
関数	p.247
座標	p.247
変数	p.249

1 1つ目の回転のパターンを設定する JS

レッスン⑪を参考に、「program.js」を開いておく

1 以下の内容を入力

```
tblock = [
[
␣␣␣␣[0, 0, 0, 0],
␣␣␣␣[1, 1, 1, 0],
␣␣␣␣[0, 1, 0, 0],
␣␣␣␣[0, 0, 0, 0]
],
];
```

```
001 tblock = [
002 [
003 ␣␣␣␣[0, 0, 0, 0],
004 ␣␣␣␣[1, 1, 1, 0],
005 ␣␣␣␣[0, 1, 0, 0],
006 ␣␣␣␣[0, 0, 0, 0]
007 ],
008 ];
009
010 function ugokasu(e) {
```

HINT!

回転の考え方を知ろう

これまではT字ブロックを描くのに、1つずつ四角形のブロックを描いていましたが、この方法だと、回転した形を作るプログラムも、すべて書く必要があって、とても複雑になります。そこで描くべきパターンを配列としてまとめて、その配列通りに描くようにします。そうすればパターンさえ変えれば、どんな形でも描けるようになります。この配列は0が透明、1が着色されたブロックを示しています。

```
0, 0, 0, 0
1, 1, 1, 0
0, 1, 0, 0
0, 0, 0, 0
```

「1」の部分が着色されたブロックを示している

ここをチェック！

「tblock」の部分は、「program.js」に記述します。ファイルの先頭に記述してください。すでに作成した「ugokasu」関数の前に書くことになります。

第6章 落ち物パズルを作ろう

2 2つ目の回転のパターンを設定する JS

1 以下の内容を入力

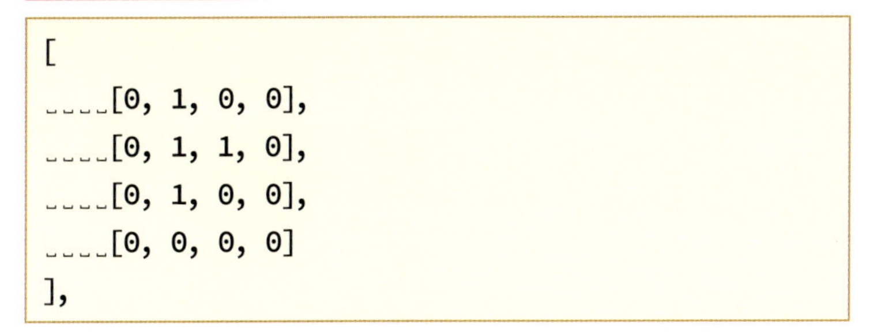

```
[
    [0, 1, 0, 0],
    [0, 1, 1, 0],
    [0, 1, 0, 0],
    [0, 0, 0, 0]
],
```

```
008 [
009     [0, 1, 0, 0],
010     [0, 1, 1, 0],
011     [0, 1, 0, 0],
012     [0, 0, 0, 0]
013 ],
014 ];
```

2つ目の回転パターン

ここで入力しているのは、T字のブロックが右を向いたときのパターンです。

T字が右を向いている

3 3つ目の回転のパターンを設定する JS

1 以下の内容を入力

```
[
    [0, 1, 0, 0],
    [1, 1, 1, 0],
    [0, 0, 0, 0],
    [0, 0, 0, 0]
],
```

```
014 [
015     [0, 1, 0, 0],
016     [1, 1, 1, 0],
017     [0, 0, 0, 0],
018     [0, 0, 0, 0]
019 ],
020 ];
```

3つ目の回転パターン

ここで入力しているのは、T字が上を向いたときのパターンです。

T字が上を向いている

次のページに続く

4 4つ目の回転のパターンを設定する JS

1 以下の内容を入力

```
[
␣␣␣␣[0, 1, 0, 0],
␣␣␣␣[1, 1, 0, 0],
␣␣␣␣[0, 1, 0, 0],
␣␣␣␣[0, 0, 0, 0]
]
```

```
020 [
021 ␣␣␣␣[0, 1, 0, 0],
022 ␣␣␣␣[1, 1, 0, 0],
023 ␣␣␣␣[0, 1, 0, 0],
024 ␣␣␣␣[0, 0, 0, 0]
025 ]
026 ];
027 
028 function ugokasu(e) {
```

5 描画する関数に引数を追加する JS

1 以下の内容を入力

```
, muki
```

```
065 function kaku(c, bx, by, muki) {
066 ␣␣␣␣// ブロックの色と線
067 ␣␣␣␣c.fillStyle = '#CC00CC';
068 ␣␣␣␣c.strokeStyle = '#333333';
069 ␣␣␣␣c.lineWidth = 3;
070 
071 ␣␣␣// ブロックを描く
```

HINT! 4つ目の回転パターン

ここで入力しているのは、T字が左を向いたときのパターンです。

T字が左を向いている

テクニック 描く関数に向きを渡す

レッスン㉙ではT字のブロックを関数で描く処理を作りましたが、関数に「muki」という引数を渡すように変更します。そして「muki」の値が0～3のいずれかによって、どのパターンで描くのかを決めます。

0のときは下を向いている

1のときは右を向いている

2のときは上を向いている

3のときは左を向いている

6 配列から描画するパターンを決める JS

1 以下の内容を入力

```
// パターンを決める
p = tblock[muki];
```

```
069 ␣␣␣␣c.lineWidth = 3;
070
071 ␣␣␣␣// パターンを決める
072 ␣␣␣␣p = tblock[muki];
073
074 ␣␣␣␣// ブロックを描く
```

HINT! どのパターンを描くかを決める

「tblock[0]」、「tblock[1]」、「tblock[2]」、「tblock[3]」に、それぞれの回転パターンを設定しているので、それを引数の「muki」で選択すれば、そのときの描画パターンが決まります。

次のページに続く

7 パターンを使って描画する JS

1 以下の内容を入力

```
// パターン通りに描く
for (n = 0; n < 4; n++) {
    for (m = 0; m < 4; m++) {
        // 描くかどうか
        if (p[n][m] == 1) {
        // ここに描く
            c.fillRect((bx + m) * 20, (by + n)
* 20, 20, 20);
            c.strokeRect((bx + m) * 20, (by +
n) * 20, 20, 20);
        }
    }
}
```

```
072     p = tblock[muki];
073
074     // パターン通りに描く
075     for (n = 0; n < 4; n++) {
076         for (m = 0; m < 4; m++) {
077             // 描くかどうか
078             if (p[n][m] == 1) {
079             // ここに描く
080                 c.fillRect((bx + m) * 20, (by
    + n) * 20, 20, 20);
081                 c.strokeRect((bx + m) * 20,
    (by + n) * 20, 20, 20);
082             }
083         }
084     }
085
086     // ブロックを描く
```

HINT!

パターンが1のときだけ描く

パターンは「0」と「1」のいずれかの値で構成した4×4の配列です。この値が「1」のときだけブロックを描きます。そうすれば、パターン通りにブロックを描けます。くわしくは、173ページを参考にしましょう。

第6章 落ち物パズルを作ろう

8 向きを保存する変数を作成する JS

右のHINT!を参考にコードを削除しておく

1 以下の内容を入力

```
imuki = 0;
```

```
087 function gamekaishi() {
088 ␣␣␣␣gamegamen = document.
    getElementById('game');
089 ␣␣␣␣cg = gamegamen.getContext('2d');
090
091 ␣␣␣␣// 画面を消す
092 ␣␣␣␣cg.clearRect(0, 0, 239, 439);
093
094 ␣␣␣␣// 仮のT型のブロックを置く
095 ␣␣␣␣// 左上の座標
096 ␣␣␣␣ix = 4;
097 ␣␣␣␣iy = 0;
098 ␣␣␣␣imuki = 0;
099
100 ␣␣␣␣kaku(cg, ix, iy);
101 }
```

2 以下の内容を入力

```
, imuki
```

```
096 ␣␣␣␣ix = 4;
097 ␣␣␣␣iy = 0;
098 ␣␣␣␣imuki = 0;
099
100 ␣␣␣␣kaku(cg, ix, iy, imuki);
101 }
```

HINT! 向きを決める変数は

ここでは向きを決める変数「imuki」を用意し、最初に0を指定しています。次からの手順で、［↑］キーが押されたときに、「imuki」を1、2、3、0、1、2、3、…のように0から3の範囲で繰り返し変わるようにすることでパターンが変わり、回転したブロックが描かれるように見えます。

HINT! レッスン㉚で作ったコードを削除する

手順8で削除するコードは、レッスン㉚の手順3と手順4で作った約15行分のコードです。他の行を消さないように注意しましょう。

```
// ブロックを描く
// 1つ目

c.fillRect((bx + 1) * 20, (by + 2) * 20, 20,20);
c.strokeRect((bx + 1)* 20, (by + 2) * 20, 20,20);
```


次のページに続く

9 上の矢印キーが押されたときの処理を追加する JS

1 以下の内容を入力

```
// [↑] キーが押されたかどうか
if (e.keyCode == 38) {
}
```

```
049         document.getElementById('kaiten').
        play();
050     }
051
052     // [↑] キーが押されたかどうか
053     if (e.keyCode == 38) {
054     }
055
056     // 新しい場所にブロックを描く
057     kaku(cg, ix, iy);
```

キーを判定するには

「e.KeyCode」が「38」かどうかを調べることで↑キーかどうかを判定します。それによって、↑キーが押されたかどうかを判断しています。

反時計回りに回転する

変数「imuki」は回転のパターンを示しています。この値に1を加えると反時計回りに回転した次のパターンを指すようになります。

10 回転する JS

1 以下の内容を入力

```
// 回転する
imuki = imuki + 1;
if (imuki > 3) {
    imuki = 0;
}
```

```
052     // [↑] キーが押されたかどうか
053     if (e.keyCode == 38) {
054         // 回転する
055         imuki = imuki + 1;
056         if (imuki > 3) {
057             imuki = 0;
058         }
059     }
```

0～3の範囲を繰り返す

「imuki」に1を加えたとき4以上になったら0に戻す必要があるので、「if」文で判定し、そうなったときは「imuki」を0に設定しています。別解として、「4で割った余りを使う」という方法もあります。4で割った余りは、0～3の範囲に収まるからです。その場合は、「if」文を使わずに、「imuki = (imuki + 1) % 4」と記述できます。

11 音を鳴らす JS

1 以下の内容を入力

```
// 音を鳴らす
document.getElementById('kaiten').play();
```

```
052 ␣␣␣␣// [↑] キーが押されたかどうか
053 ␣␣␣␣if (e.keyCode == 38) {
054 ␣␣␣␣␣␣␣␣// 回転する
055 ␣␣␣␣␣␣␣␣imuki = imuki + 1;
056 ␣␣␣␣␣␣␣␣if (imuki > 3) {
057 ␣␣␣␣␣␣␣␣␣␣␣␣imuki = 0;
058 ␣␣␣␣␣␣␣␣}
059 ␣␣␣␣␣␣␣␣// 音を鳴らす
060 ␣␣␣␣␣␣␣␣document.getElementById('kaiten').
    play();
061 ␣␣␣␣}
```

12 その向きで消す JS

1 以下の内容を入力

```
, imuki
```

```
028 function ugokasu(e) {
029 ␣␣␣␣// 描く先のCanvasを取得
030 ␣␣␣␣gamegamen = document.
    getElementById('game');
031 ␣␣␣␣cg = gamegamen.getContext('2d');
032 ␣␣␣␣
033 ␣␣␣␣// いまのブロックを消す
034 ␣␣␣␣kesu(cg, ix, iy, imuki);
```

HINT!

音を鳴らすには

「id」に「kaiten」と名付けた音を鳴らしています。

HINT!

移動で消すときの向きを考慮しよう

レッスン㉛でやったように、ブロックを動かすときは、消してから描く流れになります。消すときも回転の向きを考慮しなければならないので、ここで「kesu」関数の最後に向きを渡すことにします。この段階では「kesu」関数は追加した値を受け入れません。手順13で、この追加した値を取得して、回転を考慮するようにプログラムを修正します。

HINT!

消すときも向きが必要となる

レッスン㉛でやったように、ブロックを動かすときは、消してから描く流れになります。消すときも回転の向きを考慮しなければならないので、ここで「kesu」関数の最後に向きを渡すことにします。この段階では「kesu」関数は追加した値を受け入れません。のちの手順13で、この追加した値を取得して、回転を考慮するようにプログラムを修正します。

次のページに続く

13 その向きで描く JS

1 以下の内容を入力

```
, imuki
```

```
061 ␣␣␣␣}
062
063 ␣␣␣␣// 新しい場所にブロックを描く
064 ␣␣␣␣kaku(cg, ix, iy, imuki);
065 }
```

HINT! 描くときに向きを渡すことが必要

「kaku」関数は、このレッスンの手順5ですでに回転を意識した作りに修正したので、「imuki」を渡します。

14 消す処理を直す JS

1 以下の内容を入力

```
, muki
```

```
067 function kesu(c, bx, by, muki) {
068 ␣␣␣␣// 消す処理にする
069 ␣␣␣␣c.globalCompositeOperation =
     'destination-out';
071 ␣␣␣␣// 描く（実際は消える）
072 ␣␣␣␣kaku(c, bx, by);
073 ␣␣␣␣// 元の描く処理に戻す
```

2 以下の内容を入力

```
, muki
```

```
067 function kesu(c, bx, by, muki) {
068 ␣␣␣␣// 消す処理にする
069 ␣␣␣␣c.globalCompositeOperation =
     'destination-out';
070 ␣␣␣␣// 描く（実際は消える）
071 ␣␣␣␣kaku(c, bx, by, muki);
072 ␣␣␣␣// 元の描く処理に戻す
```

3 Ctrl キーを押しながら S キーを押す → 保存される

HINT! 消す処理で回転を考慮する

手順11で渡した回転の向きを受けとって、この回転の向きを考慮して消すようにします。消す処理は実際には、消しゴムのようなモードに切り替えてから「kaku」関数を実行しています。「kaku」関数を実行するときに、この回転の向きを渡すように修正します。

15 HTMLファイルを実行する

レッスン❼を参考にindex.htmlをGoogle Chromeで開いておく

1 [ゲームスタート]をクリック

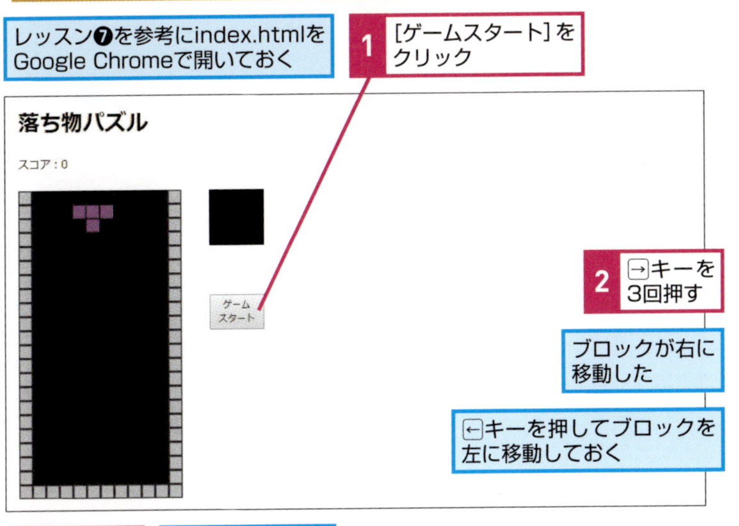

2 →キーを3回押す

ブロックが右に移動した

←キーを押してブロックを左に移動しておく

3 ↑キーを押す

ブロックが90度回転した

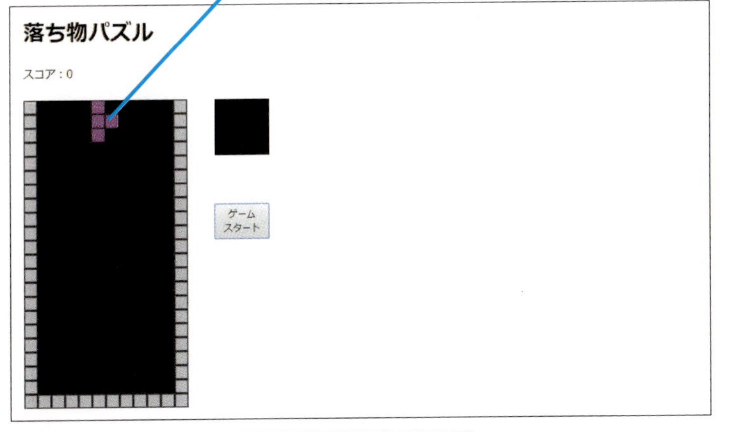

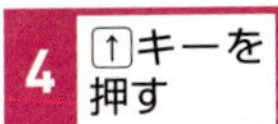

4 ↑キーを押す

↑キーを押すたびにブロックが90度ずつ回転する

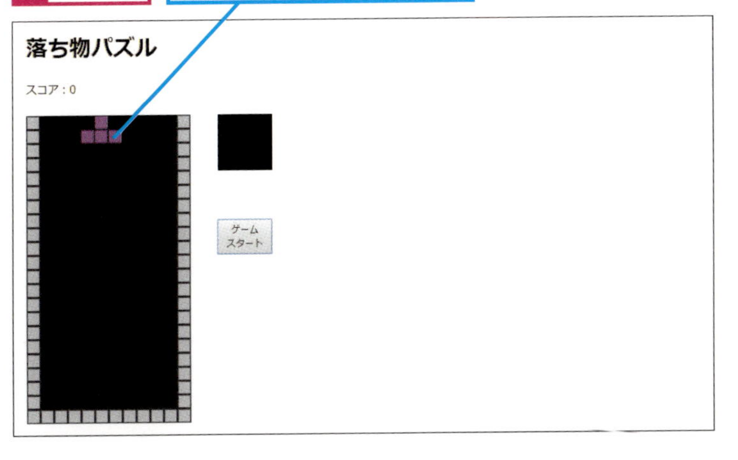

回転と移動どちらもできる

前のレッスンでは、←→キーで移動する処理を作りました。そしてこのレッスンでは、↑キーで回転できるようにしました。これらのキーを組み合わせると、移動、回転のどちらもできます。

Point

パターンを切り替えて描く

ブロックを回転させようとすると複雑ですが、このレッスンのように、描画するパターンを用意して、それを切り替えるようにすると簡単です。ゲームでは、こうした切り替えの方法は、よく使われます。たとえば、ゲームでよく登場する、何回か叩くとヒビが入って、最後に割れる石の画像などは、これと同じ原理で、「通常の画像」、「ヒビが入った画像」、「割れた画像」など、いくつかのパターンが用意されていて、それを切り替えて表示しているのです。

この章のまとめ

「Canvas」にグラフィックを描こう

ゲームにはグラフィック（映像）が不可欠です。そのようなときは「Canvas」を使います。「Canvas」にはidを付けておき、「document.getElementById('idの値')」として取得します。さらに2Dコンテキストを取得して描きます。この本では四角形しか描いていませんが、線や円、画像などを配置することもできます。描く位置を指定するには座標を使います。座標を計算することで、さまざまな位置に描けます。落ち物パズルのように回転するなど複雑な形のものを描くときは、描くパターンを配列として用意するとプログラムが簡単で分かりやすくなります。パターン通りに描く方法は応用が利くので、知っておくとよいテクニックです。

「Canvas」を覚える

2Dコンテキストを使って描く。位置は座標で指定する。消しゴムのようなモードで消すこともできる。

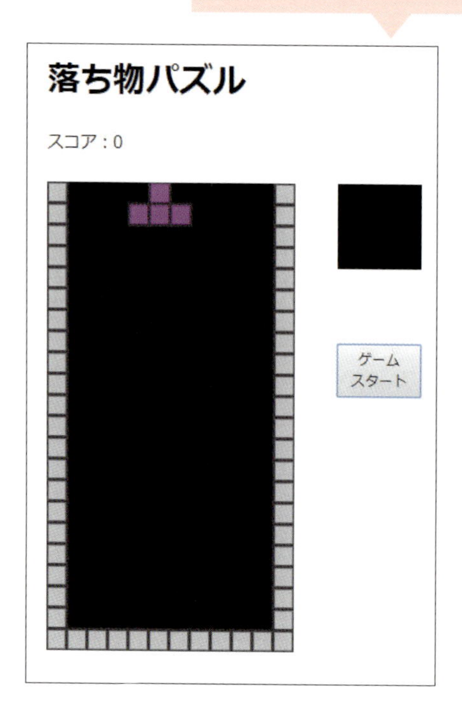

第7章

落ち物パズルを完成させよう

この章では、壁にめり込まないようにしたり、下に落としたり、ラインが揃ったときに消したりするプログラムを作り、ゲームを完成させましょう。

この章の内容

㉝ ランダムでブロックを表示しよう……188
㉞ 次のブロックを表示できるようにしよう……196
㉟ 壁にめり込まないようにする……202
㊱ 下に動かせるようにしよう……210
㊲ ブロックが消えて得点が入るようにする……220
㊳ 自動的に下に動くようにしよう……230
㊴ ゲームオーバーを作成しよう……234

さまざまなブロックを登場させる

ここまでT字のブロックしか説明しませんでしたが、この落ち物パズルでは、全部で7種類のブロックが登場します。7種のブロックの表示を切り替えるには、その種類の数だけ配列のパターンを増やします。

ブロックの種類

落ち物パズルでは、下図に示す7種類のブロックが登場するようにします。どれが落ちてくるのかはランダムに決めます。レッスン㉜では配列のパターンさえ渡せば、どのような形、向きでも表示できるようにしてあります。ですからブロックの種類が増えても、パターンの数を増やすだけで対応できます。ブロックは種類によって表示される色が変わるようにします。そのため、それぞれのブロックに色を定義する配列も用意します。

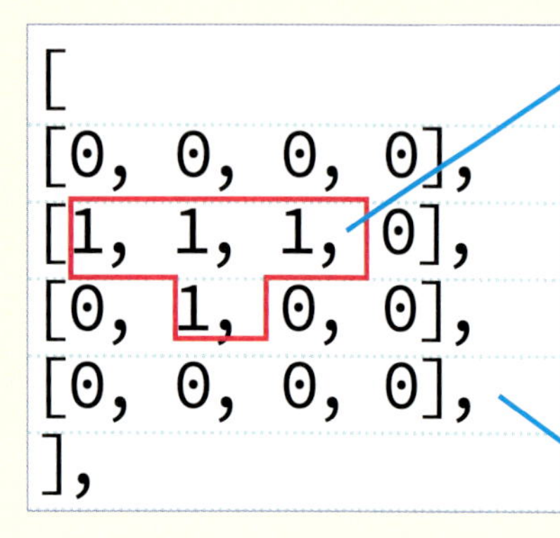

```
[
[0, 0, 0, 0],
[1, 1, 1, 0],
[0, 1, 0, 0],
[0, 0, 0, 0],
],
```

配列「block」のパターンでブロックの形を描く

block[0]のパターンで描けばT字のブロックになる

配列「biro」でブロックの色を決める

biro[0]は紫(#CC00CC)にする

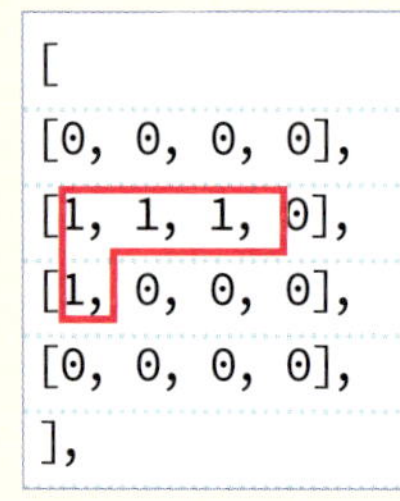

```
[
[0, 0, 0, 0],
[1, 1, 1, 0],
[1, 0, 0, 0],
[0, 0, 0, 0],
],
```

block[1]のパターン

biro[1](#FFA500)

```
[
[0, 0, 0, 0],
[1, 1, 0, 0],
[0, 1, 1, 0],
[0, 0, 0, 0],
],
```

block[2]のパターン

biro[2](#CC0000)

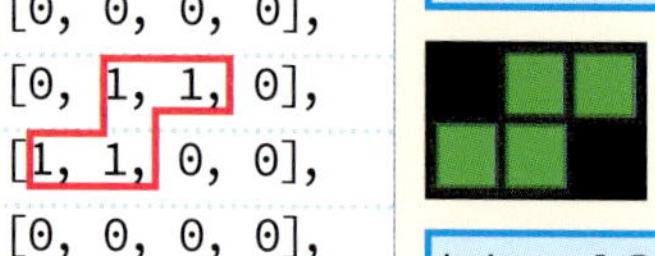

```
[
[0, 0, 0, 0],
[0, 1, 1, 0],
[1, 1, 0, 0],
[0, 0, 0, 0],
],
```

block[3]のパターン

biro[3](#00CC00)

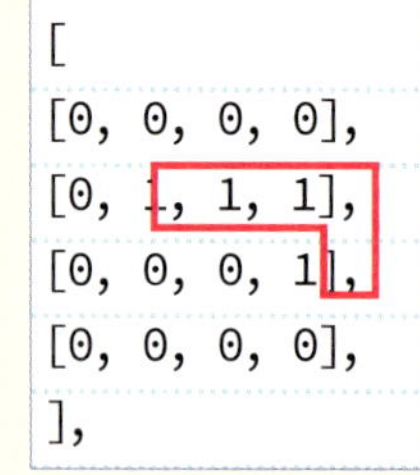

```
[
[0, 0, 0, 0],
[0, 1, 1, 1],
[0, 0, 0, 1],
[0, 0, 0, 0],
],
```

block[4]のパターン

biro[4](#CC0000)

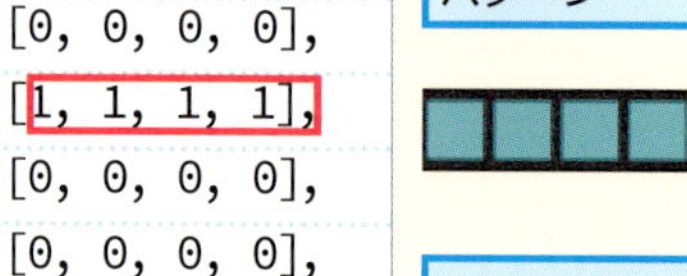

```
[
[0, 0, 0, 0],
[1, 1, 1, 1],
[0, 0, 0, 0],
[0, 0, 0, 0],
],
```

block[5]のパターン

biro[5](#00CCCC)

```
[
[0, 0, 0, 0],
[0, 1, 1, 0],
[0, 1, 1, 0],
[0, 0, 0, 0],
],
```

block[6]のパターン

biro[6](#CCCC00)

ランダムでブロックを落とす

左ページに示したようにブロックのパターンは配列として用意したとき0 ～ 6の範囲になります。ランダムでブロックを落とすために、0から6の範囲の適当な数を計算します。数は「乱数」と呼ばれ、「Math.random」という機能を使って作れます。ただし「Math.random」は0以上で1より小さい乱数を作成します。これを0 ～ 6の範囲に変換するため7倍し、小数以下を切り捨てます。小数以下を切り捨てるには「Math.floor」を使います。

Math.floorで少数以下を切り捨てる

Math.randomは、0から1より小さい範囲の乱数を作成する

```
Math.floor(Math.random() * 7)
```

Math.randomで作成した0から1より小さい乱数を7倍して小数点以下を切り捨てる

「0」「1」「2」「3」「4」「5」「6」のいずれかのランダムな値を作れる

次に落ちてくるブロックを予告する

落ち物パズルでは、次に落ちてくるブロックが表示されます。表示場所はレッスン㉗でidに「tsugi」という名前を付けた「Canvas」を用意しているのでそこに描きます。ゲーム開始のときは「今落ちてくるブロック」と「次に落ちてくるブロック」の2つを同時に乱数で決めることになります。

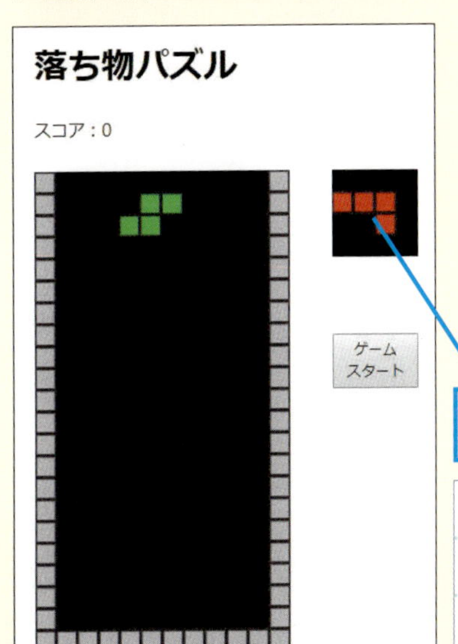

乱数で次に落ちてくるブロックをランダムに予告する

```
<canvas id="tsugi" width="80" height="80"
style="position:absolute; left:300px;
top:150px; background-color: black"></canvas>
```

テーマ ランダムな表示

レッスン33 ランダムでブロックを表示しよう

ブロック落としゲームには、全部で7種類のブロックがあります。ブロックがランダムに落ちてくるようにしましょう。このレッスンではレッスン㉜までに作業したファイルをそのまま使います。

レッスンで使う練習用フォルダー→L33

キーワード

当たり判定	p.246
カット&ペースト	p.247
座標	p.247
変数	p.249
ランダム	p.249

1 ブロックを切り替えられるようにする JS

レッスン⑪を参考に、「program.js」を開いておく

001-026行を削除しておく

1 以下の内容を入力

```
// ブロック
block = [
];
```

```
001 // ブロック
002 block = [
003 ];
004 
005 function ugokasu(e) {
```

2 以下の内容を入力

```
[
␣␣␣␣// ブロック0
],
```

```
001 // ブロック
002 block = [
003 [
004 ␣␣␣␣// ブロック0
005 ],
006 ];
```

HINT!

「//」って何？

「//」から始まる行はコメント行で、プログラムの説明などを書いたメモです。この本ではプログラムの動作をわかりやすく説明するため随所にコメントを記入していますが、プログラムの動作と関係ないので、このコメント行自体は入力しなくてもかまいません。

HINT!

パターンを配列として用意する

すべてのブロックの配列をパターンとして用意して切り替えます。「0」が描かないところ、「1」が描くところです。次ページでは186ページの一覧にもあった、紫色のT字のブロック0を作ります。

第7章 落ち物パズルを完成させよう

2 ブロック0のパターンを定義する JS

1 以下の内容を入力

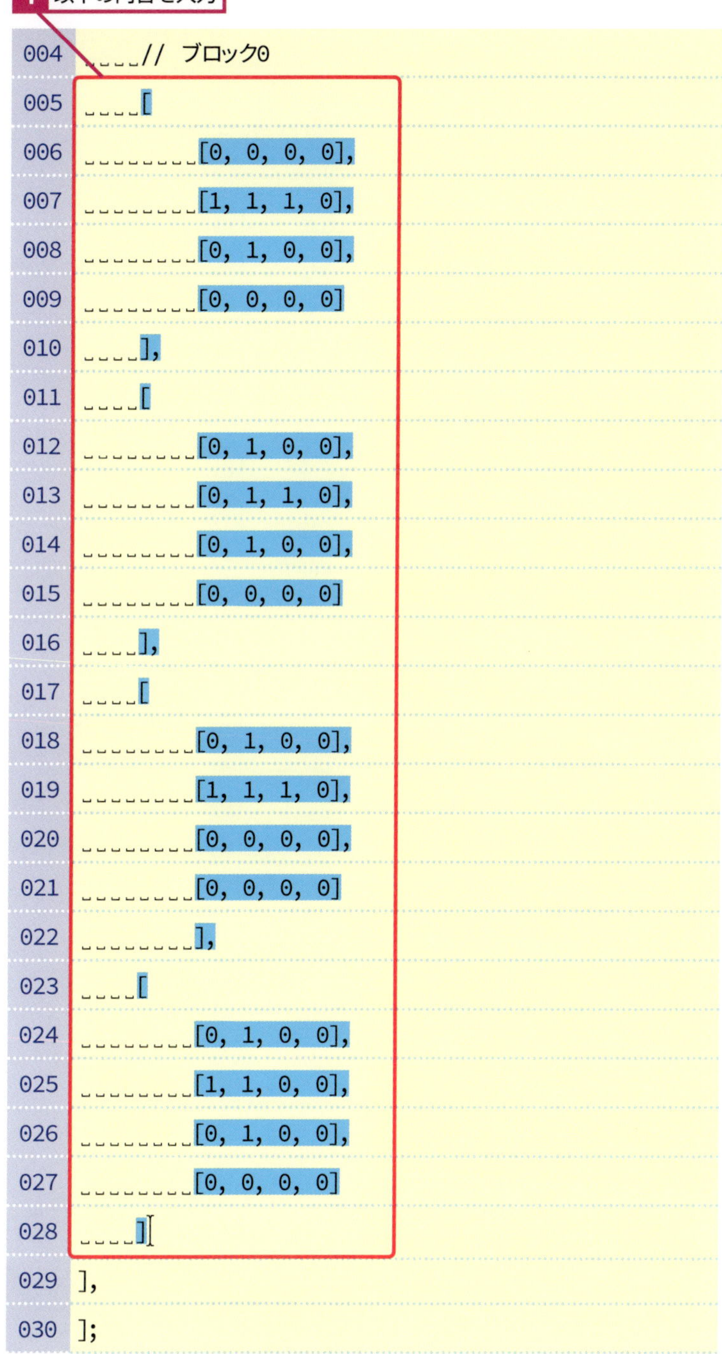

```
004     // ブロック0
005     [
006         [0, 0, 0, 0],
007         [1, 1, 1, 0],
008         [0, 1, 0, 0],
009         [0, 0, 0, 0]
010     ],
011     [
012         [0, 1, 0, 0],
013         [0, 1, 1, 0],
014         [0, 1, 0, 0],
015         [0, 0, 0, 0]
016     ],
017     [
018         [0, 1, 0, 0],
019         [1, 1, 1, 0],
020         [0, 0, 0, 0],
021         [0, 0, 0, 0]
022         ],
023     [
024         [0, 1, 0, 0],
025         [1, 1, 0, 0],
026         [0, 1, 0, 0],
027         [0, 0, 0, 0]
028     ]
029 ],
030 ];
```

ブロックの種類を渡す

手順5から手順7では「kaku」関数の後ろにブロックの種類を受け取り、その種類で描くようにしました。そこでランダムに生成したブロックの種類を渡すことで、ランダムなブロックが表示されるようにします。

次のページに続く

3 ブロック1のパターンを定義する JS

1 以下の内容を入力

```
029 ],
030 [
031     // ブロック1
032     [
033         [0, 0, 0, 0],
034         [1, 1, 1, 0],
035         [1, 0, 0, 0],
036         [0, 0, 0, 0]
037     ],
038     [
039         [1, 0, 0, 0],
040         [1, 0, 0, 0],
041         [1, 1, 0, 0],
042         [0, 0, 0, 0]
043     ],
044     [
045         [0, 0, 0, 0],
046         [0, 0, 1, 0],
047         [1, 1, 1, 0],
048         [0, 0, 0, 0]
049     ],
050     [
051         [1, 1, 0, 0],
052         [0, 1, 0, 0],
053         [0, 1, 0, 0],
054         [0, 0, 0, 0]
055     ]
056 ],
```

190～194ページのHINT!を参考に、同様の手順でブロック2～ブロック6のパターンを定義しておく

HINT! ブロック2のコードを確認しよう

ブロック2は、ブロック1に続いて、次のように入力してください。

```
[
    // ブロック2
    [
        [0, 0, 0, 0],
        [1, 1, 0, 0],
        [0, 1, 1, 0],
        [0, 0, 0, 0]
    ],
    [
        [0, 1, 0, 0],
        [1, 1, 0, 0],
        [1, 0, 0, 0],
        [0, 0, 0, 0]
    ],
    [
        [0, 0, 0, 0],
        [1, 1, 0, 0],
        [0, 1, 1, 0],
        [0, 0, 0, 0]
    ],
    [
        [0, 1, 0, 0],
        [1, 1, 0, 0],
        [1, 0, 0, 0],
        [0, 0, 0, 0]
    ]
],
```

このブロックが表示できる

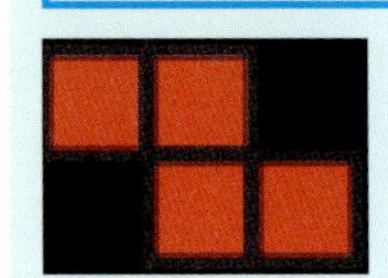

第7章 落ち物パズルを完成させよう

4 ブロックの色を定義する JS

1 以下の内容を入力

```
// ブロックの色
biro = ['#CC00CC', '#FFA500', '#CC0000',
'#00CC00', '#CC0000', '#00CCCC', '#CCCC00'];
```

```
186         [0, 0, 0, 0],
187         [0, 1, 1, 0],
188         [0, 1, 1, 0],
189         [0, 0, 0, 0]
190     ]
191 ]
192 ];
193
194 // ブロックの色
195 biro = ['#CC00CC', '#FFA500', '#CC0000',
     '#00CC00', '#CC0000', '#00CCCC', '#CCCC00'];
196
197 function ugokasu(e) {
```

5 描画するブロックで種類を選べるようにする JS

245行から記述する　1 以下の内容を入力

```
, shurui
```

```
245 function kaku(c, bx, by, muki, shurui) {
246     // ブロックの色と線
247     c.fillStyle = '#CC00CC';
248     c.strokeStyle = '#333333';
249     c.lineWidth = 3;
```

ブロック3のコードを確認しよう

ブロック3のパターンは、ブロック2に続いて、次のように入力してください。

```
[
  // ブロック3
    [
            [0, 0, 0, 0],
            [0, 1, 1, 0],
            [1, 1, 0, 0],
            [0, 0, 0, 0]
    ],
    [
            [1, 0, 0, 0],
            [1, 1, 0, 0],
            [0, 1, 0, 0],
            [0, 0, 0, 0]
    ],
    [
            [0, 0, 0, 0],
            [0, 1, 1, 0],
            [1, 1, 0, 0],
            [0, 0, 0, 0]
    ],
    [
            [1, 0, 0, 0],
            [1, 1, 0, 0],
            [0, 1, 0, 0],
            [0, 0, 0, 0]
    ]
],
```

上のパターンでこのブロックが表示できる

次のページに続く

6 指定された種類の色で描くようにする JS

247行目の「'#CC00CC';」を削除しておく

1 以下の内容を入力

```
biro[shurui];
```

```
245 function kaku(c, bx, by, muki, shurui) {
246 ␣␣␣␣// ブロックの色と線
247 ␣␣␣␣c.fillStyle = biro[shurui];
248 ␣␣␣␣c.strokeStyle = '#333333';
249 ␣␣␣␣c.lineWidth = 3;
```

7 指定された種類で描くようにする JS

252行目の「tblock[muki];」を削除しておく

1 以下の内容を入力

```
block[shurui][muki]
```

```
245 function kaku(c, bx, by, muki, shurui) {
246 ␣␣␣␣// ブロックの色と線
247 ␣␣␣␣c.fillStyle = biro[shurui];
248 ␣␣␣␣c.strokeStyle = '#333333';
249 ␣␣␣␣c.lineWidth = 3;
250
251 ␣␣␣␣// パターンを決める
252 ␣␣␣␣p = block[shurui][muki]
```

HINT!

ブロック4のコードを確認しよう

ブロック4のパターンは、ブロック3に続いて、次のように入力してください。

```
[
␣␣// ブロック4
␣␣␣␣[
␣␣␣␣␣␣␣␣[1, 1, 1, 0],
␣␣␣␣␣␣␣␣[0, 0, 1, 0],
␣␣␣␣␣␣␣␣[0, 0, 0, 0],
␣␣␣␣␣␣␣␣[0, 0, 0, 0]
␣␣␣␣],
␣␣␣␣[
␣␣␣␣␣␣␣␣[1, 1, 0, 0],
␣␣␣␣␣␣␣␣[1, 0, 0, 0],
␣␣␣␣␣␣␣␣[1, 0, 0, 0],
␣␣␣␣␣␣␣␣[0, 0, 0, 0]
␣␣␣␣],
␣␣␣␣[
␣␣␣␣␣␣␣␣[0, 0, 0, 0],
␣␣␣␣␣␣␣␣[1, 0, 0, 0],
␣␣␣␣␣␣␣␣[1, 1, 1, 0],
␣␣␣␣␣␣␣␣[0, 0, 0, 0]
␣␣␣␣],
␣␣␣␣[
␣␣␣␣␣␣␣␣[0, 1, 0, 0],
␣␣␣␣␣␣␣␣[0, 1, 0, 0],
␣␣␣␣␣␣␣␣[1, 1, 0, 0],
␣␣␣␣␣␣␣␣[0, 0, 0, 0]
␣␣␣␣]
],
```

上のパターンでこのブロックが表示できる

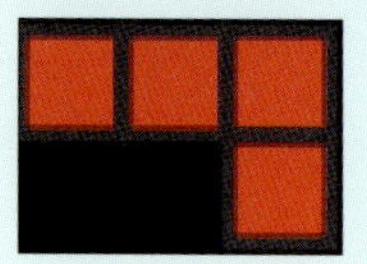

8 消す処理も同様に変更する JS

1 以下の内容を入力

```
, shurui
```

```
236 function kesu(c, bx, by, muki, shurui) {
237     // 消す処理にする
238     c.globalCompositeOperation =
     'destination-out';
239     // 描く（実際は消える）
240     kaku(c, bx, by, muki);
```

2 以下の内容を入力

```
, shurui
```

```
236 function kesu(c, bx, by, muki, shurui) {
237     // 消す処理にする
238     c.globalCompositeOperation =
     'destination-out';
239     // 描く（実際は消える）
240     kaku(c, bx, by, muki, shurui);
```

ブロック5のコードを確認しよう

ブロック5のパターンは、ブロック4に続いて、次のように入力してください。

```
[
  // ブロック5
    [
          [0, 0, 0, 0],
          [1, 1, 1, 1],
          [0, 0, 0, 0],
          [0, 0, 0, 0]
    ],
    [
          [0, 0, 1, 0],
          [0, 0, 1, 0],
          [0, 0, 1, 0],
          [0, 0, 1, 0]
    ],
    [
          [0, 0, 0, 0],
          [1, 1, 1, 1],
          [0, 0, 0, 0],
          [0, 0, 0, 0]
    ],
    [
          [0, 0, 1, 0],
          [0, 0, 1, 0],
          [0, 0, 1, 0],
          [0, 0, 1, 0]
    ]
],
```

上のパターンでこのブロックが表示できる

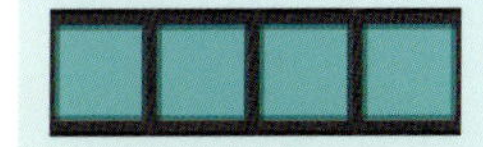

次のページに続く

9 ブロックの種類をランダムに作る JS

274～275行目を削除しておく

1 以下の内容を入力

```
// ランダムなブロックを作る
```

```
267 function gamekaishi() {
268     gamegamen = document.
getElementById('game');
269     cg = gamegamen.getContext('2d');
270 
271     // 画面を消す
272     cg.clearRect(0, 0, 239, 439);
273 
274     // ランダムなブロックを作る
275     ix = 4;
```

2 以下の内容を入力

```
ishurui = Math.floor(Math.random() * 7);
```

```
274     // ランダムなブロックを作る
275     ix = 4;
276     iy = 0;
277     imuki = 0;
278     ishurui = Math.floor(Math.random() * 7);
279 
280     kaku(cg, ix, iy);
281 }
```

3 以下の内容を入力

```
, ishurui
```

```
278     ishurui = Math.floor(Math.random() * 7);
279 
280     kaku(cg, ix, iy, imuki, ishurui);
281 }
```

HINT!

ブロック6のコードを確認しよう

ブロック6のパターンは、ブロック5に続いて、次のように入力してください。

```
[
  // ブロック6
    [
        [0, 0, 0, 0],
        [0, 1, 1, 0],
        [0, 1, 1, 0],
        [0, 0, 0, 0]
    ],
    [
        [0, 0, 0, 0],
        [0, 1, 1, 0],
        [0, 1, 1, 0],
        [0, 0, 0, 0]
    ],
    [
        [0, 0, 0, 0],
        [0, 1, 1, 0],
        [0, 1, 1, 0],
        [0, 0, 0, 0]
    ],
    [
        [0, 0, 0, 0],
        [0, 1, 1, 0],
        [0, 1, 1, 0],
        [0, 0, 0, 0]
    ]
]
```

「,」を付けないように注意する

上のパターンでこのブロックが表示できる

10 動かす処理でもブロックの種類を考慮したものにする JS

1 以下の内容を入力

```
, ishurui
```

```
202 ␣␣␣␣// いまのブロックを消す
203 kesu(cg, ix, iy, imuki, ishurui);
```

2 以下の内容を入力

```
, ishurui
```

```
232 ␣␣␣␣// 新しい場所にブロックを描く
233 ␣␣␣␣kaku(cg, ix, iy, imuki, ishurui);
234 ␣␣␣␣}
```

3 Ctrlキーを押しながらSキーを押す

11 HTMLファイルを実行する

レッスン❾を参考にindex.htmlをGoogle Chromeで開いておく

1 [ゲームスタート]をクリック

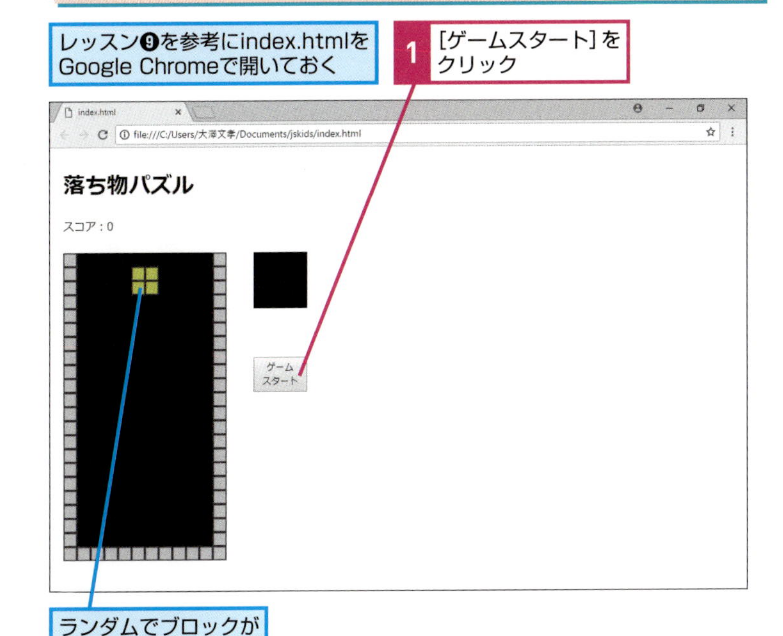

ランダムでブロックが表示された

HINT! 消す処理を修正するには

消す処理にもブロックの種類をデータとして渡し、その種類で消すようにします。

HINT! 0以上で1より小さい乱数を作るには

ランダムな数のことを「乱数」と言います。「Math.random()」とすると0以上で1より小さいランダムな小数が作られます。

HINT! 0から6まで乱数を作るには

186ページで説明したとおり、ブロックが7種類あるので、0～6の7個の数値をランダムに作ります。「1」から「7」ではなく「0」から「6」なのは、定義したブロックの配列が0から始まるからです。「Math.random()」の値を7倍して小数以下を切り捨てると0から6の範囲になります。切り捨てるには、「Math.floor」を使います。

Point パターンを用意して切り替える

ブロックのパターンを配列として用意して、それを切り替えると、さまざまなパターンで表示できます。配列のパターンを変えれば、ブロックの並びを変えられます。また、新しい形のブロックを作って配列の数を増やせば、7パターンを8パターン、9パターンへと変えることもできます。そのときは手順9で乱数を7倍しているところを8倍、9倍に変更します。

テーマ 次のブロックの表示

レッスン 34

次のブロックを表示できるようにしよう

次に落ちてくる予定のブロックを表示するようにしましょう。描く場所を、次に落ちてくる予定のブロックを表示する「Canvas」にすれば、そこに描けます。

レッスンで使う練習用フォルダー→L34

キーワード

Canvas	p.246
関数	p.247
座標	p.247
変数	p.249
ランダム	p.249

1 次のブロックを設定する関数を作る JS

レッスン⓫を参考に、「program.js」を開いておく

1 以下の内容を入力

```
function tsugiwotsukuru() {
}
```

```
197 function tsugiwotsukuru() {
198 }
199
200 function ugokasu(e) {
```

HINT! 次に落ちてくるブロックを保存する

ここでは次に落ちてくるブロックを「btsugi」という変数に保存しておきます。前のレッスンと同じく乱数を使って、0から6までのいずれかの乱数として作ります。

2 乱数でブロックの種類を決める JS

1 以下の内容を入力

```
// 次のブロックを作る
btsugi = Math.floor(Math.random() * 7);
```

```
197 function tsugiwotsukuru() {
198 ␣␣␣␣// 次のブロックを作る
199 ␣␣␣␣btsugi = Math.floor(Math.random() * 7);
200 }
```

ここをチェック！

ここでは、「tsugiwotsukuru」関数を、これまで作ってきた「ugokasu」関数の上に作っていますが、「program.js」の一番上に作ってもかまいません。

3 次のブロックを表示する場所を取得 

1 以下の内容を入力

```
// 次のブロックを表示するためのキャンバスを取得
tsugigamen = document.getElementById('tsugi');
ct = tsugigamen.getContext('2d');
```

```
197 function tsugiwotsukuru() {
198 ␣␣␣␣// 次のブロックを作る
199 ␣␣␣␣btsugi = Math.floor(Math.random() * 7);
200
201 ␣␣␣␣// 次のブロックを表示するためのキャンバスを取得
202 ␣␣␣␣tsugigamen = document.getElementById
    ('tsugi');
203 ␣␣␣␣ct = tsugigamen.getContext('2d');
204 }
```

4 表示前に消す JS

1 以下の内容を入力

```
// 表示前に消す
ct.clearRect(0, 0, 79, 79);
```

```
197 function tsugiwotsukuru() {
198 ␣␣␣␣// 次のブロックを作る
199 ␣␣␣␣btsugi = Math.floor(Math.random() * 7);
200
201 ␣␣␣␣// 次のブロックを表示するためのキャンバスを取得
202 ␣␣␣␣tsugigamen = document.getElementById
    ('tsugi');
203 ␣␣␣␣ct = tsugigamen.getContext('2d');
204
205 ␣␣␣␣// 表示前に消す
206 ␣␣␣␣ct.clearRect(0, 0, 79, 79);
207 }
```

HINT! 「Canvas」で次のブロックを表示する

197ページに示したように、次のブロックを表示する「Canvas」には「tsugi」という「id」を付けています。ここでは、その「Canvas」を取得し、描く先となる2Dコンテキストも取得します。

HINT! 2Dコンテキスト

四角形や円、線、画像などを描くときに使う部品です。「Canvas」に対して「getContext('2d')」とすると取得できます。「Canvas」に絵を描く場合は2Dコンテキストを経由します。「Canvas」には直接描けません。

HINT! どうして表示前に消すの？

次のブロックを表示したあと、ゲームが進むと、さらに次のブロックを表示することになります。消さないと、前に表示したブロックが残って重なって表示されてしまいます。

次のページに続く

5 描画する JS

1 以下の内容を入力

```
// そこに描画する
kaku(ct, 0, 0, 0, btsugi);
```

```
206 ____ct.clearRect(0, 0, 79, 79);
207
208 ____// そこに描画する
209 ____kaku(ct, 0, 0, 0, btsugi);
210 }
```

6 ゲーム開始時にこの関数を実行する JS

295行から記述する

1 以下の内容を入力

```
// 次のブロックをセットする
tsugiwotsukuru();
```

```
282 function gamekaishi() {
283 ____gamegamen = document.
    getElementById('game');
284 ____cg = gamegamen.getContext('2d');
285
286 ____// 画面を消す
287 ____cg.clearRect(0, 0, 239, 439);
288
289 ____// ランダムなブロックを作る
290 ____ix = 4;
291 ____iy = 0;
292 ____imuki = 0;
293 ____ishurui = Math.floor(Math.random() * 7);
294
295 ____// 次のブロックをセットする
296 ____tsugiwotsukuru();
```

2 Ctrlキーを押しながらSキーを押す

保存される

HINT! 違う「Canvas」にも描ける

「kaku」や「kesu」の関数の最初には、「tsugi」という「id」を付けた「Canvas」から取得した2Dコンテキストを渡しています。そのためゲーム画面ではなくて次のブロックを表示する場所にブロックが描かれます。このように渡す2Dコンテキストを変えれば、HTMLの別の場所にブロックを描くことができます。

次のブロックが表示されて、だいぶゲームらしくなってきたんだもん

テクニック 表示場所や向きもランダムにできる

この本ではブロックが最初に落ちてくる場所や向きは、いつも同じにしてあります。もし変更したいなら、これらも乱数を使って変更できます。たとえば向きは変数「imuki」で設定していて0から3のいずれかの値をとります。そこで、次のように修正すると、落ちてくるときの向きがランダムになります。

●修正前

```
imuki = 0;
```

●修正後

```
imuki = Math.Floor(Math.random() * 3);
```

また左右の位置は変数「ix」で管理しています。次のようにすれば、0から7までのランダムな位置に表示できます。

●修正前

```
ix = 4;
```

●修正後

```
ix = Math.Floor(Math.random() * 7);
```

7 動かす処理でもブロックの種類を考慮したものにする

レッスン❾を参考にindex.htmlをGoogle Chromeで開いておく

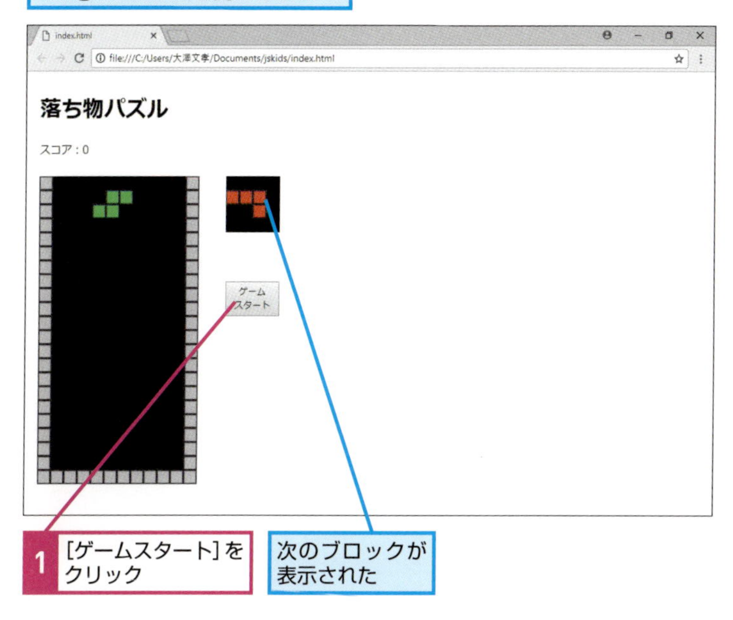

1 ［ゲームスタート］をクリック

次のブロックが表示された

Point

「Canvas」を指定して描く

描く場所は、どの「Canvas」から取得した2Dコンテキストを対象とするかによって決まります。「kaku」関数や「kesu」関数は、最初の引数に描く先の「Canvas」の2Dコンテキストを渡すようにしていて、そこに描いています。ですからこれらの関数に、描きたい「Canvas」の2Dコンテキストを渡せば、どこにでも描けます。

当たり判定を決める

ブロックが壁や他のブロックにぶつかったかどうかを調べ、めり込んでしまうような動きをしないようにします。配列でどこに何があるのかを保存しておき、その状態を確認して処理します。

形や向きで違う移動範囲

落ち物ゲームの場合、形や向きで移動できる範囲が違います。ですから単純に場所を管理している変数「ix」や変数「iy」の大きさで移動できるかどうかを判断できません。たとえば下図のようにT字のブロックが下を向いているときはix=8までですが、左を向いているときはix=9まで移動できます。

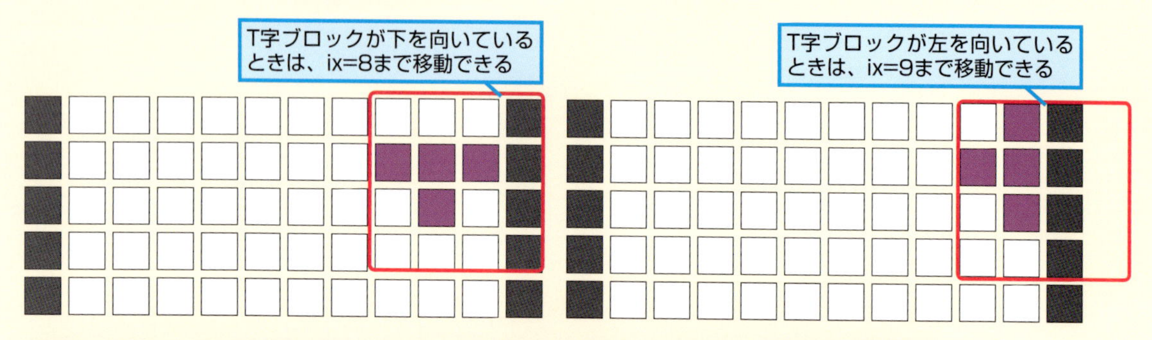

配列を使って状態を管理する

いくつかのアイデアがありますが、こうした形や向きによって違うときに判定するには、配列を使って、その場所に何があるのかを保存しておいてブロックのパターンと重ならないかを調べるという方法がよく使われます。この本ではゲーム画面の状態を「jyoutai」という配列に保存することにします。この配列は壁も含めて横12、縦22の大きさとし、ゲームスタートのときに空欄の部分は100、壁の部分は99という値を設定しておくことにします。

壁は「99」

ひとつ多いのは壁を越えることがあるため

```
jyoutai = [
    [99, 100, 100, 100, 100, 100, 100, 100, 100, 100, 100, 99, 100],
    [99, 100, 100, 100, 100, 100, 100, 100, 100, 100, 100, 99, 100],
                          …… 略 ……
    [99, 100, 100, 100, 100, 100, 100, 100, 100, 100, 100, 99, 100],
    [99, 100, 100, 100, 100, 100, 100, 100, 100, 100, 100, 99, 100],
    [99,  99,  99,  99,  99,  99,  99,  99,  99,  99,  99, 99, 100],
    [100,100, 100, 100, 100, 100, 100, 100, 100, 100, 100,100, 100]
];
```

ひとつ多いのは壁を越えることがあるため

状態と比較して当たり判定する

動かすときには、この状態とブロックのパターン、表示しようとしている位置を重ねて、「そこが空欄（100）」であるかを調べます。ひとつでも空欄でない場合は動かせないと判定します。

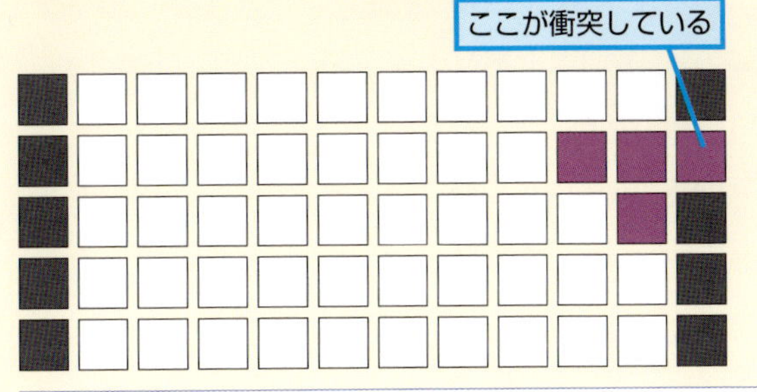


```
p = [
␣␣␣␣[0, 0, 0, 0],
␣␣␣␣[1, 1, 1, 0],
␣␣␣␣[0, 1, 0, 0],
␣␣␣␣[0, 0, 0, 0],
];
```

ブロックのパターンの「1」の部分がすべて「100」であることを確認する

ここが「100」ではないので動かせないようにする

```
jyoutai = [
␣␣␣␣[99, 100, 100, 100, 100, 100, 100, 100, 100, 100, 100, 99, 100],
␣␣␣␣[99, 100, 100, 100, 100, 100, 100, 100, 100, 100, 100, 99, 100],
␣␣␣␣[99, 100, 100, 100, 100, 100, 100, 100, 100, 100, 100, 99, 100],
␣␣␣␣[99, 100, 100, 100, 100, 100, 100, 100, 100, 100, 100, 99, 100],
␣␣␣␣[99, 100, 100, 100, 100, 100, 100, 100, 100, 100, 100, 99, 100],
…… 略 ……
```

すでに置いたブロックと重ならないかを調べる

落ち物ゲームでは、壁だけでなくすでに置いたブロックと重ならないかも調べなければなりませんが、これも同じ方法でできます。ブロックが着地したときに、そのブロックの種類の番号（0から6）を、この「jyoutai」配列に保存しておきます。いま説明した判定では「100なら空欄で動かせる」「そうでなければ動かせない」としているので、ブロックを置いたところは0から6の範囲なので100以外です。つまり「そうではない」という判定になり、動かせないと判断されるようになります。なお、この「jyoutai」配列は、あとでラインを消す処理において、1ラインそろったかどうかを調べるときにも使います（218ページ参照）。

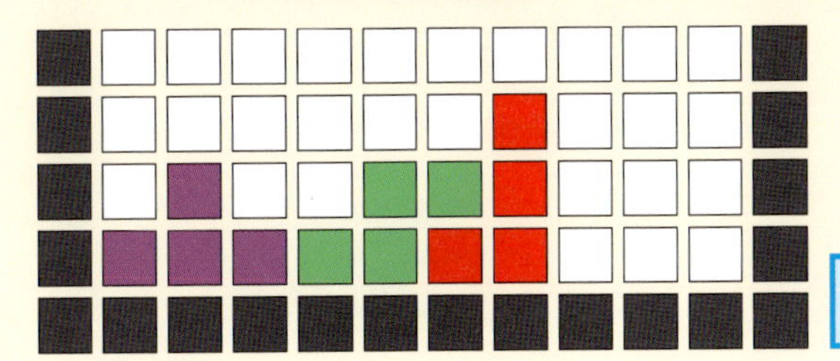

着地したブロックの種類を保存しておく

```
jyoutai = [
␣␣␣␣[99, 100, 100, 100, 100, 100, 100, 100, 100, 100, 100, 99, 100],
…… 略 ……
␣␣␣␣[99, 100, 100, 100, 100, 100, 100, 100, 100, 100, 100, 99, 100],
␣␣␣␣[99, 100, 100, 100, 100, 100, 100,   1, 100, 100, 100, 99, 100],
␣␣␣␣[99, 100,   0, 100, 100,   4,   4,   1, 100, 100, 100, 99, 100],
␣␣␣␣[99,   0,   0,   0,   4,   4,   1,   1, 100, 100, 100, 99, 100],
␣␣␣␣[99,  99,  99,  99,  99,  99,  99,  99,  99,  99,  99, 99, 100],
␣␣␣␣[100,100, 100, 100, 100, 100, 100, 100, 100, 100, 100,100, 100]
];
```

レッスン **35**

テーマ 当たり判定

壁にめり込まないようにする

左右に動いたときに壁にめり込まないようにしましょう。それには壁がどこにあるかを判断して壁と重なるときは動かせないようにします。

レッスンで使う練習用フォルダー ➡ L35

キーワード

当たり判定	p.246
繰り返し	p.247
関数	p.247
座標	p.247
変数	p.249

1 当たり判定用の配列を作る JS

レッスン⓫を参考に、「program.js」を開いておく

282行から記述する

1 以下の内容を入力

```
// ブロックの状態の変数
jyoutai = [];
```

```
282 // ブロックの状態の変数
283 jyoutai = [];
284
285 function gamekaishi() {
```

2 22行分の配列を作る JS

292行から記述する

1 以下の内容を入力

```
// 状態をクリア
jyoutai = new Array(22);
```

```
289 ␣␣␣␣// 画面を消す
290 ␣␣␣␣cg.clearRect(0, 0, 239, 439);
291
292 ␣␣␣␣// 状態をクリア
293 ␣␣␣␣jyoutai = new Array(22);
294
295 ␣␣␣␣// ランダムなブロックを作る
```

HINT!

「当たり判定」って何？

ゲームのキャラクターなどがぶつかった（重なった）かどうかを判定することを、当たり判定と言います。たとえば、ミサイルが敵と当たったかとか、パンチの手の部分が別のキャラクターと当たったかなどを調べるものです。ここではブロックが壁に当たるかどうかを判定します。

当たり判定を設定しないとブロックが壁にめり込んでしまう

当たり判定を設定すれば、この状態で→キーを押しても壁で止まる

HINT!

当たり判定の配列について知ろう

200ページで説明したように当たり判定のために12列×22行の配列を用意します。名前は「jyoutai」としました。ここに壁やブロックの状態を保存しておき、重なっていないかを判定します。

3 すべてを空白という意味にする「100」に設定する JS

1 以下の内容を入力

```
for (i = 0; i < 22; i++) {
    jyoutai[i] = new Array(12);
    for (j = 0; j < 12; j++) {
        jyoutai[i][j] = 100;
    }
}
```

```
292     // 状態をクリア
293     jyoutai = new Array(22);
294     for (i = 0; i < 22; i++) {
295         jyoutai[i] = new Array(12);
296         for (j = 0; j < 12; j++) {
297             jyoutai[i][j] = 100;
298         }
299     }
```

4 左壁部分を「99」にする JS

1 以下の内容を入力

```
// 壁を設定
for (i = 0; i < 22; i++) {
    jyoutai[i][0] = 99;
}
```

```
299     }
300
301     // 壁を設定
302     for (i = 0; i < 22; i++) {
303         jyoutai[i][0] = 99;
304     }
305
306     // ランダムなブロックを作る
```

状態を保存する配列の作成

手順3から手順6では200ページで説明した空欄は「100」、壁は「99」に設定した配列を作っているところです。jyoutai = [99, 100, 100, 100, 100, 100, 100, 100, 100, 100, 100, 99, 100], [99, 100, 100, 100, 100, 100, 100, 100, 100, 100, 100, 99, 100], のように、手作業でひとつひとつ100や99を入力するのはたいへんなので、繰り返し処理を使ってプログラムで、これと同じ値を設定しています。

空白の値

ここではブロックや壁がなく、背景のみが表示されている状態を「100」という値にしました。つまり、ブロックを動かそうとしたときに「jyoutai」配列の数値をチェックして、その値が「100」の場合はブロックと壁が重なっていないという意味です。

壁の値

壁の値は「99」という値にしました。ブロックを動かそうとしたときに「jyoutai」配列を調べて、その値が「99」であるなら、壁に重なっているという意味です。ここでは左壁の部分を「99」にしています。

次のページに続く

5 右壁部分を「99」にする JS

1 以下の内容を入力

```
for (i = 0; i < 22; i++) {
␣␣␣␣jyoutai[i][11] = 99;
}
```

```
301 ␣␣␣␣// 壁を設定
302 ␣␣␣␣for (i = 0; i < 22; i++) {
303 ␣␣␣␣␣␣␣␣jyoutai[i][0] = 99;
304 ␣␣␣␣}
305
306 ␣␣␣␣for (i = 0; i < 22; i++) {
307 ␣␣␣␣␣␣␣␣jyoutai[i][11] = 99;
308 ␣␣␣␣}
309
310 ␣␣␣␣// ランダムなブロックを作る
```

HINT!

右の壁部分を設定する

左の壁部分と同様に、右の壁部分にも99を設定します。右の場所は［11］のところです。

6 下壁部分を「99」にする JS

1 以下の内容を入力

```
for (i = 0; i < 12; i++) {
␣␣␣␣jyoutai[21][i] = 99;
}
```

```
306 ␣␣␣␣for (i = 0; i < 22; i++) {
307 ␣␣␣␣␣␣␣␣jyoutai[i][11] = 99;
308 ␣␣␣␣}
309
310 ␣␣␣␣for (i = 0; i < 12; i++) {
311 ␣␣␣␣␣␣␣␣jyoutai[21][i] = 99;
312 ␣␣␣␣}
313
314 ␣␣␣␣// ランダムなブロックを作る
```

HINT!

下の壁部分を設定する

同様にして下の壁部分にも99を設定します。下の場所は［21］のところを横に繰り返し処理して設定します。

7 置くブロックのパターンを取得 JS

212行から記述する

1 以下の内容を入力

```
function kakunin(bx, by, muki, shurui) {
␣␣␣␣p = block[shurui][muki];
}
```

```
212 function kakunin(bx, by, muki, shurui) {
213 ␣␣␣␣p = block[shurui][muki];
214 }
215
216 function ugokasu(e) {
```

8 パターンの中で「1」(描画する)ところを処理する JS

1 以下の内容を入力

```
for (n = 0; n < 4; n++) {
␣␣␣␣for (m = 0; m < 4; m++) {
␣␣␣␣␣␣␣␣if (p[n][m] == 1) {
␣␣␣␣␣␣␣␣␣␣␣␣//  ブロックを描画する位置が空欄かどうかを
調べる
␣␣␣␣␣␣␣␣}
␣␣␣␣}
}
```

```
212 function kakunin(bx, by, muki, shurui) {
213 ␣␣␣␣p = block[shurui][muki]
214 ␣␣␣␣for (n = 0; n < 4; n++) {
215 ␣␣␣␣␣␣␣␣for (m = 0; m < 4; m++) {
216 ␣␣␣␣␣␣␣␣␣␣␣␣if (p[n][m] == 1) {
217 ␣␣␣␣␣␣␣␣␣␣␣␣␣␣␣␣//  ブロックを描画する位置が空欄かど
    うかを調べる
218 ␣␣␣␣␣␣␣␣␣␣␣␣}
219 ␣␣␣␣␣␣␣␣}
220 ␣␣␣␣}
221 }
```

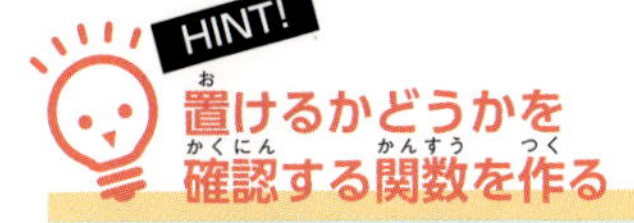

置けるかどうかを確認する関数を作る

指定した場所にブロックを置けるかどうか、つまり壁や他のブロックと重ならないかを調べる関数を「kakunin」という名前で作ります。ここでは、すでに作った「ugokasu」の上に記述します(実際には冒頭など別の場所に書いても動きます)。「kakunin(bx, by, muki, shuri)」とし、先頭から「置きたい場所の左位置、置きたい場所の上位置、ブロックの回転向き、ブロックの位置」とし、置けるときは「true」、置けないときは「false」を返すようにします。

ブロックのパターンを調べる

4×4のブロックパターンのうち「1」の場所がブロックを描く場所です。たとえば、下の「■」のところが1です。この「1」の部分に相当する場所のjyoutai配列を調べ、値が空白(100)でないときは、重なっているから置けないと判定をします。

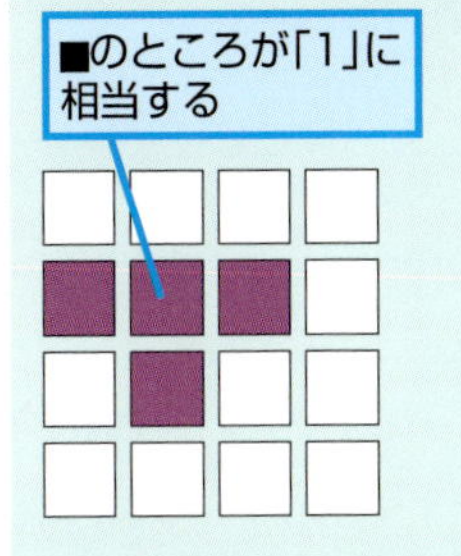

9 横方向が範囲外のときを判定する JS

1 以下の内容を入力

```
// Xが範囲外のところには動かせない
if ((bx + m < 0) || (bx + m > 11)) {
    return false;
}
```

```
217                 // ブロックを描画する位置が空欄かどうかを調べる
218                 // Xが範囲外のところには動かせない
219                 if ((bx + m < 0) ||
    (bx + m > 11)) {
220                     return false;
221                 }
222             }
```

横方向の範囲を調べる

「jyoutai」配列と比較する前に、横方向が0から11の判定を超えていないかを調べます。超えていれば、動かせないのは明らかなので、「return false」として関数を終了します。

HINT!

もしくはを示す「||」

「||」は、「もしくは」という意味を示す記号で論理演算子と言います。ここでは「bx + m < 0」「bx + m > 11」のどちらかが成り立つときはという条件を調べています。「||」は「|」の文字を2つ続けて（空白を空けずに）入力します。この記号はShiftキーを押しながら¥のキーを押すと入力できます。

●論理演算子

<table>
<tr><th>論理演算子</th><th>意味</th></tr>
<tr><td>&&</td><td>どちらも成り立つ</td></tr>
<tr><td>||</td><td>どちらかが成り立つ</td></tr>
<tr><td>!</td><td>成り立たない（否定）</td></tr>
</table>

10 縦方向が範囲外のときを判定する JS

1 以下の内容を入力

```
// Yが範囲外のところには動かせない
if ((by + n < 0) || (by + n > 21)) {
    return false;
}
```

```
220                 return false;
221                 }
222                 // Yが範囲外のところには動かせない
223                 if ((by + n < 0) ||
    (by + n > 21)) {
224                     return false;
225                 }
226             }
```

縦方向の範囲を調べる

横方向と同様に、縦方向が0から22の範囲を超えていないかを調べます。超えていれば、動かせないのは明らかなので、「return false」として関数を終了します。このレッスンまでに作ったプログラムでは、まだ左右方向にしか動かしていませんが、このように下方向も考慮して作っておけば、レッスン㊱で下方向に動かしたときに、下の壁もしくは他のブロックに付いたかどうかを判定するのにも使えます。

11 空欄でなければ置けないと判定する JS

1 以下の内容を入力

```
// 空欄ではない場合は動かせない
if (jyoutai[by + n][bx + m] != 100) {
    return false;
}
```

```
224                     return false;
225                 }
226                 // 空欄ではない場合は動かせない
227                 if (jyoutai[by + n][bx + m]
    != 100) {
228                     return false;
229                 }
230             }
```

HINT! 空欄かどうかを判断するには

「jyoutai」は、空欄のところは「100」、ブロックのところは「99」に設定しています。このため「100」でないなら、重なっていると判断できます。

12 それ以外のときは置けると判定する JS

1 以下の内容を入力

```
return true;
```

```
226                 // 空欄ではない場合は動かせない
227                 if (jyoutai[by + n][bx + m]
    != 100) {
228                     return false;
229                 }
230             }
231         }
232     }
233         return true;
234 }
```

HINT! 「true」と「false」について知ろう

「kakunin」関数では、重なっていないとき(そこに動かせるとき)は「true」、重なっているとき(そこに動かせないとき)は「false」を返すように作っています。「true」は成り立っている、「false」は成り立っていないことを示す特別な値です。

次のページに続く

13 キーでの移動処理で現在の座標と向きを保存する JS

241行から記述する

1 以下の内容を入力

```
// 現在の座標と向きを保存
maenoix = ix;
maenoiy = iy;
maenoimuki = imuki;
```

```
239 ␣␣␣␣cg = gamegamen.getContext('2d');
240 ␣␣␣␣
241 ␣␣␣␣// 現在の座標と向きを保存
242 ␣␣␣␣maenoix = ix;
243 ␣␣␣␣maenoiy = iy;
244 ␣␣␣␣maenoimuki = imuki;
245 
246 ␣␣␣␣// いまのブロックを消す
```

14 移動・回転後に動かせるのかを確認する JS

1 以下の内容を入力

```
// 移動・回転できるかどうかを確認
kekka = kakunin(ix, iy, imuki, ishurui);
if (!kekka) {
// 回転・移動できない
␣␣␣␣
}
```

```
274 ␣␣␣␣}
275 
276 ␣␣␣␣// 移動・回転できるかどうかを確認
277 ␣␣␣␣kekka = kakunin(ix, iy, imuki, ishurui);
278 ␣␣␣␣if (!kekka) {
279 ␣␣␣␣␣␣␣␣// 回転・移動できない
280 ␣␣␣␣}
281 
282 ␣␣␣␣// 新しい場所にブロックを描く
```

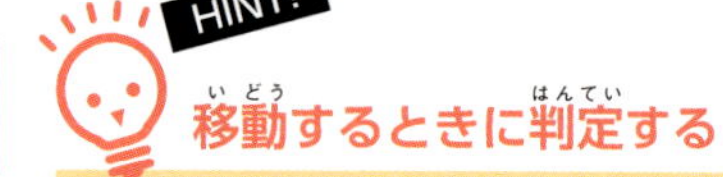

移動するときに判定する

ここまで作った「kakunin」関数を使って、キー操作で移動する際に、移動先に本当に置けるのかを確認します。置けないときは元の場所に戻す必要があるので、いまの場所や向きを別の変数に保存しておきます。

HINT!

移動したら確認する

←キーや→キーが押されて「ix」変数を減らしたり増やしたりして移動したとき、もしくは、↑キーが押されて回転したりしたときには、「kakunin」関数を使って置けるかどうかを判定します。結果は「kekka」変数に格納しています。

「!」って何？

「!」は、「そうではない」という否定を示す記号です。「kakunin」関数は、置けるときは「true」を、置けないときは「false」を返すようにしました。「kekka」変数は、この値になります。「if (!kekka)」は、その逆という意味なので、置けないときは「true」、置けるときは「false」という意味です。つまり、「if (!kekka) {}」の「{}」の中身は、「置けないとき」に実行されます。

15 移動できないときに元の位置・向きに戻す JS

1 以下の内容を入力

```
// 元に戻す
ix = maenoix;
iy = maenoiy;
imuki = maenoimuki;
```

```
279         // 回転・移動できない
280         // 元に戻す
281         ix = maenoix;
282         iy = maenoiy;
283         imuki = maenoimuki;
284     }
285
286     // 新しい場所にブロックを描く
```

2 Ctrlキーを押しながらSキーを押す

保存される

HINT! ブロックを回転させても判定される

ブロックが壁の縁にあるとき↑キーを押して回転すると、壁とぶつかる可能性があります。このような場合、「kakunin」関数は壁と重なると判断するので回転できなくなります。つまり、壁際で回転させても、ブロックが壁にめり込むことはありません。

このような動きは「kakunin」関数によって禁止される

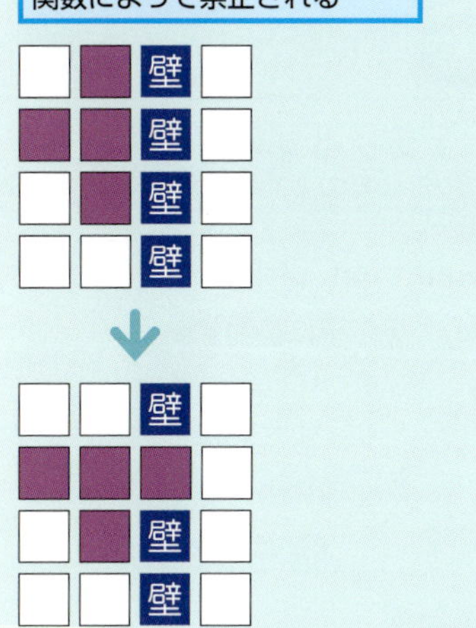

16 HTMLファイルを実行する

レッスン⓫を参考にindex.htmlをGoogle Chromeで開いておく

1 [ゲームスタート]をクリック

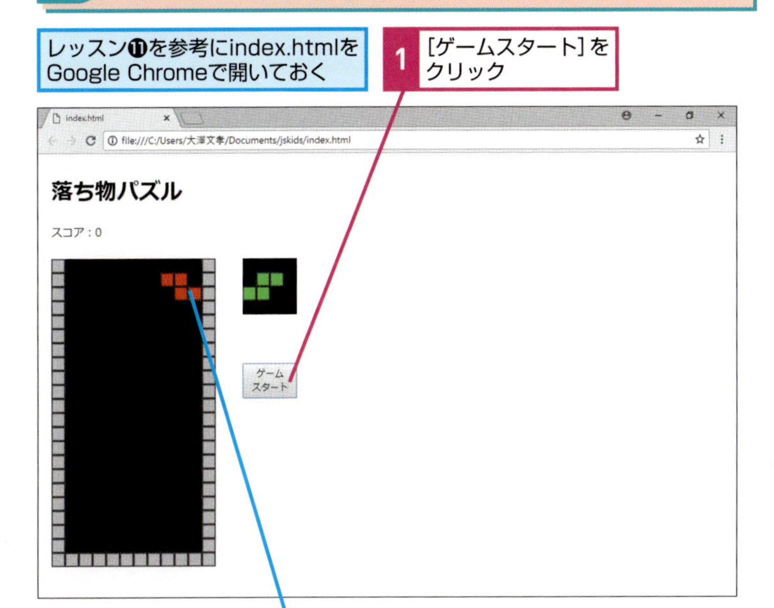

2 →キーを何度も押す

壁にはめり込まない

Point どこに何があるかを保存しておく

四角形としてブロックや壁を描いただけでは、どこに何があるか判定できません。このため、配列などを使って何がどこにあるのかを管理します。このレッスンでは「jyoutai」配列に「空欄(100)」と「壁(99)」の値を設定していますが、以降のレッスンでは、ブロックが置かれたところに、ブロックの種類(種類に応じた「0」から「6」の7種類のいずれかの値)を設定するようにしていきます。そうすることで壁だけでなく、他のブロックと重なったかも確認できるようになります。

テーマ 下への移動と当たり判定

レッスン 36

下に動かせるようにしよう

レッスンで使う
練習用フォルダー→L36

キーワード

当たり判定	p.246
繰り返し	p.247
関数	p.247
座標	p.247
条件分岐	p.248

下の矢印キーを押したとき下に動かせるようにしましょう。下の壁やすでに落とした他のブロックとぶつかったらそこで止まり、次のブロックが落ちてくるようにもします。

1 下に動かすための関数を作成する JS

レッスン⑪を参考に、「program.js」を開いておく

1 以下の内容を入力

```
function shitaidou() {
____// 下に移動する
}
```

```
236 function shitaidou() {
237 ____// 下に移動する
268 }
239
240 function ugokasu(e) {
```

HINT!

下に動かす関数でブロックを下に動かす

ここでは下に動かす機能を「shitaidou」（下移動）という名前の関数として作り、↓キーが押されたときは、この関数を実行することでブロックを下に動かします。

2 描画するためのキャンバスを取得する JS

1 以下の内容を入力

```
// 描く先のCanvasを取得
gamegamen = document.getElementById('game');
cg = gamegamen.getContext('2d');
```

```
236 function shitaidou() {
237 ____// 下に移動する
268 ____// 描く先のCanvasを取得
239 ____gamegamen = document.
    getElementById('game');
240 ____cg = gamegamen.getContext('2d');
241 }
```

HINT!

自動で落ちるのは後のレッスンで

落ち物パズルでは自動的にブロックが落ちてきますが、その処理はレッスン㊳で作ります。といっても下に動かす処理自体はこの「shitaidou」関数で作っているので、この関数を定期的に実行するだけです。

3 現在の座標と向きを保存する JS

1 以下の内容を入力

```
// 現在の座標と向きを保存
maenoix = ix;
maenoiy = iy;
maenoimuki = imuki;
```

```
241 ␣␣␣␣cg = gamegamen.getContext('2d');
242 ␣␣␣␣// 現在の座標と向きを保存
243 ␣␣␣␣maenoix = ix;
244 ␣␣␣␣maenoiy = iy;
245 ␣␣␣␣maenoimuki = imuki;
246 }
```

4 いまの場所のものを消す JS

1 以下の内容を入力

```
// 消す
kesu(cg, ix, iy, imuki, ishurui);
```

```
245 ␣␣␣␣maenoimuki = imuki;
246
247 ␣␣␣␣// 消す
248 ␣␣␣␣kesu(cg, ix, iy, imuki, ishurui);
```

5 下に移動する JS

1 以下の内容を入力

```
// 移動
iy = iy + 1;
```

```
248 ␣␣␣␣kesu(cg, ix, iy, imuki, ishurui);
249
250 ␣␣␣␣// 移動
251 ␣␣␣␣iy = iy + 1;
```

HINT! 下に移動する

ブロックの表示位置の縦方向は変数「iy」で管理しているので、下に移動するには変数「iy」に1を加えます。下が壁であるなど動かせないこともあるので、移動前に今の位置を別の変数に保存しておきます。

HINT! 下移動も左右移動と同じ

下移動は「ix」ではなく「iy」を増やすというだけで左右移動と同じです。いま描かれているブロックを消して、新しい場所にブロックを描くことで動かします。

次のページに続く

6 音を出す JS

1 以下の内容を入力

```
// 音を出す
document.getElementById('ochiru').play();
```

```
251 ␣␣␣␣iy = iy + 1;
252
253 ␣␣␣␣// 音を出す
254 ␣␣␣␣document.getElementById('ochiru').play();
255 }
```

下移動のときに鳴る音を設定する

下に1段動かす（落ちる）ときには「audio」タグで「id」に「ochiru」と名付けた音を鳴らすことにします。

7 移動できるか確認する JS

1 以下の内容を入力

```
// 移動できるかどうかを確認する
kekka = kakunin(ix, iy, imuki, ishurui);
if (kekka) {
␣␣␣␣// 移動できる
} else {
␣␣␣␣// 移動できない
}
```

```
253 ␣␣␣␣// 音を出す
254 ␣␣␣␣document.getElementById('ochiru').play();
255
256 ␣␣␣␣// 移動できるかどうかを確認する
257 ␣␣␣␣kekka = kakunin(ix, iy, imuki, ishurui);
258 ␣␣␣␣if (kekka) {
259 ␣␣␣␣␣␣␣␣// 移動できる
260 ␣␣␣␣} else {
261 ␣␣␣␣␣␣␣␣// 移動できない
262 ␣␣␣␣}
263 }
```

移動できるかどうか確認するには

下に移動するときはそこに壁やすでに置いた別のブロックがあることがあります。そこでレッスン㉟で作成した「kakunin」関数を使って、そこに壁やブロックがないかを調べます。

8 移動できるときはそこにブロックを描画する JS

1 以下の内容を入力

```
// 新しい位置に描く
kaku(cg, ix, iy, imuki, ishurui);
```

```
256     // 移動できるかどうかを確認する
257     kekka = kakunin(ix, iy, imuki, ishurui);
258     if (kekka) {
259         // 移動できる
260         // 新しい位置に描く
261         kaku(cg, ix, iy, imuki, ishurui);
262     } else {
```

9 移動できないときは移動前の位置・向きに戻す JS

1 以下の内容を入力

```
// 移動前の場所・向きに戻す
ix = maenoix;
iy = maenoiy;
imuki = maenoimuki;
kaku(cg, ix, iy, imuki, ishurui);
```

```
259         // 移動できる
260         // 新しい位置に描く
261         kaku(cg, ix, iy, imuki, ishurui);
262     } else {
263         // 移動できない
264         // 移動前の場所・向きに戻す
265         ix = maenoix;
266         iy = maenoiy;
267         imuki = maenoimuki;
268         kaku(cg, ix, iy, imuki, ishurui);
269     }
270 }
```

移動できるときは

移動できるときは、その移動先に新しく描くだけで処理は終わりです。

HINT!

移動できないときは

移動できないときは、下に壁や別のブロックがあるときです。つまりブロックが固定されて止まっています。手順10～13では動きが止まったときにブロックの状態を保存したり次のブロックが落ちるようにしたりする命令を書きます。

次のページに続く

10 この位置を当たり判定用の配列に設定する

1 以下の内容を入力

```
// この位置を当たり判定用の配列に設定する
p = block[ishurui][imuki]
for (n = 0; n < 4; n++) {
    for (m = 0; m < 4; m++) {
        if (p[n][m] == 1) {
            jyoutai[iy + n][ix + m] = ishurui;
        }
    }
}
```

```
267         imuki = maenoimuki;
268         kaku(cg, ix, iy, imuki, ishurui);
269 
270         // この位置を当たり判定用の配列に設定する
271         p = block[ishurui][imuki]
272         for (n = 0; n < 4; n++) {
273             for (m = 0; m < 4; m++) {
274                 if (p[n][m] == 1) {
275                     jyoutai[iy + n][ix + m]
     = ishurui;
276                 }
277             }
278         }
279     }
280 }
```

HINT! 確定した場所を保存しておく

動きが止まって確定したときは、「jyoutai」配列に、ブロックの種類（0～6の種類に応じた7種のいずれかの値）を保存しておきます。「kakunin」関数では空欄（100）かどうかで、そこにブロックを移動できるかを判定しているので、動きが止まったブロックがある場所に重なるような移動ができないようになります。

HINT! 一列に並んだブロックを消す判定にも使う

「jyoutai」配列に保存した動きが止まったブロックの位置は、次のレッスンで作る横一列に並んだブロックを消す処理にも使います。

11 音を出す JS

1 以下の内容を入力

```
// 音を出す
document.getElementById('don').play();
```

```
276 ␣␣␣␣␣␣␣␣␣␣␣␣␣␣␣␣}
277 ␣␣␣␣␣␣␣␣␣␣␣␣}
278 ␣␣␣␣␣␣␣␣}
279
280 ␣␣␣␣␣␣␣␣// 音を出す
281 ␣␣␣␣␣␣␣␣document.getElementById('don').play();
282 ␣␣␣␣}
283 }
```

12 次のブロックとして設定したものが新たに落ちてくるようにする JS

1 以下の内容を入力

```
// 次のブロックとして設定したものが落ちてくるようにする
ix = 4;
iy = 0;
ishurui = btsugi;
imuki = 0;
kaku(cg, ix, iy, imuki, ishurui);
```

```
281 ␣␣␣␣␣␣␣␣document.getElementById('don').play();
282
283 ␣␣␣␣␣␣␣␣// 次のブロックとして設定したものが落ちてくるよ
    うにする
284 ␣␣␣␣␣␣␣␣ix = 4;
285 ␣␣␣␣␣␣␣␣iy = 0;
286 ␣␣␣␣␣␣␣␣ishurui = btsugi;
287 ␣␣␣␣␣␣␣␣imuki = 0;
288 ␣␣␣␣␣␣␣␣kaku(cg, ix, iy, imuki, ishurui);
289 ␣␣␣␣}
290 }
```

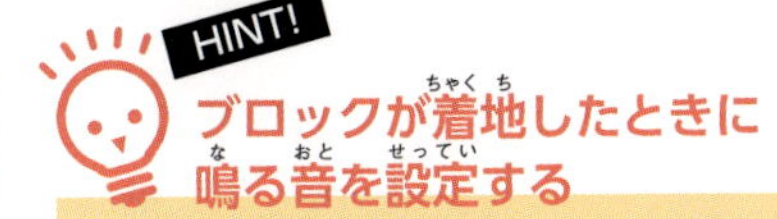

ブロックが着地したときに鳴る音を設定する

ブロックが着地して確定したときには「audio」タグで「id」に「don」と名付けた音を鳴らします。

次のブロック

レッスン㉞では「tsugiwotsukuru」関数で、次に表示されるブロックを「btsugi」変数に設定しています。そこで次に表示されるブロックとして、この値を使います。

次のページに続く

13 続けて次のブロックを設定する JS

1 以下の内容を入力

```
// さらに次のブロックを設定
tsugiwotsukuru();
```

```
288         kaku(cg, ix, iy, imuki, ishurui);
289
290         // さらに次のブロックを設定
291         tsugiwotsukuru();
292     }
293 }
```

HINT! さらに次のブロックを作る

「tsugiwotsukuru」関数を実行することで、さらに次に落ちてくるブロックを作り、次のブロックを表示する場所に表示します。

14 ↓キーが押されたときに下に動かす関数を実行する JS

335行から記述する　**1** 以下の内容を入力

```
// [↓] キーが押されたときは下に移動させる
if (e.keyCode == 40) {
    shitaidou();
}
```

```
332         document.getElementById('kaiten').
    play();
333     }
334
335     // [↓] キーが押されたときは下に移動させる
336     if (e.keyCode == 40) {
337         shitaidou();
338     }
339
340     // 移動・回転できるかどうかを確認
```

2 Ctrlキーを押しながらSキーを押す　保存される

下の矢印キーのキーコードは？

↓キーは、48という番号に割り当てられているのでそれと比較することで押されているかどうかを判定します。↓キーを押し続けたときは、さらに下に落ちます。←キーや→キーを押し続けるのと同じです。加速はしませんが、さらに動くという動作になります。

15 HTMLファイルを実行する

レッスン❾を参考にindex.htmlをGoogle Chromeで開いておく

1 ［ゲームスタート］をクリック

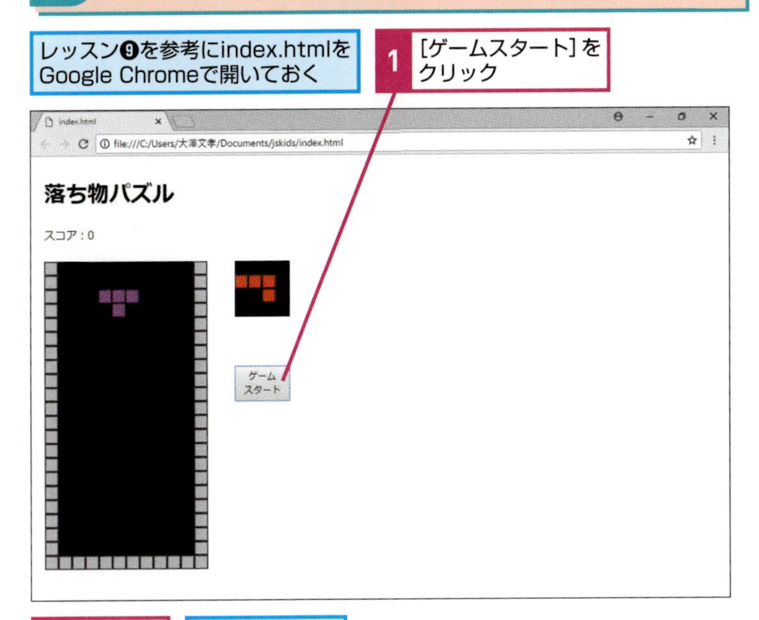

2 ↓キーを3回押す

ブロックが下に移動した

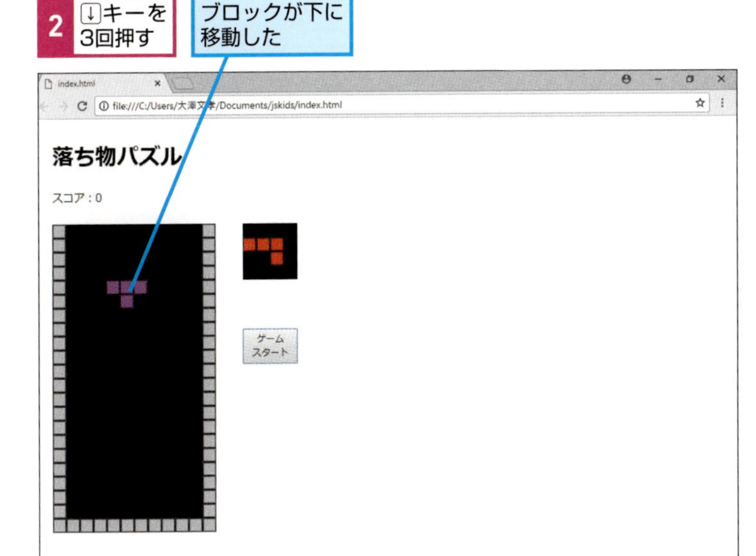

次々とブロックを落とせるようになる

ここまででゲームらしくなってきました。左右に動かしたり回転したり、下に落とすことができます。そして次々と表示されるブロックは、すでに置いた場所と重なる場所には動かせないようにもなっています。

Point

一度作ったものを何度も使い回す

プログラミングするときは、作った機能を使い回すとシンプルに作れます。ブロックが置けるかどうかは、すでにレッスン㉟で「kakunin」関数として作っているので、↓キーを押したときに動かせるかどうかの判定は、新しく作ることなく、この関数を使うことで判定しています。

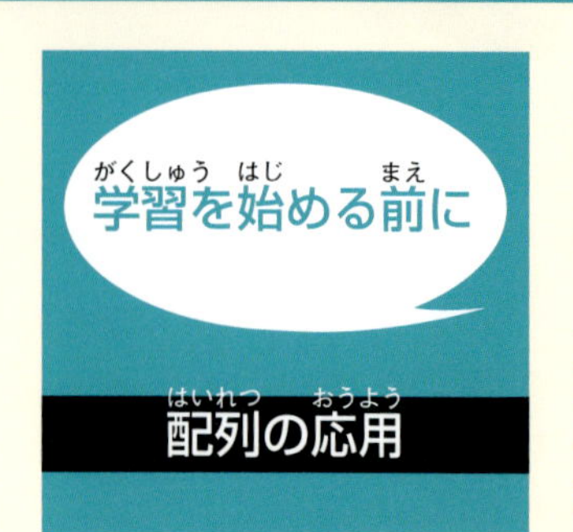

横一列そろったときの処理を作る

ゲーム作りも大詰めに入ってきました。横1列がそろったときに消して得点を追加するようにしてゲームを完成させましょう。そろったどうかを調べて消すには、当たり判定のときに使った配列を利用します。

横1列そろったかどうかを判定する

これまで当たり判定のために壁やブロックの状態を「jyoutai」という配列に設定しています。横1列そろったかどうかは、この配列を使って調べられます。配列を上から順に1行ずつ調べ、それぞれの行を、さらに右方向に調べます。空欄は100です。そこで左から右に向けて調べたとき100のものがひとつもなければ全部ブロックで埋まっています。つまり横1列揃ったと判断できます。

壁の部分は除外してこの部分[1]から[10]までを調べる

```
jyoutai = [
    [99, 100, 100, 100, 100, 100, 100, 100, 100, 100, 100, 99. 100],
    [99, 100, 100, 100, 100, 100, 100, 100, 100, 100, 100, 99, 100],
    [99, 100, 100, 100, 100, 100, 100, 100, 100, 100, 100, 99, 100],
    [99, 100, 100, 100, 100, 100, 100, 100, 100, 100, 100, 99, 100],
    [99, 100, 100, 100, 100, 100, 100, 100, 100, 100, 100, 99, 100],
    [99, 100, 100, 100, 100, 100, 100, 100, 100, 100, 100, 99, 100],
    [99, 100, 100, 100, 100, 100, 100, 100, 100, 100, 100, 99, 100],
    [99, 100, 100, 100, 100, 100, 100, 100, 100, 100, 100, 99, 100],
    [99, 100, 100, 100, 100, 100, 100, 100, 100, 100, 100, 99, 100],
    [99, 100, 100, 100, 100, 100, 100, 100, 100, 100, 100, 99, 100],
    [99, 100, 100, 100, 100, 100, 100, 100, 100, 100, 100, 99, 100],
    [99, 100, 100, 100, 100, 100, 100, 100, 100, 100, 100, 99, 100],
    [99, 100, 100, 100, 100, 100, 100, 100, 100, 100, 100, 99, 100],
    [99, 100, 100, 100, 100, 100, 100, 100, 100, 100, 100, 99, 100],
    [99, 100, 100, 100, 100, 100, 100, 100, 100, 100, 100, 99, 100],
    [99, 100, 100, 100, 100, 100, 100, 100, 100, 100, 100, 99, 100],
    [99, 100, 100, 100, 100, 100, 100, 100, 100, 100, 100, 99, 100],
    [99, 100, 100, 100, 100, 100, 100, 100, 100, 100, 100, 99, 100],
    [99, 100, 100, 100, 100, 100, 100,   1, 100, 100, 100, 99, 100],
    [99, 100,   0, 100, 100,   4,   4,   1, 100,   0, 100, 99, 100],
    [99,   0,   0,   0,   4,   4,   1,   1,   0,   0,   0, 99, 100],
    [99,  99,  99,  99,  99,  99,  99,  99,  99,  99,  99, 99, 100],
    [100,100, 100, 100, 100, 100, 100, 100, 100, 100, 100,100, 100]
];
```

この行は「100」がなく、横一列そろっていることがわかる

横1列揃ったときに消す

横1列揃ったときは、その行を消します。消すには、下から順に、上の行をそのままいまの行にコピーすることで詰めます。jyoutai配列を詰めても画面は変わらないので、jyoutai配列を左上から右下まで調べて、その通りに画面を描き直します。

```
jyoutai = [
␣␣␣␣[99, 100, 100, 100, 100, 100, 100, 100, 100, 100, 100, 99. 100],
␣␣␣␣[99, 100, 100, 100, 100, 100, 100, 100, 100, 100, 100, 99, 100],
␣␣␣␣[99, 100, 100, 100, 100, 100, 100, 100, 100, 100, 100, 99, 100],
␣␣␣␣[99, 100, 100, 100, 100, 100, 100, 100, 100, 100, 100, 99. 100],
                          …… 略 ……
␣␣␣␣[99, 100, 100, 100, 100, 100, 100, 100, 100, 100, 100, 99, 100],
␣␣␣␣[99, 100, 100, 100, 100, 100, 100, 100, 100, 100, 100, 99, 100],
␣␣␣␣[99, 100, 100, 100, 100, 100, 100, 100, 100, 100, 100, 99. 100],
␣␣␣␣[99, 100, 100, 100, 100, 100, 100, 100, 100, 100, 100, 99, 100],
␣␣␣␣[99, 100, 100, 100, 100, 100, 100,   1, 100, 100, 100, 99, 100],
␣␣␣␣[99, 100,   0, 100, 100,   4,   4,   1, 100,   0, 100, 99, 100],
␣␣␣␣[99,   0,   0,   0   4,   4,   1,   1,   0,   0,   0, 99, 100],
␣␣␣␣[99,  99,  99,  99,  99,  99,  99,  99,  99,  99,  99, 99, 100],
␣␣␣␣[100,100, 100, 100, 100, 100, 100, 100, 100, 100, 100,100, 100]
];
```

横一列そろった行を消す

```
jyoutai = [
␣␣␣␣[99, 100, 100, 100, 100, 100, 100, 100, 100, 100, 100, 99. 100],
␣␣␣␣[99, 100, 100, 100, 100, 100, 100, 100, 100, 100, 100, 99, 100],
␣␣␣␣[99, 100, 100, 100, 100, 100, 100, 100, 100, 100, 100, 99. 100],
␣␣␣␣[99, 100, 100, 100, 100, 100, 100, 100, 100, 100, 100, 99, 100],
                          …… 略 ……
␣␣␣␣[99, 100, 100, 100, 100, 100, 100, 100, 100, 100, 100, 99. 100],
␣␣␣␣[99, 100, 100, 100, 100, 100, 100, 100, 100, 100, 100, 99, 100],
␣␣␣␣[99, 100, 100, 100, 100, 100, 100, 100, 100, 100, 100, 99, 100],
␣␣␣␣[99, 100, 100, 100, 100, 100, 100, 100, 100, 100, 100, 99, 100],
␣␣␣␣[99, 100, 100, 100, 100, 100, 100, 100, 100, 100, 100, 99. 100],
␣␣␣␣[99, 100, 100, 100, 100, 100, 100,   1, 100, 100, 100, 99, 100],
␣␣␣␣[99, 100,   0, 100, 100,   4,   4,   1, 100,   0, 100, 99, 100],
␣␣␣␣[99,  99,  99,  99,  99,  99,  99,  99,  99,  99,  99, 99, 100],
␣␣␣␣[100,100, 100, 100, 100, 100, 100, 100, 100, 100, 100,100, 100]
];
```

下から順にコピーして詰める

テーマ 得点を入れる

ブロックが消えて得点が入るようにする

レッスンで使う練習用フォルダー → L37

キーワード

Canvas	p.246
繰り返し	p.247
関数	p.247
座標	p.247
条件分岐	p.248

だんだんとゲームらしくなってきました。ブロックが横一列にそろったときにその部分を消して、得点が入るようにしましょう。落ち物パズルでもっとも重要な要素です。

1 得点の変数を用意する JS

レッスン⓫を参考に、「program.js」を開いておく

1 以下の内容を入力

```
// 得点を0にする
tokuten = 0;
```

```
388 function gamekaishi() {
389 ␣␣␣␣gamegamen = document.
    getElementById('game');
390 ␣␣␣␣cg = gamegamen.getContext('2d');
391 
392 ␣␣␣␣// 画面を消す
393 ␣␣␣␣cg.clearRect(0, 0, 239, 439);
394 
395 ␣␣␣␣// 得点を0にする
396 ␣␣␣␣tokuten = 0;
397 
398 ␣␣␣␣// 状態をクリア
```

HINT!

得点を保存する変数を設定する

得点は「tokuten」という変数に保存することにします。ゲームがスタートしたときは0に設定します。

2 得点計算用の関数を作成する JS

1 以下の内容を入力

```
function tokutenkeisan() {
}
```

```
385 // ブロックの状態の変数
386 jyoutai = [];
387
388 function tokutenkeisan() {
389 }
390
391 function gamekaishi() {
```

3 消えたライン数を保存する変数を用意する JS

1 以下の内容を入力

```
kosuu = 0;
```

```
388 function tokutenkeisan() {
389     kosuu = 0;
390 }
```

4 当たり判定用のすべてのラインについて繰り返す JS

1 以下の内容を入力

```
// 全ラインをチェック
for (y = 0; y < 21; y++) {
}
```

```
388 function tokutenkeisan() {
389     kosuu = 0;
390
391     // 全ラインをチェック
392     for (y = 0; y < 21; y++) {
393     }
394 }
```

HINT!

ラインを消して得点を計算する関数を作る

「tokutenkeisan」という名前の関数として作ります。この関数は、すでに作った「shitaidou」関数の中から実行することで、ブロックが下に移動したときに、ラインを消して計算する処理を実行するようにします。

HINT!

消えたブロックの列を数える変数を用意する

消えたブロックの列の数を「kosuu」という変数で用意します。消えた列の数によって、次のように得点を加えるものとします（手順12）。

●列の数と得点

列の数	得点
1	10
2	20
3	100
4	1000

次のページに続く

5 横方向にそろっているかどうかを調べる 

1 以下の内容を入力

```
sorottenai = false;
for (x = 1; x <= 10; x++) {
    if (jyoutai[y][x] == 100) {
        // ブロックがない（隙間または壁）
        sorottenai = true;
    }
}
```

```
392     for (y = 0; y < 21; y++) {
393         sorottenai = false;
394         for (x = 1; x <= 10; x++) {
395             if (jyoutai[y][x] == 100) {
396             // ブロックがない（隙間または壁）
397             sorottenai = true;
398             }
399         }
400     }
401 }
```

横方向に調べる

「jyoutai」配列には、以下の表のような値が格納されています。そこで、「jyoutai」配列を壁から壁まで順に調べて、全部が100でないとき（つまりブロック）なら、ラインがそろったと判定します。

● 「jyoutai」配列と値

「jyoutai」配列	値
空欄	100
壁	99
ブロック	0から6のいずれか

6 列がそろっているならそろっている個数を増やす JS

1 以下の内容を入力

```
if (!sorottenai) {
    // 揃ってる
    kosuu = kosuu + 1;
}
```

```
401         if (!sorottenai) {
402             // 揃ってる
403             kosuu = kosuu + 1;
404         }
405     }
```

7 音を出す JS

1 以下の内容を入力

```
// 音を出す
document.getElementById('kieru').play();
```

```
403             kosuu = kosuu + 1;
404
405             // 音を出す
406             document.getElementById('kieru').
play();
407         }
408     }
```

8 ラインを消して詰める JS

1 以下の内容を入力

```
// 上から詰める
for (k = y; k > 0; k--) {
    for (x = 1; x <= 10; x++) {
        jyoutai[k][x] = jyoutai[k - 1][x];
    }
}
```

```
406             document.getElementById('kieru').
play();
407
408             // 上から詰める
409             for (k = y; k > 0; k--) {
410                 for (x = 1; x <= 10; x++) {
411                     jyoutai[k][x] =
jyoutai[k - 1][x];
412                 }
413             }
414         }
415     }
```

ラインがそろったときに鳴る音を設定する

ラインがそろったときは、は「audio」タグで「id」に「kieru」と名付けた音を鳴らすことにします。

ラインを消して詰める

横1列がそろったときは「jyoutai」配列を上から順に1行ずつ詰めてコピーすることで、その行を削除します。

次のページに続く

9 ブロックを描き直す 

1 以下の内容を入力

```
// ブロックを全部描き直す
// 1.キャンバスを取得する
gamegamen = document.getElementById('game');
cg = gamegamen.getContext('2d');
```

```
415     }
416
417     // ブロックを全部描き直す
418     // 1.キャンバスを取得する
419     gamegamen = document.g
    etElementById('game');
420     cg = gamegamen.getContext('2d');
421 }
422
423 function gamekaishi() {
```

ブロックを描き直す

「jyoutai」配列をずらして詰めても画面は変わりません。そこで「jyoutai」配列の中身を調べて、ブロックの場所を描き直します。

10 全部消す JS

1 以下の内容を入力

```
// 2.全部消す
cg.clearRect(0, 0, 239, 439);
```

```
420     cg = gamegamen.getContext('2d');
421
422     // 2.全部消す
423     cg.clearRect(0, 0, 239, 439);
434 }
425
426 function gamekaishi() {
```

HINT!

消えるのは前面だけ

「game」という「id」の名前を付けた「Canvas」は前面です。ここにはブロックを描いています。ゲームの背景や壁は、その背面の「Canvas」です（136ページを参照）。消しているのは前面の「Canvas」なので、壁は消えません。

11 ブロックがあるところを描く JS

1 以下の内容を入力

```
422 ␣␣␣␣// 2.全部消す
423 ␣␣␣␣cg.clearRect(0, 0, 239, 439);
424 
425 ␣␣␣␣// 3.ブロックがあるところを描く
426 ␣␣␣␣for (y = 0; y < 22; y++) {
427 ␣␣␣␣␣␣␣␣for (x = 0; x < 12; x++) {
428 ␣␣␣␣␣␣␣␣␣␣␣␣if ((jyoutai[y][x] != 100) &&
     (jyoutai[y][x] != 99)) {
429 ␣␣␣␣␣␣␣␣␣␣␣␣// ブロックを描く
430 ␣␣␣␣␣␣␣␣␣␣␣␣cg.fillStyle =  biro[jyoutai[y]
    [x]];
431 ␣␣␣␣␣␣␣␣␣␣␣␣cg.strokeStyle = '#333333';
432 ␣␣␣␣␣␣␣␣␣␣␣␣cg.lineWidth = 3;
433 ␣␣␣␣␣␣␣␣␣␣␣␣cg.fillRect(x * 20,  y * 20, 20
    , 20);
434 ␣␣␣␣␣␣␣␣␣␣␣␣cg.strokeRect(x * 20, y * 20, 20
    , 20);
435 ␣␣␣␣␣␣␣␣␣␣␣␣}
436 ␣␣␣␣␣␣␣␣}
437 ␣␣␣␣}
438 }
439 
440 function gamekaishi() {
```

HINT!

四角形でブロックを描く

「jyoutai」配列を左上から右下に向けてひとつずつ調べて、ブロックが置かれている（100でも99でもない）ときは、そのブロックを四角形で描きます。

37 得点を入れる

次のページに続く

12 得点を計算する 

1 以下の内容を入力

```
439     // 得点を計算する
440     switch (kosuu) {
441         case 1:
442             tokuten = tokuten + 10;
443             break;
444         case 2:
445             tokuten = tokuten + 20;
446             break;
447         case 3:
448             tokuten = tokuten + 100;
449             break;
450         case 4:
451             tokuten = tokuten + 1000;
452             // 4ラインのときは効果音を鳴らす
453             document.getElementById('zenbu').
        play();
454             break;
455     }
456 }
457
458 function gamekaishi() {
```

何ライン消したかによって得点を変えるため、「switch」という構文を使いました。これは、次の構文で、値によって実行する部分を変える文法です。それぞれのブロックの末には「break;」を書かなければならないので注意してください。

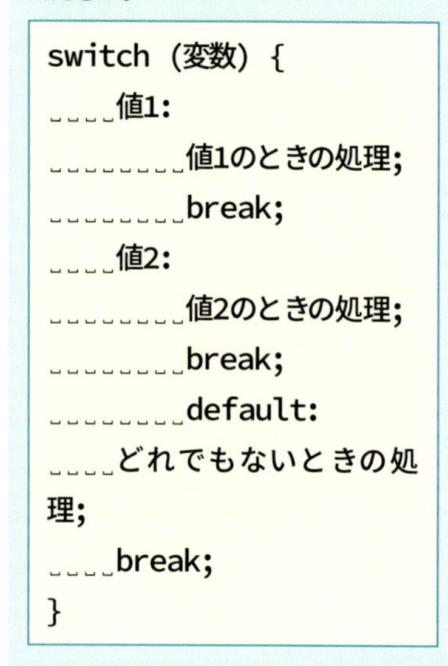

```
switch (変数) {
    値1:
        値1のときの処理;
        break;
    値2:
        値2のときの処理;
        break;
        default:
    どれでもないときの処
理;
    break;
}
```

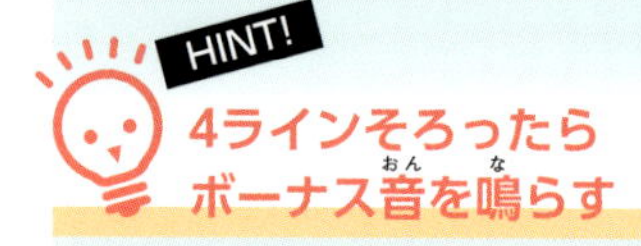

「case 4:」のところでは、「document.getElementById('zenbu').play();」として、「audio」タグで「id」に「zenbu」という名前を付けた音を鳴らすようにしました。これは、4ラインそろったときに、追加で鳴らされるボーナス音です。

13 得点を表示する JS

1 以下の内容を入力

```
// 得点を表示する
tgamen = document.getElementById('tokuten');
tgamen.innerHTML = tokuten;
```

```
454         break;
455     }
456
457     // 得点を表示する
458     tgamen = document.
getElementById('tokuten');
459     tgamen.innerHTML = tokuten;
460 }
461
462 function gamekaishi() {
```

14 この判定処理を実行するようにする JS

283行から記述する　1 以下の内容を入力

```
// ライン消しと得点計算する
tokutenkeisan()
```

```
280         // 音を出す
281         document.getElementById('don').play();
282
283         // ライン消しと得点計算する
284         tokutenkeisan()
285
286         // 次のブロックとして設定したものが落ちてくるよ
うにする
```

2 Ctrlキーを押しながらSキーを押す　保存される

HINT! HTMLで得点の表示場所を用意する

得点を表示する場所は、<span id="tokuten">としてHTMLに用意しています。その場所に表示します。

HINT! 下に移動したときに判定するには

前のレッスンで作った「shitaidou」関数の途中で、いま作った「tokutenkeisan」関数を実行することで、ブロックが着地したときに横一列がそろったかどうかを判定するようにします。

次のページに続く

15 HTMLファイルを実行する

レッスン❾を参考にindex.htmlをGoogle Chromeで開いておく

[ゲームスタート]をクリックしてゲームを開始しておく

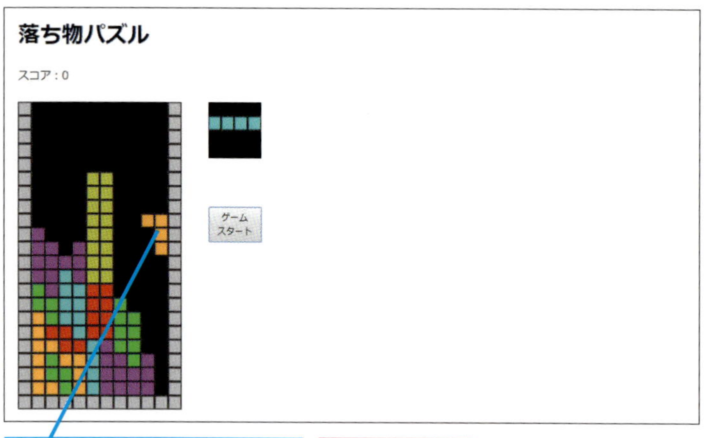

このブロックを下に移動すると3列のラインがそろう

1 ↓キーを何度か押す

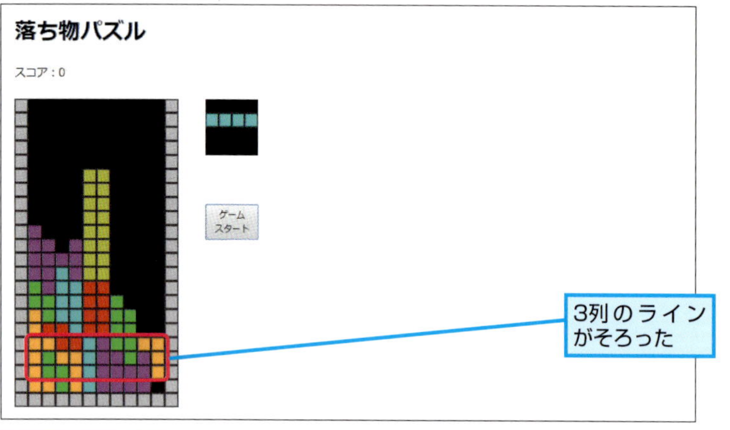

3列のラインがそろった

そろった3列のラインが消えた

得点が入った

ほぼゲームとして完成されてきた

横1列がそろったときにブロックが消えて得点が入ることで、ゲームとして成り立つようになりました。あとはブロックが下に自動的に落ちるようにして、ゲームオーバーの判定処理を作れば完成です。

Point

状態が変わったら画面を描き直す

ブロックがそろったかどうかは「jyhoutai」配列に保存しています。ラインがそろったときは、この配列を調べて、そろっていれば詰めます。詰めても画面が自動的に変わるわけではないので、「jyoutai」配列を左上から調べ直して、同じように画面にブロックを描いていきます。

テクニック　ブロックがそろったときの動きを確認しよう

ブロックがそろったときは配列が詰められたり、ブロックを描き直されたりと複雑な動きをします。下のゲーム画面の場合に、配列がどのように変化しているのかを確認しましょう。

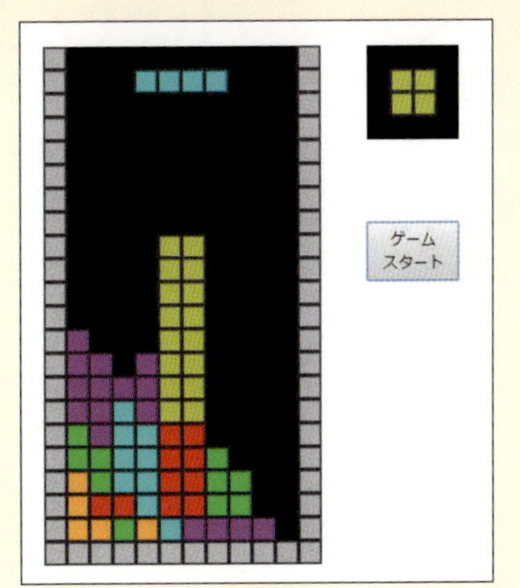

横一列にそろった3行が詰めて消される

横一列にそろっている行は「100」がないので消える

```
jyoutai = [
␣␣␣␣[99, 100, 100, 100, 100, 100, 100, 100, 100, 100, 100, 99. 100],
␣␣␣␣[99, 100, 100, 100, 100, 100, 100, 100, 100, 100, 100, 99, 100],
␣␣␣␣[99, 100, 100, 100, 100, 100, 100, 100, 100, 100, 100, 99, 100],
␣␣␣␣[99, 100, 100, 100, 100, 100, 100, 100, 100, 100, 100, 99, 100],
␣␣␣␣[99, 100, 100, 100, 100, 100, 100, 100, 100, 100, 100, 99, 100],
␣␣␣␣[99, 100, 100, 100, 100,   7,   7, 100, 100, 100, 100, 99, 100],
␣␣␣␣[99, 100, 100, 100, 100,   7,   7, 100, 100, 100, 100, 99, 100],
␣␣␣␣[99, 100, 100, 100, 100,   7,   7, 100, 100, 100, 100, 99, 100],
␣␣␣␣[99, 100, 100, 100, 100,   7,   7, 100, 100, 100, 100, 99, 100],
␣␣␣␣[99,   0, 100, 100, 100,   7,   7, 100, 100, 100, 100, 99, 100],
␣␣␣␣[99,   0,   0, 100,   0,   7,   7, 100, 100, 100, 100, 99, 100],
␣␣␣␣[99,   0,   0,   0,   0,   7,   7, 100, 100, 100, 100, 99, 100],
␣␣␣␣[99,   0,   0,   6,   0,   7,   7, 100, 100, 100, 100, 99, 100],
␣␣␣␣[99,   4,   0,   6,   6,   3,   3, 100, 100, 100, 100, 99, 100],
␣␣␣␣[99,   4,   4,   6,   6,   3,   3, 100, 100, 100, 100, 99, 100],
␣␣␣␣[99,   2,   4,   6,   6,   3,   3,   4, 100, 100, 100, 99, 100],
␣␣␣␣[99,   2,   3,   3,   6,   3,   3,   4,   4, 100, 100, 99, 100],
␣␣␣␣[99,   2,   2,   3,   3,   6,   0,   4,   4,   2,   2, 99, 100],
␣␣␣␣[99,   2,   4,   2,   2,   6,   0,   0,   4,   0,   2, 99, 100],
␣␣␣␣[99,   2,   4,   4,   2,   6,   0,   0,   0,   0,   2, 99, 100],
␣␣␣␣[99,   2,   2,   4,   2,   6,   0,   0,   0,   0, 100, 99, 100],
␣␣␣␣[99,  99,  99,  99,  99,  99,  99,  99,  99,  99,  99, 99, 100],
␣␣␣␣[100,100, 100, 100, 100, 100, 100, 100, 100, 100, 100,100, 100]
];
```

テーマ タイマー

自動的に下に動くようにしよう

レッスンで使う練習用フォルダー → L38

キーワード

HTML	p.246
関数	p.247
座標	p.247
条件分岐	p.248
変数	p.249

下の矢印キーを押さなくても下に自動的に動くようにしましょう。それにはタイマーという機能を使います。ゲームを続けると、落ちる速度が速くなるようにもしてみましょう。

1 実行中であることを示す変数と落下速度の変数を用意する JS

レッスン⓫を参考に、「program.js」を開いておく

475行から記述する

1 以下の内容を入力

```
// ゲーム中に設定し、タイマーを設定する
jikkou = true;
jikan = 1000;
```

```
472 ␣␣␣␣// 得点を0にする
473 ␣␣␣␣tokuten = 0;
474
475 ␣␣␣␣// ゲーム中に設定し、タイマーを設定する
476 ␣␣␣␣jikkou = true;
477 ␣␣␣␣jikan = 1000;
478 ␣␣␣␣
```

HINT! ゲームを開始しているときだけ動かす

常にタイマーで動かすと、ゲームオーバーになったときも動き続けてしまいます。そこで「jikkou」という変数を用意して、ゲームをしているときは「true」、ゲーム開始前やゲームオーバーなどでゲームをしていないときは「false」にし、ゲームをしているときだけ下に動かす処理を実行するようにします。

2 タイマーを設定する JS

1 以下の内容を入力

```
setTimeout(jikandeugokasu, jikan);
```

```
475 ␣␣␣␣// ゲーム中に設定し、タイマーを設定する
476 ␣␣␣␣jikkou = true;
477 ␣␣␣␣jikan = 1000;
478 ␣␣␣␣setTimeout(jikandeugokasu, jikan);
479 ␣␣␣␣
```

HINT! 経過時間の単位はどうやって設定するの？

自動的に動くようにするにはタイマーを使います。タイマーの時間は1000分の1秒の単位で「ミリ秒」と呼ばれる単位で設定します。1000を設定すると1秒、500なら0.5秒です。

3 タイマーから実行される関数を作る JS

1 以下の内容を入力

```
function jikandeugokasu() {
}
```

```
465 function jikandeugokasu() {
466 }
467 
468 function gamekaishi() {
```

4 ゲームが実行中に限って実行する JS

1 以下の内容を入力

```
if (jikkou) {
␣␣// 実行中
}
```

```
465 function jikandeugokasu() {
466 ␣␣␣␣if (jikkou) {
467 ␣␣␣␣␣␣␣␣// 実行中
468 ␣␣␣␣}
469 }
470 
471 function gamekaishi() {
```

タイマーを設定する

「setTimeout」を実行すると、指定した時間後に、指定した関数が実行されるようになります。ここでは「jikandeugokasu（時間で動かす）」という関数を実行するようにしました。「jikandeugokasu」関数では手順1で設定した変数「jikkou」を調べて、trueのとき（ゲームが実行中であるとき）だけ、落ちる処理をします。そうしないとゲームスタートしてないときに落とそうとしてエラーが発生したり、ゲームオーバーになってもブロックが落ち続けてしまったりします。

次のページに続く

5 下に移動する JS

1 以下の内容を入力

```
// 下に動かす
shitaidou();
```

```
465 function jikandeugokasu() {
466     if (jikkou) {
467         // 実行中
468         // 下に動かす
469         shitaidou();
470     }
471 }
472 
473 function gamekaishi() {
```

6 次のタイマーを設定する JS

1 以下の内容を入力

```
// 次の時間を設定
setTimeout(jikandeugokasu, jikan);
```

```
465 function jikandeugokasu() {
466     if (jikkou) {
467         // 実行中
468         // 下に動かす
469         shitaidou();
470         // 次の時間を設定
471         setTimeout(jikandeugokasu, jikan);
472     }
473 }
474 
475 function gamekaishi() {
```

HINT!

次のタイマーを設定する

「setTimeout」は1回限りです。もう一度実行するには、もう一度、「setTimeout」で設定します。これを忘れると、最初の1回しか自動的に落ちなくなってしまいます。

HINT!

少しずつ速くする

「setTimeout」では次に実行するまでの間隔を「jikan」という変数で指定しています。ですから「jikan」を小さくすると、次に落ちるまでの間隔を短く、つまり、速く落ちるようにできます。

7 だんだんスピードアップさせる JS

297行から記述する

1 以下の内容を入力

```
// 時間を少しずつ速くする
jikan = jikan - 1;
if (jikan < 50) {
    // すごく速くなったら元に戻す
    jikan = 1000;
}
```

```
296     }
297
298     // 時間を少しずつ速くする
299     jikan = jikan - 1;
300     if (jikan < 50) {
301         // すごく速くなったら元に戻す
302         jikan = 1000;
303     }
304 }
305
306 function ugokasu(e) {
```

2 Ctrlキーを押しながらSキーを押す

保存される

8 HTMLファイルを実行する

レッスン❾を参考にindex.htmlをGoogle Chromeで開いておく

[ゲームスタート]をクリックしてゲームを開始しておく

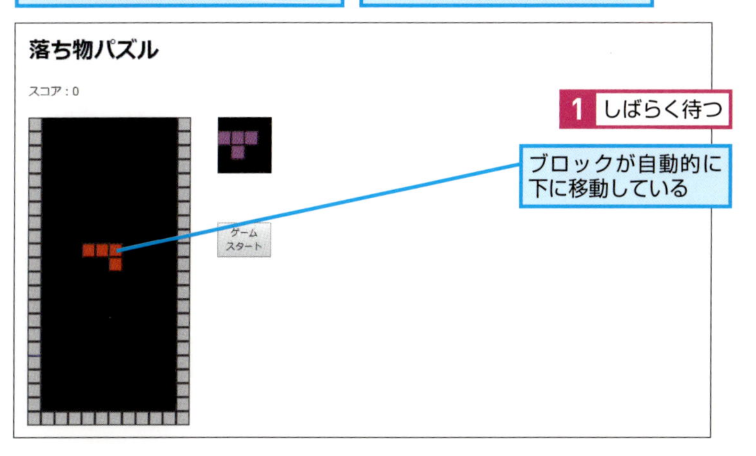

速くなりすぎたら戻す

あまりに速くなりすぎるとゲームを続けるのが難しくなるので、50（0.05秒）以下になったときは1000（1秒）にして、元の速度に戻すようにしました。元に戻ったあとは、再び時間が経つごとに速くなっていきます。

Point

タイマーを使って一定時間後に実行する

タイマーを使うと、指定した時間が経過したときにプログラムを実行できます。自動的に動くキャラクターなど、自分が操作しなくても勝手に動くようなものは、タイマーを使って作ります。タイマーは「setTimeout」で設定します。1回限りなので、繰り返し実行したいときは、もう一度「setTimeout」で設定します。

テーマ ゲームオーバーの判定

レッスン 39 ゲームオーバーを作成しよう

レッスンで使う 練習用フォルダー ➡ L39

キーワード

関数	p.247
座標	p.247
条件分岐	p.248
変数	p.249

最後にゲームオーバーの処理を追加して、ゲームを完成させましょう。次のブロックを表示したとき、そこにもうブロックがあって重なってしまったときはゲームオーバーです。

1 次のブロックを表示したとき他と重なるかを調べる JS

レッスン⓫を参考に、「program.js」を開いておく

293行から記述する

1 以下の内容を入力

```
// そこに置けるかを判定
kekka = kakunin(ix, iy, imuki, ishurui);
if (!kekka) {
    // 重なっているのでゲームオーバー
}
```

```
293         // そこに置けるかを判定
294         kekka = kakunin(ix, iy, imuki,
     ishurui);
295         if (!kekka) {
296             // 重なっているのでゲームオーバー
297         }
```

HINT! ゲームオーバーの条件とは？

ゲームオーバーは、ブロックが上まで積みあがってしまい、次にブロックを置こうとすると重なってしまうときです。ですから、置いた直後に、重なっているかどうかを調べる「kakunin」関数を実行することで、重なっているならゲームオーバーと判定できます。

2 効果音を鳴らす JS

1 以下の内容を入力

```
// 音を出す
document.getElementById('gameover').play();
```

```
298             // 音を出す
299             document.
     getElementById('gameover').play();
300         }
```

HINT! ゲームオーバーのときに鳴る音を設定する

ゲームオーバーのときには「audio」タグで「id」に「gameover」と名付けた音を鳴らすことにします。

3 メッセージを表示する JS

1 以下の内容を入力

```
// メッセージを出す
alert('ゲームオーバー');
```

```
298             // 音を出す
299             document.
                getElementById('gameover').play();
300
301             // メッセージを出す
302             alert('ゲームオーバー');
303         }
```

4 ゲームを止める JS

1 以下の内容を入力

```
// 実行中であることを止める
jikkou = false;
```

```
302             alert('ゲームオーバー');
303
304             // 実行中であることを止める
305             jikkou = false;
306     }
```

2 Ctrlキーを押しながらSキーを押す　保存される

HINT! ゲームオーバーになるとどうなるの？

ゲームオーバーになったときは「ゲームオーバー」いうメッセージが表示されます。

ゲームが終了すると、「ゲームオーバー」と表示される

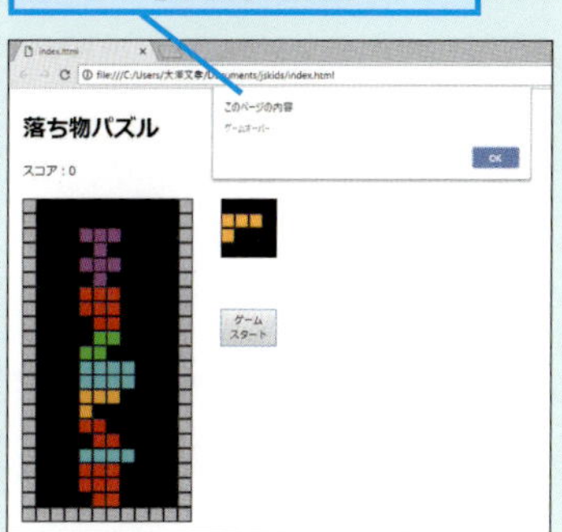

HINT! タイマー処理で何もしないようにする

レッスン㊳では、タイマーを使って下に動かす処理をするときに、「jikkou」変数の値が「true」なら下に動かさないようにしました。ゲームオーバーでは「jikkou」変数を「false」にして、ゲームオーバー後に、タイマーの処理によって下に動くのをやめます。こうしないとゲームオーバー後も、下に動き続けてしまいます。

Point ゲームは少しずつ作る

このレッスンでゲームが完成しました。ここまでのレッスンからわかるように、ゲームは複雑なように見えても、細かい動きの組み合わせです。最初は左右に動くだけで貫通してしまったり、横にそろっても消えなかったりするところから少しずつ修正して作ります。これはプロでも同じです。最初から完璧なものを作ることはありません。機能単位でひとつずつ作ってそれを組み合わせて作りましょう。

この章のまとめ

当たり判定を理解しよう

この章ではブロックや壁、ブロック同士がぶつかったときの当たり判定が一番のポイントです。コンピュータでは画面上でぶつかっていても、それを判定することができません。ですからこの章でやってきたように、状態を保存する配列を使うなどして当たり判定を作ります。配列と画面とは連動しないので、画面の動きに合わせて状態を変更する、そして、横1列がそろって状態の配列で1行消したときにそれを画面に反映させるなどは、自分でプログラムしなければなりません。

ここで説明した当たり判定は、あくまでも一例です。単純に四角形が重なっているときは、こうした複雑な配列を使わずに、座標の大小関係を比較するだけで当たり判定を作れることもありますし、リアルなキャラクターの当たり判定では、さらに奥行きなども考慮した複雑な比較をしなければならないこともあります。

当たり判定を覚える

画面の見た目ではわからないので配列などを使う。何か置かれているならその種類を配列に入れておく。置こうとしている配列の場所を調べればすでに置かれているかがわかる。

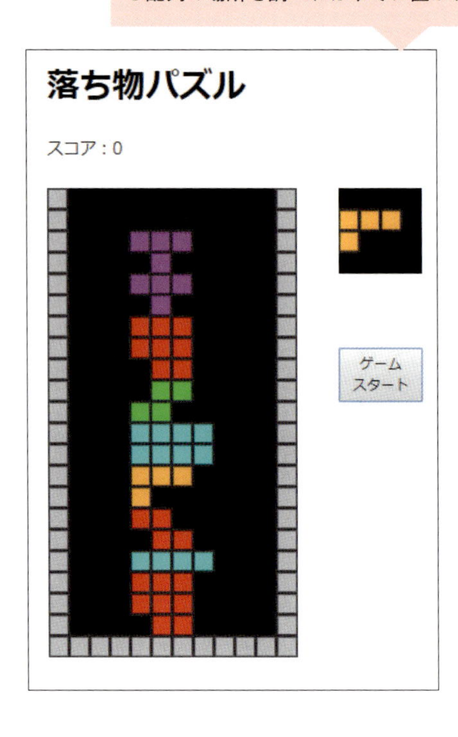

落ち物パズルのソースコード

第7章で完成した「落ち物パズル」のコードを掲載します。プログラムがうまく動かなかった場合は、こちらを参考にしましょう。

HTML

```
001 <html>
002   <head>
003     <script src="program.js"></script>
004     <audio id="kaiten" preload="auto">
005       <source src="oto/kaiten.mp3" type=
"audio/mp3">
006     </audio>
007     <audio id="ochiru" preload="auto">
008       <source src="oto/ochiru.mp3" type=
"audio/mp3">
009     </audio>
010     <audio id="don" preload="auto">
011       <source src="oto/don.mp3"  type=
"audio/mp3">
012     </audio>
013     <audio id="kieru" preload="auto">
014       <source src="oto/kieru.mp3" type=
"audio/mp3">
015     </audio>
016     <audio id="zenbu" preload="auto">
017       <source src="oto/zenbu.mp3" type=
"audio/mp3">
018     </audio>
019     <audio id="gameover" preload="auto">
020       <source src="oto/gameover.mp3" type=
"audio/mp3">
021     </audio>
022   </head>
023   <body onload="hajime()" onkeydown=
"ugokasu(event)">
024       <div style="position:absolute;  left
:20px; top:10px">
025           <h1>ブロック落としゲーム</h1>
026           <div style="width:380px;">
027           スコア：<span id="tokuten">0
</span>
028           </div>
029         </div>
030     <canvas id="back" width="240"
height="440"
031       style="position:absolute; left:20px
; top:150px; background-color: black">
</canvas>
032     <canvas id="game" width="240" height
="440"
033       style="position:absolute; left:20px
; top:150px; background-color
: transparent"></canvas>
034     <canvas id="tsugi" width="80" height=
"80"
035       style="position:absolute; left:300px
; top:150px; background-color: black">
</canvas>
036     <button id="kaishibtn"
037       style="position: absolute; left:300px
; top:300px; width:80px; height:50px"
onclick="gamekaishi()">
038       ゲーム<br>スタート
039     </button>
040   </body>
041 </html>
```

JavaScript

```
001 // ブロック
002 block = [
003 [
004   // ブロック0
005   [
006     [0, 0, 0, 0],
007     [1, 1, 1, 0],
008     [0, 1, 0, 0],
009     [0, 0, 0, 0]
010   ],
011   [
012     [0, 1, 0, 0],
013     [0, 1, 1, 0],
014     [0, 1, 0, 0],
015     [0, 0, 0, 0]
016   ],
017   [
018     [0, 1, 0, 0],
019     [1, 1, 1, 0],
020     [0, 0, 0, 0],
021     [0, 0, 0, 0]
022   ],
023   [
024     [0, 1, 0, 0],
```

```
025       [1, 1, 0, 0],
026       [0, 1, 0, 0],
027       [0, 0, 0, 0]
028     ]
029 ],
030 [
031     // ブロック1
032     [
033       [0, 0, 0, 0],
034       [1, 1, 1, 0],
035       [1, 0, 0, 0],
036       [0, 0, 0, 0]
037     ],
038     [
039       [1, 0, 0, 0],
040       [1, 0, 0, 0],
041       [1, 1, 0, 0],
042       [0, 0, 0, 0]
043     ],
044     [
045       [0, 0, 0, 0],
046       [0, 0, 1, 0],
047       [1, 1, 1, 0],
048       [0, 0, 0, 0]
049     ],
050     [
051       [1, 1, 0, 0],
052       [0, 1, 0, 0],
053       [0, 1, 0, 0],
054       [0, 0, 0, 0]
055     ]
056 ],
057 [
058     // ブロック2
059     [
060       [0, 0, 0, 0],
061       [1, 1, 0, 0],
062       [0, 1, 1, 0],
063       [0, 0, 0, 0]
064     ],
065     [
066       [0, 1, 0, 0],
067       [1, 1, 0, 0],
068       [1, 0, 0, 0],
069       [0, 0, 0, 0]
070     ],
071     [
072       [0, 0, 0, 0],
073       [1, 1, 0, 0],
074       [0, 1, 1, 0],
075       [0, 0, 0, 0]
076     ],
077     [
078       [0, 1, 0, 0],
079       [1, 1, 0, 0],
080       [1, 0, 0, 0],
081       [0, 0, 0, 0]
082     ]
083 ],
084 [
085     // ブロック3
086     [
087       [0, 0, 0, 0],
088       [0, 1, 1, 0],
089       [1, 1, 0, 0],
090       [0, 0, 0, 0]
091     ],
092     [
093       [1, 0, 0, 0],
094       [1, 1, 0, 0],
095       [0, 1, 0, 0],
096       [0, 0, 0, 0]
097     ],
098     [
099       [0, 0, 0, 0],
100       [0, 1, 1, 0],
101       [1, 1, 0, 0],
102       [0, 0, 0, 0]
103     ],
104     [
105       [1, 0, 0, 0],
106       [1, 1, 0, 0],
107       [0, 1, 0, 0],
108       [0, 0, 0, 0]
109     ]
110 ],
111 [
112     // ブロック4
113     [
114       [0, 0, 0, 0],
115       [1, 1, 1, 0],
116       [0, 0, 1, 0],
117       [0, 0, 0, 0]
118     ],
119     [
120       [1, 1, 0, 0],
121       [1, 0, 0, 0],
122       [1, 0, 0, 0],
123       [0, 0, 0, 0]
124     ],
```

```
125     [
126       [0, 0, 0, 0],
127       [1, 0, 0, 0],
128       [1, 1, 1, 0],
129       [0, 0, 0, 0]
130     ],
131     [
132       [0, 1, 0, 0],
133       [0, 1, 0, 0],
134       [1, 1, 0, 0],
135       [0, 0, 0, 0]
136     ]
137 ],
138 [
139     // ブロック5
140     [
141       [0, 0, 0, 0],
142       [1, 1, 1, 1],
143       [0, 0, 0, 0],
144       [0, 0, 0, 0]
145     ],
146     [
147       [0, 0, 1, 0],
148       [0, 0, 1, 0],
149       [0, 0, 1, 0],
150       [0, 0, 1, 0]
151     ],
152     [
153       [0, 0, 0, 0],
154       [1, 1, 1, 1],
155       [0, 0, 0, 0],
156       [0, 0, 0, 0]
157     ],
158     [
159       [0, 0, 1, 0],
160       [0, 0, 1, 0],
161       [0, 0, 1, 0],
162       [0, 0, 1, 0]
163     ]
164 ],
165 [
166     // ブロック6
167     [
168       [0, 0, 0, 0],
169       [0, 1, 1, 0],
160       [0, 1, 1, 0],
171       [0, 0, 0, 0]
172     ],
173     [
174       [0, 0, 0, 0],
175       [0, 1, 1, 0],
176       [0, 1, 1, 0],
177       [0, 0, 0, 0]
178     ],
179     [
180       [0, 0, 0, 0],
181       [0, 1, 1, 0],
182       [0, 1, 1, 0],
183       [0, 0, 0, 0]
184     ],
185     [
186       [0, 0, 0, 0],
187       [0, 1, 1, 0],
188       [0, 1, 1, 0],
189       [0, 0, 0, 0]
190     ]
191 ]
192 ];
193 
194 // ブロックの色
195 biro = ['#CC00CC', '#CC0000', '#FFA500',
    '#CC0000', '#00CC00', '#00CCCC', '#CCCC00'];
196 
197 function tsugiwotsukuru() {
198     // 次のブロックを作る
199     btsugi = Math.floor(Math.random() * 7);
200 
201     // 次のブロックを表示するためのキャンバスを取得
202     tsugigamen = document.getElementById
    ('tsugi');
203     ct = tsugigamen.getContext('2d');
204 
205     // 表示前に消す
206     ct.clearRect(0, 0, 79, 79);
207 
208     // そこに描画する
209     kaku(ct, 0, 0, 0, btsugi);
210 }
211 
212 function kakunin(bx, by, muki, shurui) {
213     p = block[shurui][muki];
214     for (n = 0; n < 4; n++) {
215       for (m = 0; m < 4; m++) {
216         if (p[n][m] == 1) {
217           // ブロックを描画する位置が空欄かどうかを
    調べる
218           // Xが範囲外のところには動かせない
219           if ((bx + m < 0) || (bx + m > 11))
    {
220             return false;
```

```
221         }
222         // Yが範囲外のところには動かせない
223         if ((by + n < 0) || (by + n > 21))
{
224           return false;
225         }
226         // 空欄ではない場合は動かせない
227         if (jyoutai[by + n][bx + m] !=
228 100) {
229           return false;
230         }
231       }
232     }
233   }
234   return true;
235 }
236
237 function shitaidou() {
238   // 下に移動する
239   // 描く先のCanvasを取得
240   gamegamen = document.getElementById
('game');
241   cg = gamegamen.getContext('2d');
242
243   // 現在の座標と向きを保存
244   maenoix = ix;
245   maenoiy = iy;
246   maenoimuki = imuki;
247
248   // 消す
249   kesu(cg, ix, iy, imuki, ishurui);
250
251   // 移動
252   iy = iy + 1;
253
254   // 音を出す
255   document.getElementById('ochiru').play();
256
257   // 移動できるかどうかを確認する
258   kekka = kakunin(ix, iy, imuki, ishurui);
259   if (kekka) {
260     // 移動できる
261     // 新しい位置に描く
262     kaku(cg, ix, iy, imuki, ishurui);
263   } else {
264     // 移動できない
265     // 移動前の場所・向きに戻す
266     ix = maenoix;
267     iy = maenoiy;
268     imuki = maenoimuki;
269     kaku(cg, ix, iy, imuki, ishurui);
260
271     // この位置を当たり判定用の配列に設定する
272     p = block[ishurui][imuki]
273     for (n = 0; n < 4; n++) {
274       for (m = 0; m < 4; m++) {
275         if (p[n][m] == 1) {
276           jyoutai[iy + n][ix + m] =
ishurui;
277         }
278       }
279     }
280
281     // 音を出す
282     document.getElementById('don').play();
283
284     // ライン消しと得点計算する
285     tokutenkeisan()
286
287     // 次のブロックとして設定したものが落ちてくるよう
にする
288     ix = 4;
289     iy = 0;
290     ishurui = btsugi;
291     imuki = 0;
292     kaku(cg, ix, iy, imuki, ishurui);
293
294     // そこに置けるかを判定
295     kekka = kakunin(ix, iy, imuki, ishurui);
296     if (!kekka) {
297       // 重なっているのでゲームオーバー
298
299       // 音を出す
300       document.getElementById('gameover').
play();
301
302       // メッセージを出す
303       alert('ゲームオーバー');
304
305       // 実行中であることを止める
306       jikkou = false;
307     }
308
309     // さらに次のブロックを設定
310     tsugiwotsukuru();
311   }
312
313   // 時間を少しずつ早くする
314   jikan = jikan - 1;
315   if (jikan < 50) {
```

```
316      // すごく速くなったら元に戻す
317      jikan = 1000;
318    }
319  }
320  
321  function ugokasu(e) {
322    // 描く先のCanvasを取得
323    gamegamen = document.getElementById
     ('game');
324    cg = gamegamen.getContext('2d');
325  
326    // 現在の座標と向きを保存
327    maenoix = ix;
328    maenoiy = iy;
329    maenoimuki = imuki;
330  
331  
332    // いまのブロックを消す
333    kesu(cg, ix, iy, imuki, ishurui);
334  
335    // [→] キーが押されたかどうか
336    if (e.keyCode == 39) {
337      // 右に移動
338      ix = ix + 1;
339      // 音を鳴らす
340      document.getElementById('kaiten').
     play();
341    }
342  
343    // [←] キーが押されたかどうか
344    if (e.keyCode == 37) {
345      // 左に移動
346      ix = ix - 1;
347      // 音を鳴らす
348      document.getElementById('kaiten').
     play();
349    }
350  
351    // [↑] キーが押されたかどうか
352    if (e.keyCode == 38) {
353      // 回転する
354      imuki = imuki + 1;
355      if (imuki > 3) {
356        imuki = 0;
357      }
358      // 音を鳴らす
359        document.getElementById('kaiten').
     play();
360    }
361  
362    // [↓] キーが押されたときは下に移動させる
363    if (e.keyCode == 40) {
364      shitaidou();
365    }
366  
367    // 移動・回転できるかどうかを確認
368    kekka = kakunin(ix, iy, imuki, ishurui);
369    if (!kekka) {
370      // 回転・移動できない
371      // 元に戻す
372      ix = maenoix;
373      iy = maenoiy;
374      imuki = maenoimuki;
375    }
376  
377    // 新しい場所にブロックを描く
378    kaku(cg, ix, iy, imuki, ishurui);
279  }
380  
381  function kesu(c, bx, by, muki, shurui) {
382    // 消す処理にする
383    c.globalCompositeOperation =
     'destination-out';
384    // 描く（実際は消える）
385    kaku(c, bx, by, muki, shurui);
386    // 元の描く処理に戻す
387    c.globalCompositeOperation = 'source-
     over';
388  }
389  
390  function kaku(c, bx, by, muki, shurui) {
391    // ブロックの色と線
392    c.fillStyle = biro[shurui];
393    c.strokeStyle = '#333333';
394    c.lineWidth = 3;
395  
396    // パターンを決める
397    p = block[shurui][muki]
398  
399    // パターン通りに描く
400    for (n = 0; n < 4; n++) {
401      for (m = 0; m < 4; m++) {
402        // 描くかどうか
403        if (p[n][m] == 1) {
404          // ここに描く
405          c.fillRect((bx + m) * 20,  (by +
     n) * 20, 20, 20);
406          c.strokeRect((bx + m) * 20, (by +
     n) * 20, 20, 20);
407        }
```

```
408       }
409     }
410 }
411 
412 // ブロックの状態の変数
413 jyoutai = [];
414 
415 function tokutenkeisan() {
416   kosuu = 0;
417 
418   // 全ラインをチェック
419   for (y = 0; y < 21; y++) {
420     sorottenai = false;
421     for (x = 1; x <= 10; x++) {
422       if ((jyoutai[y][x] == 100) ||
(jyoutai[y][x] == 99)) {
423         // ブロックがない（隙間または壁）
424         sorottenai = true;
425       }
426     }
427 
428     if (!sorottenai) {
429       // 揃ってる
430       kosuu = kosuu + 1;
431 
432       // 音を出す
433       document.getElementById('kieru').
play();
434 
435       // 上から詰める
436       for (k = y; k > 0; k--) {
437         for (x = 1; x <= 10; x++) {
438           jyoutai[k][x] = jyoutai[k - 1]
[x];
439         }
440       }
441     }
442   }
443 
444   // ブロックを全部描き直す
445   // 1.キャンバスを取得する
446   gamegamen = document.getElementById
('game');
447   cg = gamegamen.getContext('2d');
448 
449   // 2.全部消す
450   cg.clearRect(0, 0, 239, 439);
451 
452   // 3.ブロックがあるところを描く
453   for (y = 0; y < 22; y++) {
454     for (x = 0; x < 12; x++) {
455       if ((jyoutai[y][x] != 100) &&
(jyoutai[y][x] != 99)) {
456         // ブロックを描く
457         cg.fillStyle =  biro[jyoutai[y]
[x]];
458         cg.strokeStyle = '#333333';
459         cg.lineWidth = 3;
460         cg.fillRect(x * 20,  y * 20, 20,
20);
461         cg.strokeRect(x * 20, y * 20, 20,
20);
462       }
463     }
464   }
465 
466   // 得点を計算する
467   switch (kosuu) {
468     case 1:
469       tokuten = tokuten + 10;
460       break;
471     case 2:
472       tokuten = tokuten + 20;
473       break;
474     case 3:
475       tokuten = tokuten + 100;
476       break;
477     case 4:
478       tokuten = tokuten + 1000;
479       // 4ラインのときは効果音を鳴らす
480       document.getElementById('zenbu').
play();
481       break;
482   }
483 
484   // 得点を表示する
485   tgamen = document.getElementById
('tokuten');
486   tgamen.innerHTML = tokuten;
487 
488 }
489 
490 function jikandeugokasu() {
491   if (jikkou) {
492     // 実行中
493     // 下に動かす
494     shitaidou();
495     // 次の時間を設定
496     setTimeout(jikandeugokasu, jikan);
497   }
```

```
498 }
499
500 function gamekaishi() {
501   gamegamen = document.getElementById
    ('game');
502   cg = gamegamen.getContext('2d');
503
504   // 画面を消す
505   cg.clearRect(0, 0, 239, 439);
506
507   // 得点を0にする
508   tokuten = 0;
509
510   // ゲーム中に設定し、タイマーを設定する
511   jikkou = true;
512   jikan = 1000;
513   setTimeout(jikandeugokasu, jikan);
514
515   // 状態をクリア
516   jyoutai = new Array(22);
517   for (i = 0; i < 22; i++) {
518     jyoutai[i] = new Array(12);
519     for (j = 0; j < 12; j++) {
520       jyoutai[i][j] = 100;
521     }
522   }
523
524   // 壁を設定
525   for (i = 0; i < 22; i++) {
526     jyoutai[i][0] = 99;
527   }
528
529   for (i = 0; i < 22; i++) {
530     jyoutai[i][11] = 99;
531   }
532
533   for (i = 0; i < 12; i++) {
534     jyoutai[21][i] = 99;
535   }
536
537
538   // ランダムなブロックを作る
539   ix = 4;
540   iy = 0;
541   imuki = 0;
542   ishurui = Math.floor(Math.random() * 7);
543
544   // 次のブロックをセットする
545   tsugiwotsukuru();
546 }
547
548 function hajime() {
549   // 背景のCanvasを取得
550   backgamen = document.getElementById
    ('back');
551   cb = backgamen.getContext('2d');
552
553   // 塗りを設定
554   cb.fillStyle = '#CCCCCC';
555
556   // 線を設定
557   cb.strokeStyle = '#333333';
558   cb.lineWidth = 3;
559
560   // 左壁を描く
561   x = 0;
562   y = 0;
563
564   for (i = 0; i < 22; i++) {
565     cb.fillRect(x, y, 20, 20);
566     cb.strokeRect(x, y, 20, 20);
567     y = y + 20;
568   }
569
560   // 右壁を描く
571   x = 220;
572   y = 0;
573
574   for (i = 0; i < 22; i++) {
575     cb.fillRect(x, y, 20, 20);
576     cb.strokeRect(x, y, 20, 20);
577     y = y + 20;
578   }
579
580   // 下壁を描く
581   x = 0;
582   y = 420;
583
584   for (i = 0; i < 22; i++) {
585     cb.fillRect(x, y, 20, 20);
586     cb.strokeRect(x, y, 20, 20);
587     x = x + 20;
588   }
589 }
```

付録2 ローマ字変換表

ローマ字入力での入力規則を表にしました。日本語で文字を入力するときは、この表を参考にしましょう。

あ行

あ	い	う	え	お
a	i	u	e	o
	yi	wu		
		whu		

ぁ	ぃ	ぅ	ぇ	ぉ
la	li	lu	le	lo
xa	xi	xu	xe	xo
	lyi		lye	
	xyi		xye	

いぇ
ye

うぁ	うぃ		うぇ	うぉ
wha	whi		whe	who

か行

か	き	く	け	こ
ka	ki	ku	ke	ko
ca		cu		co
		qu		

きゃ	きぃ	きゅ	きぇ	きょ
kya	kyi	kyu	kye	kyo

くゃ		くゅ		くょ
qya		qyu		qyo

くぁ	くぃ	くぅ	くぇ	くぉ
qwa	qwi	qwu	qwe	qwo
qa	qi		qe	qo
	qyi		qye	

が	ぎ	ぐ	げ	ご
ga	gi	gu	ge	go

ぎゃ	ぎぃ	ぎゅ	ぎぇ	ぎょ
gya	gyi	gyu	gye	gyo

ぐぁ	ぐぃ	ぐぅ	ぐぇ	ぐぉ
gwa	gwi	gwu	gwe	gwo

さ行

さ	し	す	せ	そ
sa	si	su	se	so
	ci		ce	
	shi			

しゃ	しぃ	しゅ	しぇ	しょ
sya	syi	syu	sye	syo
sha		shu	she	sho

すぁ	すぃ	すぅ	すぇ	すぉ
swa	swi	swu	swe	swo

ざ	じ	ず	ぜ	ぞ
za	zi	zu	ze	zo
	ji			

じゃ	じぃ	じゅ	じぇ	じょ
zya	zyi	zyu	zye	zyo
ja		ju	je	jo
jya	jyi	jyu	jye	jyo

た行

た	ち	つ	て	と
ta	ti	tu	te	to
	chi	tsu		

っ
ltu ※1
xtu

ちゃ	ちぃ	ちゅ	ちぇ	ちょ
tya	tyi	tyu	tye	tyo
cha		chu	che	cho
cya	cyi	cyu	cye	cyo

つぁ	つぃ		つぇ	つぉ
tsa	tsi		tse	tso

てゃ	てぃ	てゅ	てぇ	てょ
tha	thi	thu	the	tho

とぁ	とぃ	とぅ	とぇ	とぉ
twa	twi	twu	twe	two

だ	ぢ	づ	で	ど
da	di	du	de	do

ぢゃ	ぢぃ	ぢゅ	ぢぇ	ぢょ
dya	dyi	dyu	dye	dyo

でゃ	でぃ	でゅ	でぇ	でょ
dha	dhi	dhu	dhe	dho

どぁ	どぃ	どぅ	どぇ	どぉ
dwa	dwi	dwu	dwe	dwo

な行

な	に	ぬ	ね	の
na	ni	nu	ne	no

にゃ	にぃ	にゅ	にぇ	にょ
nya	nyi	nyu	nye	nyo

は行

は	ひ	ふ	へ	ほ
ha	hi	hu fu	he	ho

ひゃ	ひぃ	ひゅ	ひぇ	ひょ
hya	hyi	hyu	hye	hyo

ふゃ		ふゅ		ふょ
fya		fyu		fyo

ふぁ	ふぃ	ふぅ	ふぇ	ふぉ
fwa fa	fwi fi fyi	fwu	fwe fe fye	fwo fo

ば	び	ぶ	べ	ぼ
ba	bi	bu	be	bo

びゃ	びぃ	びゅ	びぇ	びょ
bya	byi	byu	bye	byo

ヴぁ	ヴぃ	ヴ	ヴぇ	ヴぉ
va	vi	vu	ve	vo

ヴゃ	ヴぃ	ヴゅ	ヴぇ	ヴょ
vya	vyi	vyu	vye	vyo

ぱ	ぴ	ぷ	ぺ	ぽ
pa	pi	pu	pe	po

ぴゃ	ぴぃ	ぴゅ	ぴぇ	ぴょ
pya	pyi	pyu	pye	pyo

ま行

ま	み	む	め	も
ma	mi	mu	me	mo

みゃ	みぃ	みゅ	みぇ	みょ
mya	myi	myu	mye	myo

や行

や		ゆ		よ
ya		yu		yo

ゃ		ゅ		ょ
lya xya		lyu xyu		lyo xyo

ら行

ら	り	る	れ	ろ
ra	ri	ru	re	ro

りゃ	りぃ	りゅ	りぇ	りょ
rya	ryi	ryu	rye	ryo

わ行

わ	ゐ		ゑ	を
wa	wi ※2		we ※3	wo

ん
nn ※4

※1：同じ子音の連続でも入力できます（例：itta → いった）
※2：「wi」（うぃ）を変換すれば「ゐ」と入力できます
※3：「we」（うぇ）を変換すれば「ゑ」と入力できます
※4：「n」に続けて子音でも「ん」と入力できます（例：panda → ぱんだ）

用語集

本書を読む上で、知っておくと役に立つキーワードを用語集にまとめました。なお、この用語集の中で関連する他の用語がある項目には→が付いています。あわせて読むことで、初めて目にする専門用語でもすぐに理解できます。ぜひご活用ください。

Canvas

プログラム言語において広くは描画領域のことを指す。JavaScriptにおける<canvas>は、簡単な図形やアニメーションを描くために利用する要素。

Git

プログラムなどの変更履歴を記録するためのバージョン管理システムのこと。バックアップを作成したり、複数のメンバーで行った修正を統合したりすることも簡単にできる。本書では利用しない。

Google Chrome

グーグルの提供するWebブラウザー。無料でダウンロードして利用できる。なお、グーグルの提供する検索エンジン「Google検索」は、インターネット上で最も使われている。

→Webブラウザー

HTML

HyperText Markup Language（ハイパーテキスト マークアップ ランゲージの略。ページ作成に使われ、見出しや本文などのテキストや画像などを配置できるほか、見た目の指定などもできる。

→タグ

JavaScript

プログラミング言語のひとつ。Webブラウザー上で動作し、検索候補の表示や動画の再生など、動的なページを作成できる。JavaScriptのプログラムは、スマートフォンのWebブラウザーでも動作する。

→Webブラウザー

Visual Studio Code

マイクロソフトが提供するテキストエディター。無料でダウンロードして利用できる。JavaScriptだけでなく、さまざまなプログラミング言語に対応しており、プロのプログラマーも利用している。

→テキストエディター

Webブラウザー

コンテンツをブラウズ（閲覧）するものをブラウザーと呼ぶ。Webページを閲覧するブラウザーが「Webブラウザー」のこと。単に「ブラウザー」と表現するときは、Webブラウザーのことを指すことが多い。

当たり判定

ゲームの用語として使われることが多い。ゲームのキャラクターなどがぶつかったかどうかを判定することを指す。本書でも当たり判定を使って、ブロックが壁に当たるかどうかを判定している。

イベント

キーボードのキーが押されたり、マウスがクリックされたりしたときの動作の総称。JavaScriptでは発生したイベントに応じてプログラムの動作を制御できる。

インストール

パソコンや携帯デバイスなどのハードウェアに、アプリを追加して、使用できる状態にすること。Visual Studio Codeもインストールして利用する。

→Visual Studio Code

インデント

ワープロソフトなどで、行頭に空白を入れて他の行より下がった位置から始める文字組のこと。字下げともいう。プログラムでは、インデントを入れることで、ソースコードを読みやすくできる。

エクスプローラー

Windowsにおいて、フォルダーやファイルをブラウズするための機能。エクスプローラーの画面 左側にはフォルダーが一覧表示され、右側には選択しているフォルダーの内容が表示される。

演算子

プログラミング言語における演算子は、四則演算に使う記号のほか、値の代入や比較などを行う記号のこと。比較演算子や論理演算子などの種類がある。 →比較演算子

大見出し

コンテンツ中の大きな見出しを指す。HTMLで大見出しを設定するときは、<h1>タグを使って、「<h1>見出し</h1>」のように記述する。→HTML

階層構造

パソコンのフォルダーの中にフォルダーを作成するように、複数の階層で構成される仕組みを指す。例えば、ドキュメントフォルダーの中にフォルダーを作ると、「C:¥Users¥名前¥Documents¥jskids」となる。 →ディレクトリ、フォルダー

拡張子

ファイルの種類を区別するために、ファイル名の末尾に付加される文字列のこと。例えば、「index.html」の「.html」、「program.js」の「.js」の部分。

カット&ペースト

入力済みのテキストや既存のファイルなどをカット（切り取り）&ペースト（貼り付け）して再利用すること。プログラミングでは、カット&ペーストで、コードを再利用することが多い。

関数

プログラム中である操作を処理するブロックのこと。JavaScriptでは、「function 関数名() {}」という形式で記述する。ボタンをクリックしたときなど、イベントをきっかけに関数を呼び出すことができる。 →イベント、引数、変数

行番号

Visual Studio Codeなどのエディターで、1行ごとに振られる番号のこと。プログラムの入力場所などを探す目安になる。本書では「001,002…」のように、3ケタで行番号を表記している。

→Visual Studio Code

繰り返し

「条件が成り立っている間」や「指定している回数だけ」同じ処理を行うこと。プログラミングでは、繰り返し処理ともいう。繰り返しにより、同じ命令を省略して記述することができる。

コードプログラミング

プログラムの命令をひとつずつ入力して作ること。本書ではコードプログラミングを解説している。一方、あらかじめ用意されたブロックを組み合わせてプログラムすることを「ブロックプログラミング」と呼ぶ。 →ブロックプログラミング

コメント

プログラム中に記述する処理の説明文のこと。JavaScriptでは、「//」から始まる行が「コメント」として扱われる。コメントの行はプログラムの動作に影響しない。

コンテキスト

JavaScriptのコンテキストは、空間や情報という意味で用いられる。関数の定義で囲われるものを指す。たとえば、画を描くには、「getContext('2d')」と記述して、2Dコンテキストと呼ばれるものを取得して利用する。

座標

位置を表すための数の組み合わせ。プログラムでは描画するオブジェクトなどの位置を座標で指定する。本書でも、落ち物パズルのブロックの位置を座標で指定している。

参照

一般的には、ほかのものと照らし合わせてみること。プログラムにおいて、たとえば、テキストボックスに入力された値を参照することで、次の動作を判断することができる。 →引数、変数

条件分岐

ふだんの生活で状況に応じて行動を変えるように、プログラムでも、ある値の状態によって実行する命令を変えることができる。JavaScriptの条件分岐には、「if」構文や「switch」構文などがある。

初期化

始まりの状態を決めること。プログラムでは、固定の数値を変数に設定することを「初期化」という。たとえば、繰り返し処理で回数などを数える変数を0に初期化することが多い。

セミコロン

JavaScriptのプログラムの末尾には、半角文字のセミコロン（;）を必ず付ける。コロン（:）と混同しないように注意。

全角

コンピューター上では、1バイトの英数字に対して、2バイトの文字を指すことが多い。HTMLやJavaScriptのコードは、半角英数字で入力する。

宣言

変数を利用する際、その名前をあらかじめ記述しておくことを「変数の宣言」という。「var youso;」「var t;」のように記述して宣言する。JavaScriptでは、変数を宣言せずに利用でき、プログラムの動作に影響はない。 →変数

タグ

HTMLなどで使われる標識。ページの構造や書式、文字飾りなどを指示できる。Webブラウザーはタグに従ってページを表示する。たとえば、JavaScriptを記述するには、<script>タグを使う。

追加タスク

コンピューター用語で「タスク」は処理の単位のことを指すことが多い。Windowsではアプリのインストールや起動などの処理を「タスク」と呼ぶこともある。

ディレクトリ

コンピューターにおいてデータを管理する仕組み。フォルダーのことを指し、階層構造で管理できる。ディレクトリの位置を示す「C:¥Users¥名前¥Documents¥jskids」のような文字列は「パス」と呼ばれる。 →階層構造

テキストエディター

テキストファイルを作成・編集するためのアプリのこと。単にエディターと呼ぶこともある。プログラミングにはテキストエディターを使うと便利。Visual Studio Codeもテキストエディターのひとつ。 →Visual Studio Code

テキストボックス

文字を入力する箱状のパーツを指す。Webを検索する際にキーワードを入力する検索用のボックスもテキストボックス。HTMLでテキストボックスを利用するには「<input type="text">」と記述する。

→HTML

ドキュメント

パソコンで作成する文書などを指してドキュメントと呼ぶ。テキストデータやPDFデータなどファイルの単位として扱われることもある。Windowsではユーザー専用のドキュメントフォルダーが用意されている。

半角

コンピューター上では1バイトの英数字を指す。漢字などの2バイトの文字は全角。HTMLや

JavaScriptのコードは、半角英数字で入力する。

→HTML、全角

比較演算子

演算子の分類のひとつ。プログラミングで2つの値の関係を調べるために使う記号のこと。JavaScriptには「== (等しい)」「<= (以下)」などの比較演算子が用意されている。 →演算子

引数

プログラム中で関数を実行する際、必要となる変数や値のこと。「関数に引数を渡す」というように表現される。JavaScriptで関数に引数を渡すには「function 関数名(引数){}」と指定する。

→関数、変数

フォルダー

データを格納する場所のこと。ディレクトリ。フォルダーの中にフォルダーを作成するなど、階層構造でデータを管理できる。 →階層構造

プログラムグループ

Windowsの[スタート]メニューに表示されるプログラムのショートカットのことを指す。パソコンにインストールされたアプリなどが表示される。インストール時にプログラムグループを変更できる場合もある。 →Visual Studio Code

ブロックプログラミング

あらかじめ用意されたコードのまとまり（ブロック）を組み合わせてプログラムすることを「ブロックプログラミング」と呼ぶ。対して、プログラムの命令をひとつずつ入力してプログラムすることを「コードプログラミング」という。

→コードプログラミング

変数

数値や文字列など、プログラムで扱う値を一時的に保存しておくもの。JavaScriptで、変数に値を設定（代入）するには「a= 'おはよう' ;」のように記述する。計算の処理や関数などで利用できる。

→関数、引数

補完機能

タグや括弧など、プログラムにおいて対で利用する要素の入力漏れを補助する機能。本書で利用するVisual Studio Codeにも補完機能が用意されており、「<」や「.」などを入力すると、候補が一覧表示される。 →Visual Studio Code

ボタン

クリックやタップなど、コンピューターや携帯デバイスの画面上で「押す」操作を行うためのパーツ。テキストボックスと組み合わせて利用されることも多い。ボタンがクリックされたときに関数を呼び出すといった処理が可能。

→関数、テキストボックス

ポップアップメッセージ

JavaScriptでは「alert」を使って、ポップアップメッセージを表示できる。任意の文字列のほか、計算結果なども表示できる。ポップアップメッセージに変数の内容を表示して確認するという使い方もできる。 →変数

要素

Webページを構成するもの。変数や値、関数など、プログラム中のある構成を要素と呼ぶこともある。HTML要素という場合、「<h1>はじめてのプログラミング</h1>」のように、開始タグ、内容、終了タグのまとまりを指す。 →関数、変数

ランダム

決まったパターンのない状態。ランダムな数を乱数ともいう。ゲームなどでよく使われ、ランダムな数によって後の処理を変更する。本書で紹介する落ち物パズルでも、ランダムな数を利用して次のブロックを作成している。

索引

アルファベット

Canvas——246
Git——26, 30, 246
Google Chrome——246
HTML——246
　index.html……37
　JavaScript読み込み……48
　アイコン……50
　拡張子……37
　記入……40
　組み合わせ……34
　作成……36
　ブラウザーで表示……47
HTMLファイル
　HTMLタグ……40
　作成……36
　表示場所……46
JavaScript——21, 246
　HTML……34
　program.js……49
　Webサービス……21
　アイコン……50
　拡張子……61
　関数……61
　記述……50
　基礎……34
　組み合わせ……34
　作成……50
　実行……52
　テキストエディター……21
　読み込み……48
Visual Studio Code——246
　Git……26, 30
　Mac……22
　インストール……22
　設定……26
　ダウンロード……23
　追加タスク……25
　テキストエディター……21
　配色テーマ……27
　ファイルブラウザー……46
　フォルダー……30
　プログラムグループ……25
　補完機能……40, 44
Webブラウザー——246

ア

当たり判定——246
　移動……208
　回転……209
　空欄……207
　下への移動……210
　状態……201
　配列……201
　左の部分……203
　ブロック……200
　右の部分……204
イベント——246
　keydown……166
　onclick……60
　関数……56
　スタートボタン……141
　変数……57
色
　好きな色……104, 144
インストール——246
　Visual Studio Code……22
インデント——246
　タグ……39
　追加……41
エクスプローラー——246
エラーメッセージ——96
演算子——247
　計算……82
　前後の空白……87
　比較演算子……83
　論理演算子……206
大見出し——247
音声ファイル——130
　準備……130

ダウンロード……135
ファイル形式……133

カ

階層構造―247
回転
考え方……174
パターン……174
ブロック……174
拡張子―247
HTML……50
JavaScript……50
カット＆ペースト―247
関数―247
キーコード
下の矢印……216
種類……168
設定……168
行番号―40, 247
空白の記号―41
繰り返し―108, 247
do……108
for……109
while……124
壁……146
計算……114
指定した回数……109
条件……108
メッセージ……110
計算―84
100まで足す……114
3つ以上……87
return……98
演算子……82
切り捨て……122
桁数……118
結果の比較……103
結果の表示……88
少数の計算……95
数値に変換……82, 88, 93, 121
足し算……84
引き算……94
コード
移動……124
改行……44
空の行……77
コードプログラミング……20
コピー……65
コピー＆ペースト……124
重複……165
テキストエディター……21
入力……38
コードプログラミング―247
コメント―247
コンテキスト―247

サ

座標―247
指定……136
絶対位置……138
ブロック……151
参照―248
条件判定
2つ目……104
else……104
false……207
if……96, 100
switch……226
true……207
色……100
エラー……96
空文字と比較……97
基本……82
数値以外……99
プログラム……83
条件分岐―248
初期化―248
セミコロン―248
全角―248
HTML……35
JavaScript……35
宣言―248

索引

タ

タグ――248
　<audio>……133
　<body>……41
　
……91
　<button>……59
　<canvas>……143
　<div>……43
　<h1>……42
　<head>……45
　<html>……38
　<id>……68
　<scropt>……48
　<span>……101
　source……133
　インデント……39
　対……39
追加タスク――248
ディレクトリ――248
テキストエディター――248
テキストボックス――248
　作成……66
　数値……119
　追加……66
ドキュメント――248

ハ

配列
　二次元……172
　状態……203
　縦方向……206
　横方向……206
パターン
　回転……173
　ブロック……168, 190
半角――248
　HTML……35
　JavaScript……35
比較演算子――249
　意味……83
引数――249
フォルダー――249
　Visual Studio Code……30
　作成……28
　編集……31
　読み込み……30
プログラムグループ――249
ブロックプログラミング――249
変数――249
　1を加える……109
　繰り返す回数……110
　宣言……70
　保存……70
補完機能――249
ボタン――249
　作成……58
　追加……62
　配置……58
　複数の配置……62
ポップアップメッセージ――249

マ

命令
　JavaScript……51
　セミコロン……51
メッセージ
　3回表示……110
　alert……51
　表示……76
文字列
　表示……76
　連結……72

ヤ

要素――249

ラ

ランダム――249
　表示……188
　表示場所……199
　ブロック……187, 188
　乱数……194

読者アンケートにご協力ください！

https://book.impress.co.jp/books/1118101044

このたびは「できるシリーズ」をご購入いただき、ありがとうございます。
本書はWebサイトにおいて皆さまのご意見・ご感想を承っております。
気になったことやお気に召さなかった点、役に立った点など、
皆さまからのご意見・ご感想をお聞かせいただき、
今後の商品企画・制作に生かしていきたいと考えています。
お手数ですが以下の方法で読者アンケートにご回答ください。
ご協力いただいた方には抽選で毎月プレゼントをお送りします！

※プレゼントの内容については、「CLUB Impress」のWebサイト（https://book.impress.co.jp/）をご確認ください。

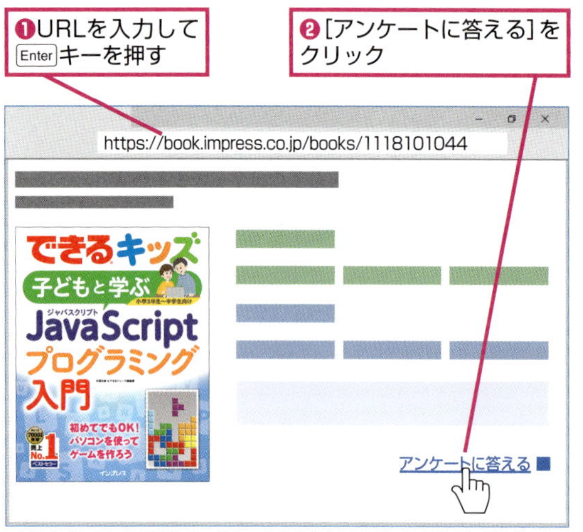

※Webサイトのデザインやレイアウトは変更になる場合があります。

本書のご感想をぜひお寄せください　https://book.impress.co.jp/books/1118101044

「アンケートに答える」をクリックしてアンケートにご協力ください。アンケート回答者の中から、抽選で**商品券（1万円分）**や**図書カード（1,000円分）**などを毎月プレゼント。当選は賞品の発送をもって代えさせていただきます。はじめての方は、「CLUB Impress」へご登録（無料）いただく必要があります。

アンケートやレビューでプレゼントが当たる！

■著者

大澤　文孝（おおさわ　ふみたか）

テクニカルライター/プログラマ。専門はWebシステム。「情報セキュリティスペシャリスト」「ネットワークスペシャリスト」を保有。入門書から専門書まで幅広く執筆。いままで執筆した書籍は60冊以上。主な著書は「ちゃんと使える力を身につけるWebとプログラミングのきほんのきほん」（マイナビ出版）や「いちばんやさしい Python入門教室 」（ソーテック社）、「プログラムのつくり方」（工学社）、「AWS Lambda実践ガイド」（インプレス刊）、「UIまで手の回らないプログラマのためのBootstrap 3実用ガイド」（翔泳社）、「Amazon Web Services クラウドデザインパターン 実装ガイド」（共著、日経BP）など。

STAFF

本文オリジナルデザイン	川戸明子
シリーズロゴデザイン	山岡デザイン事務所<yamaoka@mail.yama.co.jp>
カバーデザイン	株式会社ドリームデザイン
本文フォーマット&デザイン	町田有美
DTP制作	高木大地
	町田有美・田中麻衣子
編集協力	進藤　寛
	高木大地
	今井　孝
デザイン制作室	今津幸弘<imazu@impress.co.jp>
	鈴木　薫<suzu-kao@impress.co.jp>
制作担当デスク	柏倉真理子<kasiwa-m@impress.co.jp>
編集	荻上　徹<ogiue@impress.co.jp>
デスク	小野孝行<ono-t@impress.co.jp>
編集長	藤原泰之<fujiwara@impress.co.jp>
オリジナルコンセプト	山下憲治

■商品に関する問い合わせ先
インプレスブックスのお問い合わせフォーム
https://book.impress.co.jp/info/
上記フォームがご利用いただけない場合のメールでの問い合わせ先
info@impress.co.jp

■落丁・乱丁本などの問い合わせ先
TEL　03-6837-5016　FAX　03-6837-5023
service@impress.co.jp
受付時間　10:00～12:00 ／ 13:00～17:30
（土日・祝祭日を除く）
●古書店で購入されたものについてはお取り替えできません。

■書店／販売店の窓口
株式会社インプレス 受注センター
TEL　048-449-8040　FAX　048-449-8041

株式会社インプレス 出版営業部
TEL　03-6837-4635

できるキッズ 子(こ)どもと学(まな)ぶ JavaScript(ジャバスクリプト)プログラミング入門(にゅうもん)
2018年9月21日　初版発行

著　者　大澤文孝(おおさわふみたか)&(アンド)できるシリーズ編集部(へんしゅうぶ)
発行人　小川　享
編集人　高橋隆志
発行所　株式会社インプレス
〒101-0051　東京都千代田区神田神保町一丁目105番地
ホームページ　https://book.impress.co.jp/

印刷所　図書印刷株式会社
ISBN978-4-295-00485-1 C3055

Printed in Japan